Vorlesungen

über die

Bernoullischen Zahlen,

ihren Zusammenhang mit den

Secanten-Coefficienten

und ihre

wichtigeren Anwendungen.

Von

Dr. Louis Saalschütz,

a. o. Professor der Mathematik a. d. Universität Königsberg.

Springer-Verlag Berlin Heidelberg GmbH

1893.

ISBN 978-3-662-40711-0 ISBN 978-3-662-41193-3 (eBook)
DOI 10.1007/978-3-662-41193-3

Vorwort und Einleitung.

Mit den Bernoullischen Zahlen hat von Jacob Bernoulli an bis in die Gegenwart hinein eine grosse Zahl ausgezeichneter Mathematiker sich beschäftigt, und manche dieser Forscher sind von ihnen wiederholentlich angelockt worden.

Das hat seinen Grund vorzüglich in ihrer grossen Wichtigkeit für die Analysis. Nachdem Jacob Bernoulli sie zum Zweck der Summation der Potenzen der natürlichen Zahlen eingeführt hatte, wurden sie von Euler mit den Summen der reciproken Potenzen der natürlichen Zahlen und den Potenzen der Ludolphischen Zahl, sowie mit den Coefficienten der Reihen für die Tangente, Cotangente und Cosecante und ebenfalls einiger Exponentialfunctionen in engen Zusammenhang gebracht; während Mac Laurin sie schon vorher in der nach ihm benannten Summenformel zum Ausgleich der Differenz zwischen einer endlichen Reihe und einem bestimmten Integral benutzt hatte.

Doch liegt eine zweite Ursache des mit Vorliebe gepflegten Studiums derselben auch in ihrer Biegsamkeit und Elasticität. Ihre, wie man fast sagen möchte, proteusartige Natur lässt sie in der mannigfaltigsten Weise ans Licht treten. Der eine Mathematiker bringt sie mit der harmonischen Reihe in Verbindung, der andere lehrt die Möglichkeit, mittels ihrer die ungeraden Zahlen in zusammengesetzte und Primzahlen zu trennen, und der dritte baut sie aus Einheitswurzeln auf. —

Den Methoden möglichst leichter Berechnung derselben wandten sich naturgemäss die ersten Bestrebungen zu. Ein Mittel, sie successive, jede aus allen ihr vorangehenden, aufzufinden, hatte Jacob Bernoulli angegeben, und Moivre hat diesen Gedanken in eine Gleichung gebracht. An diese älteste Recursionsformel schloss sich nun eine ganze Reihe anderer von ähnlichem Charakter an, in denen allen sämmtlihe Bernoullische Zahlen bis zu einer bestimmten (als unbekannt anzusehenden) linear und mit abwechselnd positiven und negativen Factoren verbunden dem Rechner entgegentreten. In neuerer Zeit ist es gelungen, diese Formeln zu verkürzen, indem nunmehr schon zur Ermittelung einer Bernoullischen Zahl etwa die Hälfte der ihr vorangehenden ausreicht. In einer dritten Gruppe recursiver

Gleichungen steht auf der linken Seite die unbekannte Bernoullische Zahl, während die Glieder der rechten Seite die Producte von je zwei Bernoullischen Zahlen enthalten und sämmtlich positiv sind. Endlich sind auch noch Recursionsformeln vorhanden, in denen die Bernoullischen Zahlen mit Secantencoefficienten vermischt vorkommen.

Wurde nun hierdurch das hauptsächlichste Bedürfniss befriedigt, so wandte sich das weitere Interesse der unabhängigen Darstellung derselben durch directe Formeln zu, sowie etwa ein Binomialcoefficient sowohl recursiv durch zwei benachbarte der vorangehenden Potenz, als auch ohne Kenntniss derselben direct ausgedrückt werden kann. Für die Bernoullischen Zahlen sind die directen Formeln aus den mannigfachsten Gesichtspunkten aufgestellt worden, deren gruppenweise Zusammenfassung nur eine Vorwegnahme des nachfolgenden Inhaltsverzeichnisses sein könnte und daher hier unterbleiben möge. Nur mag bemerkt werden, dass die meisten derselben auf dem Princip der Coefficientenvergleichung beruhen und dass sie wegen ihrer Vielgestaltigkeit und wegen der Erfindungskraft ihrer Urheber intellectuelles Vergnügen bereiten, während für die praktische Anwendung die Recursionsformeln immer die bequemeren bleiben werden.

Aber nicht nur die Aufmerksamkeit des Analytikers wird durch die Bernoullischen Zahlen in Anspruch genommen, sondern auch der Blick des Zahlentheoretikers lenkt sich ihnen zu. Nicht allein, dass man Factoren von einfacher Gestalt angeben kann, deren Product mit den Bernoullischen Zahlen ganzzahlig ist, — es gelang zwei Mathematikern, von Staudt und Clausen, gleichzeitig und unabhängig von einander den höchst merkwürdigen Satz zu entdecken, dass jede Bernoullische Zahl sich von einer positiven oder negativen (nicht von vornherein angebbaren) ganzen Zahl durch eine Reihe von Brüchen unterscheidet, deren Nenner Primzahlen, die sich aus der Nummer der Bernoullischen Zahl vollständig und sicher bestimmen lassen, und deren sämmtliche Zähler gleich der Einheit sind. An dies Theorem knüpfen sich Untersuchungen über die genannten ganzzahligen Bestandtheile, andere beziehen sich auf die Theilbarkeit gewisser linearer Functionen gleichweit von einander abstehender Bernoullischer Zahlen durch die Potenzen einer mit ihrer Distanz zusammenhängenden Primzahl, noch andere auf die mit den Bernoullischen Zahlen eng verbundenen Tangentencoefficienten, und insbesondere auf deren Endziffern.

Dieses umfangreiche in Werken und Zeitschriften verstreute Material zu sammeln und einheitlich darzustellen, schien dem Verf. eine des Studiums und der Arbeit wohl würdige Aufgabe zu sein. Nachdem dies in Vorlesungen an der hiesigen Universität versucht worden, wagt er es, dieselben zu gegenwärtigem Werkchen vervollständigt in weitere Kreise hinauszusenden.

Bei den Referaten über die einzelnen Abhandlungen, wobei auch diejenigen über die Secantencoefficienten, insoweit sie mit den Bernoullischen Zahlen zusammenhängen, nicht entbehrt werden konnten, musste natürlich der Hauptinhalt einerseits so ausführlich dargestellt werden, dass ein Rückgreifen auf die Quelle, besseren Verständnisses wegen, unnöthig wird, andererseits verbot sich eine zu grosse Breite und eine zu specielle Wiedergabe von selbst, es musste das minder Wesentliche ganz ausgeschieden oder nur kurz mit einem Hinweis auf das Original erwähnt werden. Ob in dieser Hinsicht, wo doch Vieles dem persönlichen Ermessen anheimfällt, im Grossen und Ganzen das Richtige getroffen ist, bleibt selbstverständlich dem Urtheil der sachkundigen Leser überlassen. Dass verschiedenartige, aber in derselben Abhandlung vereinigte Untersuchungen in dem Buche, soweit sie überhaupt die Bernoullischen Zahlen angehen, getrennt und an der betreffenden Stelle zur Sprache kommen, darf wohl kaum besonders bemerkt werden. —

Zur Einführung in die Theorie der Bernoullischen Zahlen eignen sich mehrere Wege, je nach der Erklärung, welche man für sie zu Grunde legt. Die bekannten Entwickelungen von Schlömilch[1]) und Stern[2]) knüpfen an die Exponentialfunctionen an; an dieser Stelle schien es naturgemäss, von der ursprünglichen Bedeutung der Zahlen auszugehen, und von da aus die Eigenschaften derselben (dass sie sämmtlich positiv sind, schneller als jede geometrische Reihe wachsen und dass die früher mit geradem Index bezeichneten den Werth Null haben), sowie auch die Recursionsformeln selbst abzuleiten.

Die weitere Gliederung des ganzen Stoffes ergiebt sich nach dem früher Gesagten von selbst in die drei Abschnitte: Recursionsformeln, Unabhängige Darstellungen, Zahlentheoretische Untersuchungen, doch wurde, um die Symmetrie nicht zu stören, der Vervollständigung der Mac-Laurinschen Summenformel nebst Beispielen, nachdem dieselbe in ihrer ursprünglichen Gestalt bereits im ersten Abschnitt entwickelt worden, ein besonderer, der vierte Abschnitt, gewidmet.

Innerhalb der einzelnen Abschnitte ist, soweit als thunlich, d. h. soweit als sachlich Zusammengehöriges dadurch nicht auseinander gerissen wurde, die historische Folge beobachtet. Dabei stellte sich heraus, dass öfters dieselben Formeln von verschiedenen Autoren, die unabhängig von einander arbeiteten, aufgestellt worden waren, und vorliegendes Werkchen möchte fernerhin den Forschern die unnütze Mühe ersparen, alte Formeln von Neuem zu erfinden.

Die Litteraturnachweise, von denen der Verf. einzelne der Freundlichkeit seines verehrten Collegen Herrn Hurwitz verdankt, sind an den betreffenden Stellen und in einem zusammenfassenden Register angegeben. Das Buch kann zwar in dieser Beziehung nicht den Anspruch auf Vollständigkeit erheben, doch hofft der Verfasser, von den Gesichtspunkten, denen

[1]) Grunerts Archiv, Bd. 10 (1847), S. 342, oder Comp. d. höh. Analysis II zu Beginn der Abhdl. über die Bernoullischen Functionen.

[2]) Zuerst mitgeteilt in G. F. Meyers Doctor-Dissertation, Göttingen 1859.

die mannigfachen Gleichungen ihre Entdeckung verdanken, keinen wesentlichen fortgelassen zu haben. Jedenfalls aber würde ihm jede öffentliche oder private Belehrung in dieser Hinsicht willkommen sein. —

Vorliegendes Buch, für dessen sorgfältige Ausstattung der Verfasser der geehrten Verlagshandlung von Julius Springer seinen besten Dank ausspricht, ist in erster Reihe für die studirende Jugend bestimmt und sind darin die Kenntnisse eines Studenten im dritten oder vierten Semester vorausgesetzt. In Rücksicht hierauf, sowie auch, um die Einheitlichkeit der Darstellung zu wahren, sind die Beweise öfters anders als in den Originalabhandlungen geführt worden, ohne dass es in der Regel dem Verfasser nöthig erschienen wäre, dies besonders zu erwähnen. Zahlenbeispiele sind der Raumersparniss wegen nur wo sie für das Verständniss dringend nothwendig waren, gegeben worden. Ueberhaupt hat sich der Verfasser bemüht, die wissenschaftliche Haltung nirgend durch unnütze Breite zu beeinträchtigen, so dass dies Werkchen über die Bernoullischen Zahlen auch dem Fachcollegen Orientirung und, wie der Verfasser zu hoffen wagt, Anregung zu neuen Forschungen auf diesem Felde darzubieten vermöchte; denn dass diesem unerschöpften Boden noch fernerhin beachtenswerthe Früchte entspriessen können, ist dem Verfasser, der selbst einzelne Halme ausreifen lässt, völlig unzweifelhaft.

Königsberg, im September 1892.

Louis Saalschütz.

Inhaltsverzeichniss.

Erster Abschnitt.

Recursionsformeln.

Zweiter Abschnitt.

Unabhängige Darstellungen.

Dritter Abschnitt.

Zahlentheoretische Untersuchungen.

Vierter Abschnitt.

Die Mac-Laurinsche Summenformel.

Erster Abschnitt.

Recursionsformeln.

§ 1.

Erklärung der Bernoullischen Zahlen. Einfachste vollständige Recursionsformeln.

Die Bernoullischen Zahlen verdanken ihren Namen dem Mathematiker Jacob Bernoulli, der sie in die Analysis einführte, und nach welchem Moivre und Leonhard Euler sie benannten. Die Einführung geschah bei der Lösung der Aufgabe, die Summe der ganzen positiven Potenzen der natürlichen Zahlen zu finden[1]), was in folgender Art bewerkstelligt werden kann. Seien x und p positive ganze Zahlen und:

$$(1)\qquad S^p(x) = 1^p + 2^p + 3^p + \ldots + x^p;$$

dann ist $S^p(x)$ die Summe einer arithmetischen Reihe p^{ten} Grades, hat also die Form:

$$(2)\quad S^p(x) = a_0 x + a_1 \frac{x(x-1)}{1.2} + a_2 \frac{x(x-1)(x-2)}{1.2.3} + \ldots + a_p \frac{x(x-1)\ldots(x-p)}{1.2\ldots(p+1)}$$

wobei $a_0\, a_1 \ldots a_p$ die Anfangsglieder der Hauptreihe und ihrer Differenzreihen sind. Wir können somit auch, wenn wir nach Potenzen von x ordnen, setzen:

$$(3)\qquad S^p(x) = Ax^{p+1} + Bx^p + C_1 x^{p-1} + C_2 x^{p-2} + \ldots + C_{p-1}\, x.$$

Setzen wir hierin $x-1$ an Stelle von x und ziehen die entstehende Gleichung von (3) selbst ab, so ist mit Rücksicht auf die Bedeutung von $S^p(x)$ (s. Gl. (1)):

---

[1]) Ars conjectandi, Basel 1713, S. 97. Bernoulli selbst hat nur die ersten fünf Zahlen berechnet. Genaueres siehe in der späteren Anm. zu Gl. I.

$$(4)\qquad x^p = A\left\{(p+1)\,x^p - \frac{(p+1)\,p}{1\,.\,2}\,x^{p-1} \pm \ldots + (-1)^p\right\}$$
$$+ B\left\{p\,x^{p-1} - \frac{p\,(p-1)}{1\,.\,2}\,x^{p-2} \pm \ldots + (-1)^{p-1}\right\}$$
$$+ C_1\left\{(p-1)\,x^{p-2} - \frac{(p-1)\,(p-2)}{1\,.\,2}\,x^{p-3} \pm \ldots + (-1)^{p-2}\right\}$$
$$+ \ldots + C_{p-1}.$$

Diese Gleichung steht unter der Form:

$$x^p = \alpha_0 + \alpha_1\,x + \alpha_2\,x^2 + \ldots + \alpha_p\,x^p$$

oder

$$\alpha_0 + \alpha_1\,x + \alpha_2\,x^2 + \ldots + (\alpha_p - 1)\,x^p = 0$$

und gilt für alle positiven ganzzahligen Werthe von x; das ist nicht anders möglich, als wenn einzeln:

$$\alpha_0 = 0,\ \ \alpha_1 = 0,\ \ \alpha_2 = 0,\ \ldots\ \alpha_{p-1} = 0,\ \ \alpha_p - 1 = 0$$

sind. Folglich ist nach (4) zunächst:

$$A\,(p+1) = 1$$
$$Bp - A\,\frac{(p+1)\,p}{1\,.\,2} = 0,$$

woraus:

$$(5)\qquad \begin{cases} A = \dfrac{1}{p+1} \\[2mm] B = \dfrac{1}{2}, \end{cases}$$

und, wenn wir den Coefficienten von x^{p-k} bilden und darin die Werthe für A und B aus (5) einsetzen:

$$(6)\qquad (-1)^k\,\frac{p\,(p-1)\ldots(p-k+1)}{(k+1)!} + (-1)^{k-1}\,\frac{p\,(p-1)\ldots(p-k+1)}{2\,.\,k!}$$
$$+ (-1)^{k-2}\,\frac{(p-1)\ldots(p-k+1)}{(k-1)!}\,C_1 + (-1)^{k-3}\,\frac{(p-2)\ldots(p-k+1)}{(k-2)!}\,C_2$$
$$+ \ldots + \frac{p-k+1}{1}\,C_{k-1} = 0.$$

Mittels dieser Gleichung, worin nacheinander $k = 2, 3, \ldots p$ zu setzen ist, kann man successive die Grössen C_1, C_2, bis C_{p-1} berechnen. Dabei hängt C_{k-1} von k und von p ab; führen wir nun andere Grössen b_1, b_2, $\ldots$ b_{k-1} mittels der Gleichungen:

$$(7)\quad \begin{cases} C_1 = p b_1 \\ C_2 = \dfrac{p(p-1)}{1.2} b_2 \\ \quad\vdots \\ C_{k-1} = \dfrac{p(p-1)\dots(p-k+2)}{(k-1)!} b_{k-1} \end{cases}$$

ein, so geht (6) nach Fortlassung des gemeinsamen Factors

$$p\,(p-1)\dots(p-k+1)$$

und Multiplication mit $k!$, wenn $(k)_h$ die Bedeutung:

$$(k)_h = \frac{k\,(k-1)\dots(k-h+1)}{1.2\dots h}$$

hat, in folgende Gleichung über:

$$(8)\quad \frac{k-1}{2\,(k+1)} - (k)_1\, b_1 + (k)_2\, b_2 \mp \dots + (-1)^{k-1} (k)_{k-1}\, b_{k-1} = 0$$

oder auch:

$$(9)\quad (k)_1\, b_{k-1} - (k)_2\, b_{k-2} \pm \dots + (-1)^k (k)_{k-1}\, b_1 + (-1)^{k+1} \frac{k-1}{2\,(k+1)} = 0.$$

In diesen Gleichungen kommt p nicht mehr vor, die Grössen $b_1\ b_2 \dots$ hängen also nur von ihrem Index ab und sind daher der Reihe nach zu berechnen möglich. Setzen wir z. B. in (9) $k = 1, 2, 3, 4, 5$, so erhalten wir:

$$b_1 = \frac{1}{12},\ b_2 = 0,\ b_3 = -\frac{1}{120},\ b_4 = 0,\ b_5 = \frac{1}{252}.$$

Die Rechnung wird aber wesentlich durch den Umstand vereinfacht, dass alle b mit geradem Index verschwinden. Dies lässt sich in folgender Art beweisen. Setzen wir in (3) $x = 1$, wodurch die linke Seite gleich der Einheit wird, für A und B die Werthe aus (5) und für die C_h die Werthe aus (7) ein, so entsteht die Gleichung:

$$(10)_a\quad \frac{1-p}{2\,(p+1)} + (p)_1\, b_1 + (p)_2\, b_2 + (p)_3\, b_3 + (p)_4\, b_4 + \dots = 0;$$

setzen wir andererseits in (8): $k = p$, so wird:

$$(10)_b\quad \frac{p-1}{2\,(p+1)} - (p)_1\, b_1 + (p)_2\, b_2 - (p)_3\, b_3 + (p)_4\, b_4 \mp \dots = 0,$$

und die Addition beider Gleichungen liefert:

$$(11)\quad (p)_2\, b_2 + (p)_4\, b_4 + (p)_6\, b_6 + \dots = 0.$$

Wird darin $p = 2$ oder 3 gemacht, so ergiebt sich:

$$b_2 = 0,$$

was also der obigen Bemerkung zufolge der feste Werth für b_2 ist; setzt man dann in (11) $p = 4$ oder 5, so folgt:

$$b_4 = 0,$$

und so überhaupt:

(12) $$b_{2h} = 0,$$

womit die obige Behauptung erwiesen ist.

Wir setzen nun:

(13) $$b_1 = \frac{B_1}{2},\ b_3 = -\frac{B_2}{4},\ b_5 = \frac{B_3}{6},\ b_{2h-1} = (-1)^{h+1}\frac{B_h}{2h};$$

dann sind die Grössen B_1, B_2, B_3 ... die Bernoullischen Zahlen.[1]) Sie lassen sich somit aus den b's leicht berechnen oder auch direct mittels Recursionsformeln successive herleiten, worauf wir demnächst zurückkommen. Die von Jac. Bernoulli angegebenen sind:

$$B_1 = \frac{1}{6},\ B_2 = \frac{1}{30},\ B_3 = \frac{1}{42},\ B_4 = \frac{1}{30},\ B_5 = \frac{5}{66}.$$

Die folgenden bis zur 15ten sind von Euler[2]), bis zur 31ten von Ohm[3]), bis zur 62ten von Adams[4]) berechnet; die ersten 32 derselben sind am Ende des Buches angegeben.

Da die C mit geradem Index mit den b gleicher Gattung verschwinden, so schliesst die rechte Seite von (3) für ein gerades p mit x, für ein ungerades mit x^2; drücken wir nun die C durch die B. Z. (d. h. Bernoullische Zahl oder Bernoullische Zahlen) aus, so erhalten wir die Formeln:

(14) $$1^{2n} + 2^{2n} + \dots + x^{2n} = \frac{x^{2n+1}}{2n+1} + \frac{x^{2n}}{2} + (2n)_1\frac{B_1}{2}x^{2n-1} - (2n)_3\frac{B_2}{4}x^{2n-3} \pm \dots + (-1)^{n+1}(2n)_{2n-1}\frac{B_n}{2n}x,$$

(15) $$1^{2n+1} + 2^{2n+1} + \dots + x^{2n+1} = \frac{x^{2n+2}}{2n+2} + \frac{x^{2n+1}}{2} + (2n+1)_1\frac{B_1}{2}x^{2n} - (2n+1)_3\frac{B_2}{4}x^{2n-2} \pm \dots + (-1)^{n+1}(2n+1)_{2n-1}\frac{B_n}{2n}x^2,$$

Die Schlussglieder in diesen Gleichungen sind in kürzester Form:

(16) in (14): $(-1)^{n+1}B_n x$. in (15): $(-1)^{n+1}\frac{2n+1}{2}B_n x^2$.

---

[1]) Die obige Bezeichnungsart ist die jetzt gebräuchliche, früher wurden die Zahlen B_1, B_3, B_5 ... benannt, indem B_2, B_4, B_6 ... als Null galt.

[2]) Calculus differentialis II, cap. V, § 122.

[3]) Journal für reine und angewandte Mathematik, begründet von Crelle, in der Folge immer als J. für Math. citirt, Bd. 20 (1840), S. 11.

[4]) ib. Bd. 85 (1875), S. 269.

Wir wollen nunmehr beweisen, dass die B. Z. sämmtlich positiv sind und von der vierten an immer grösser werden.

Zu dem Zweck erheben wir die Gleichungen (14) u. (15) auf's Quadrat. Nun ist zunächst:

(17) $$(1^p + 2^p + \ldots + x^p)^2 = 1^{2p} + 2^{2p} + \ldots + x^{2p}$$
$$+ 2\left\{1^p . 0 + 2^p . 1^p + 3^p (1^p + 2^p) + \ldots + x^p (1^p + \ldots + (x-1)^p)\right\}.$$

Bezeichnen wir nun allgemein:

(18) $$1^k + 2^k + \ldots + x^k = \sum_1^x y^k = \Sigma x^k,$$

so ist also:

(19) $$(\Sigma x^p)^2 = \Sigma x^{2p} + 2 \sum_1^x \{y^p (\Sigma y^p - y^p)\};$$

aber nach (14) und (15) ist:

(20) $$\Sigma y^p - y^p = \frac{y^{p+1}}{p+1} - \frac{y^p}{2} + (p)_1 \frac{B_1}{2} y^{p-1} \mp \ldots,$$

also wird aus (19):

(21) $$(\Sigma x^p)^2 = \Sigma x^{2p} + 2\left\{\frac{1}{p+1} \Sigma x^{2p+1} - \frac{1}{2} \Sigma x^{2p} + (p)_1 \frac{B_1}{2} \Sigma x^{2p-1} \mp \ldots\right\},$$

so dass sich Σx^{2p} forthebt. Unterscheiden wir nunmehr, ob p gerade oder ungerade ist und nehmen zuerst:

$$p = 2n,$$

so erhalten wir, indem für (20) die Gl. (14) zur Anwendung kommt, aus (21):

(22) $$\left(\frac{x^{2n+1}}{2n+1} + \ldots \pm B_n x\right)^2 = \frac{2}{2n+1} \Sigma x^{4n+1} + (2n)_1 \frac{B_1}{1} \Sigma x^{4n-1}$$
$$- (2n)_3 \frac{B_2}{2} \Sigma x^{4n-3} \pm \ldots + (-1)^{n+1} 2 B_n \Sigma x^{2n+1}.$$

Hier ist für alle Summen auf der rechten Seite Gl. (15) anzuwenden, und vergleichen wir dann die Coefficienten von x^2 auf der linken und rechten Seite, so entsteht die Gleichung:

(23) $$B_n^2 = -\frac{4n+1}{2n+1} B_{2n} + (2n)_1 \frac{4n-1}{2} B_1 B_{2n-1} + (2n)_3 \frac{4n-3}{4} B_2 B_{2n-2}$$
$$+ \ldots + (2n)_{2n-3} \frac{2n+3}{2n-2} B_{n-1} B_{n+1} + (2n+1) B_n^2.$$

also:

(24) $$B_{2n} = \frac{1}{4n+1}\Big\{(2n+1)_2 (4n-1) B_1 B_{2n-1} + (2n+1)_4 (4n-3) B_2 B_{2n-2}$$
$$+ \ldots + (2n+1)_{2n-2} (2n+3) B_{n-1} B_{n+1} + 2n (2n+1) B_n^2\Big\}.$$

Nehmen wir jetzt

$$p = 2n+1,$$

so tritt nur ein wesentlicher Unterschied ein, dass nämlich auf der linken Seite die niedrigste Potenz x^4 ist, also x^2 nicht vorkommt. Verfahren wir ausserdem ganz analog der bisherigen Durchführung, so gelangen wir zu der Gleichung:

$$(25) \quad B_{2n+1} = \frac{1}{4n+3} \Big\{ (2n+2)_2 (4n+1) B_1 B_{2n} + (2n+2)_4 (4n-1) B_2 B_{2n-1} + \ldots + (2n+2)_{2n} (2n+3) B_n B_{n+1} \Big\}.$$

Also ist z. B.:

$$B_2 = \frac{2.3}{5} B_1^2,$$

$$B_3 = \frac{1}{7} . (4)_2 . 5 B_1 B_2$$

$$B_4 = \frac{1}{9} \Big\{ (5)_2 . 7 B_1 B_3 + 4 . 5 B_2^2 \Big\}$$

$$B_5 = \frac{1}{11} \Big\{ (6)_2 . 9 B_1 B_4 + (6)_4 . 7 B_2 B_3 \Big\}$$

u. s. w.

Nimmt man nun $B_1 = \frac{1}{6}$ als bekannt an, oder entwickelt es aus der bekannten Gleichung:

$$(\Sigma x)^2 = \Sigma x^3,$$

so erschliesst man aus (24) und (25) successive, dass alle B. Z. positiv sind; ferner folgt aus (24) und (25) gemeinschaftlich:

$$(26) \qquad B_p > \frac{2p-1}{2p+1} \cdot \frac{p(p+1)}{12} B_{p-1},$$

also von $p = 4$ ab:

$$(27) \qquad B_p > B_{p-1}$$

und wenn p genügend gross ist:

$$(28) \qquad B_p > \frac{p(p+1)}{12} B_{p-1};$$

in der That wird sich später zeigen, dass für grosse Werthe von p sehr nahe:

$$(29) \qquad B_p = \frac{p^2}{\pi^2} B_{p-1}$$

ist, was wegen $\pi^2 = 9,87$ mit (28) in Uebereinstimmung steht. Aus (28) folgt, dass der Quotient $B_p : B_{p-1}$ immer grösser wird und schliesslich über alle Grenzen hinaus wächst: es nehmen also die B. Z. von einer leicht zu bestimmenden an schneller zu als irgend eine wachsende geometrische Reihe. Ist nämlich deren Exponent e, so braucht nur p aus der Beziehung:

$$\frac{p(p+1)}{12} \geqq e$$

berechnet zu werden.

Wir gehen nunmehr zu Gl. (9) zurück, um daraus Recursionsformeln für die B. Z. zu gewinnen.

Setzen wir in (9) $k = 2m$, $b_{k-2} = b_{k-4} = \dots = b_2 = 0$ und für b_{k-1}, b_{k-3}, ... b_1 die Werthe aus (13), so erhalten wir nach Multiplication mit $(-1)^{m-1}$:

$$(2m)_1 \frac{B_m}{2m} - (2m)_3 \frac{B_{m-1}}{2m-2} \pm \dots + (-1)^{m-1} (2m)_{2m-1} \frac{B_1}{2} + (-1)^m \frac{2m-1}{2(2m+1)} = 0.$$

Multipliciren wir diese Gleichung mit $2m+1$, so entsteht daraus:

I $$(2m+1)_1 B_m - (2m+1)_3 B_{m-1} + (2m+1)_5 B_{m-2} \mp \dots + (-1)^{m-1} (2m+1)_{2m-1} B_1 + (-1)^m (m - \tfrac{1}{2}) = 0.$$

Dieses ist die älteste Recursionsformel; sie wird auf Moivre[1]) zurückgeführt.

---

[1]) Miscellanea analytica (London 1730) Complementum S. 6ff. — J. Bernoulli findet zunächst (Ars Conjectandi, Basel 1713, S. 97) die Potenzsummen nach einander aus den Formeln für die figurirten Zahlen z. B. nach Aufstellung der Gleichungen:

$$\Sigma 1 = n$$

$$\Sigma n = \frac{n^2+n}{2}$$

$$\Sigma n^2 = \frac{n^3}{3} + \frac{n^2}{2} + \frac{n}{6}$$

in folgender Art:

$$\Sigma \frac{(n-1)(n-2)(n-3)}{6} = \frac{n(n-1)(n-2)(n-3)}{24}$$

oder:

$$\Sigma (n^3 - 6n^2 + 11n - 6) = \frac{n^4 - 6n^3 + 11n^2 - 6n}{4}$$

also:

$$\Sigma n^3 = 6\,\Sigma n^2 - 11\,\Sigma n + 6\,\Sigma 1 + \frac{n^4 - 6n^3 + 11n^2 - 6n}{4} = \frac{n^4}{4} + \frac{n^3}{2} + \frac{n^2}{4}.$$

So giebt er die Summen bis Σn^{10} einschliesslich und folgende Formel an, worin c den Exponenten irgend einer (ganzen positiven) Potenz bedeutet:

Setzen wir in (9) $k = 2m+1$, wodurch u. A.

$$b_{k-1} = 0,\ b_{k-2} = (-1)^{m+1} \frac{B_m}{2m}$$

wird, und verfahren ausserdem wie oben, so erhalten wir:

$$\text{II} \qquad (2m+2)_2 B_m - (2m+2)_4 B_{m-1} + (2m+2)_6 B_{m-2} \mp \ldots \\ + (-1)^{m-1} (2m+2)_{2m} B_1 + (-1)^m m = 0;$$

dieselbe ist von Jacobi[1]) mitgetheilt.

Subtrahiren wir I von II, so ist der bekannten Gleichung

$$(n+1)_k = (n)_k + (n)_{k-1} \text{ oder: } (n+1)_{k+1} - (n)_k = (n)_{k+1}$$

zufolge:

$$\text{III} \qquad (2m+1)_2 B_m - (2m+1)_4 B_{m-1} + (2m+1)_6 B_{m-2} \mp \ldots \\ + (-1)^{m-1} (2m+1)_{2m} B_1 + (-1)^m . \tfrac{1}{2} = 0.$$

$$\Sigma n^c = \frac{n^{c+1}}{c+1} + \frac{n^c}{2} + \frac{c}{2} A n^{c-1} + \frac{c(c-1)(c-2)}{2.3.4} B n^{c-3} \\ + \frac{c(c-1)\ldots(c-4)}{2.3\ldots6} C n^{c-5} + \ldots$$

„und so fort durch Verminderung des Exponenten um je zwei Einheiten, bis man (schliesslich) zu n^2 oder n gelangt". Diese Formel ist augenscheinlich durch Induction entstanden, wenigstens fehlt der präcise Beweis dafür, dass die Zahlen A, B, C ... constant, und besonders auch dafür, dass die Coefficienten der zwischenliegenden Potenzen Null sind, und dass A, B, C ..., wie anfänglich, so auch in ihrem weiteren Verlauf abwechselnde Zeichen haben müssen. Diese Beweise sind später von Euler mittels der trigonometrischen Reihen, in denen er das Vorkommen der B. Z. entdeckte (s. § 2 insbesondere Anm. zu Gl. XI), geführt worden. (Auf Grund der ursprünglichen Definition der B. Z. sind solche Beweise bis jetzt, soweit dem Verf. bekannt, überhaupt noch nicht gegeben worden.) Bernoulli findet aus obiger Formel nach und nach die Zahlen A, B, C ..., indem er successive $c = 1, 2, 3 \ldots$ und jedesmal $n = 1$ setzt, wodurch die linke Seite 1 wird. Diesen Gedanken hat Moivre durch eine Formel dargestellt, indem er eben in der obigen $n = 1$ setzte; weiter hat der berühmte Mathematiker in dieser Beziehung nichts hinzugefügt. — Jedoch macht er einige Anwendungen der B. Z., u. A. auf das Verhältniss des mittleren Coefficienten von $(a+b)^n$ (n positive ganze Zahl) zur Summe aller, welche Aufgabe schon von Stirling (der mit Moivre in freundschaftlichem Briefwechsel stand) in Angriff genommen worden war und später von Euler reproducirt wurde. Auch schliesst Moivre „aus der Analogie", dass die Bernoullische Formel ebenfalls für negative Exponenten gelten werde, giebt die (abgesehen vom fehlenden Restgliede) richtige Gleichung dafür an und fügt Anwendungen hinzu. — Die letzte Formel des Buches (Summation der Reihe $1 - \frac{1}{2^2} + \frac{1}{3^2} - \frac{1}{4^2} \pm \ldots$ mittels der B. Z. und lg2) ist nicht richtig.

[1]) Bei Gelegenheit seiner Untersuchung über die Mac-Laurinsche Summenformel, J. für Math. Bd. 12 (1834), S. 263.

Diese Recursionsformel findet sich in einer Abhandlung von Stern[1]), auf die wir noch später zurückkommen.

Uebrigens macht die Entwickelung neuer Formeln keine besondere Schwierigkeit, ist aber im Allgemeinen, d. h. wenn die neue Form nicht für besondere Zwecke brauchbar ist, auch nur von untergeordnetem Interesse. Setzen wir z. B. in II $m-1$ statt m und addiren sie dann zu I, so erhalten wir mit Benutzung von (30):

$$\text{IV}\qquad \begin{aligned}(2m+1)\,B_m-(2m)_3\,B_{m-1}+(2m)_5\,B_{m-2}\mp\cdots\\+(-1)^{m-1}(2m)_{2m-1}\,B_1+(-1)^m.\tfrac{1}{2}=0.\end{aligned}$$

Ob die Formeln I bis IV oder die Formeln (24) und (25) für die wirkliche Ausrechnung bequemer wären, lässt sich wohl nur durch die Praxis selbst entscheiden. Erstere haben den Vortheil, dass die, späterhin recht unbequemen, B. Z. darin nur linear vorkommen, die letzteren, dass sie etwa halb so viele Glieder haben und dass alle diese positiv sind, so dass die Coefficienten in (24) und (25) im Allgemeinen kleiner sein müssen als in I bis IV.

§ 2.

Zusammenhang der Bernoullischen Zahlen mit den Coefficienten der Entwickelung von Exponentialgrössen sowie trigonometrischer Functionen und mit den Summen der reciproken Potenzen der natürlichen Zahlen. Weitere Recursionsformeln.

Wir betrachten die Function:

$$\frac{x}{2}\cdot\frac{e^x+1}{e^x-1};$$

dieselbe hat für $x=0$ den Werth 1, wächst mit zunehmendem x, wird aber für keinen reellen endlichen Werth von x (und überhaupt für keinen Werth, dessen Modulus kleiner als 2π ist) unendlich und bleibt ungeändert, wenn $-x$ an Stelle von x gesetzt wird; sie lässt sich also nach Potenzen von x und aus letzterem Grunde nach Potenzen von x^2 entwickeln. Wir können daher setzen:

$$(1)\qquad \frac{x}{2}\,\frac{e^x+1}{e^x-1}=1+a_1\,\frac{x^2}{2!}+a_2\,\frac{x^4}{4!}+a_3\,\frac{x^6}{6!}+\cdots$$

Multipliciren wir beiderseits mit e^x-1 und setzen für e^x die unendliche Reihe, so erhalten wir[2]) aus Gleichung (1) die Gleichung:

---

[1]) J. für Math. Bd. 84, S. 267.

[2]) Bei den Hinweisen auf Gleichungen, die mit deutschen Ziffern bezeichnet sind, ist immer der vorliegende § zu verstehen, wenn kein anderer § ausdrücklich beigefügt ist. — Die römischen Bezeichnungszahlen laufen fort.

$$(2)\quad \frac{x}{2}\left(2+\frac{x}{1}+\frac{x^2}{2!}+\frac{x^3}{3!}+\ldots\right)=\left(1+a_1\frac{x^2}{2!}+a_2\frac{x^4}{4!}+\ldots\right)\left(\frac{x}{1}+\frac{x^2}{2!}+\frac{x^3}{3!}+\ldots\right)$$

und nun giebt die Vergleichung der Coefficienten von x^3, x^5, x^{2m+1} die Gleichungen:

$$\frac{a_1}{2}+\frac{1}{6}=\frac{1}{4}$$

$$\frac{a_2}{24}+\frac{a_1}{12}+\frac{1}{120}=\frac{1}{48}$$

$$\frac{a_m}{(2m)!}+\frac{a_{m-1}}{(2m-2)!\,3!}+\frac{a_{m-2}}{(2m-4)!\,5!}+\ldots+\frac{a_1}{2!\,(2m-1)!}+\frac{1}{(2m+1)!}=\frac{1}{2(2m)!}\,.$$

Die erste dieser Gleichungen giebt $a_1=\frac{1}{6}$, die zweite $a_2=-\frac{1}{30}$, und die letzte lässt sich sehr leicht auf die Form bringen:

$$(3)\quad (2m+1)_1\,a_m+(2m+1)_3\,a_{m-1}+\ldots+(2m+1)_{2m-1}\,a_1+(\tfrac{1}{2}-m)=0\,;$$

diese Gleichung kann aber in vollständige Uebereinstimmung mit Gleichung I gebracht werden, wenn nämlich:

$$(4)\qquad a_k=(-1)^{k+1}\,B_k \qquad\qquad k=1,\,2,\ldots m$$

gesetzt wird. — Vergleichen wir in (2) die Coefficienten von x^{2m+2}, so gelangen wir durch dieselbe Substitution (4) zur Gleichung II. — Wir haben demnach[1]):

$$(5)\qquad \frac{x}{2}\,\frac{e^x+1}{e^x-1}=1+B_1\frac{x^2}{2!}-B_2\frac{x^4}{4!}+B_3\frac{x^6}{6!}\mp\ldots;$$

bis zu welchem Werthe von x diese Reihe convergirt, werden wir später bestimmen.

Wir betrachten ferner die Function:

$$\frac{x}{2}\cot\frac{x}{2};$$

dieselbe ist der vorigen sehr ähnlich, hat den Werth 1 für $x=0$, bleibt ungeändert wenn x mit $-x$ vertauscht wird, und wird für $x=2\pi$ unendlich, sie lässt sich also nach Potenzen von x^2 entwickeln und wir setzen[2]):

$$(6)\qquad \frac{x}{2}\cot\frac{x}{2}=1-\beta_1\frac{x^2}{2!}-\beta_2\frac{x^4}{4!}-\beta_3\frac{x^6}{6!}-\ldots;$$

---

1) Euler a. a. O. II, § 114 ff.

2) Dass die Coefficienten der rechten Seite von (6) negativ, also die β's positiv sind, lässt sich von vornherein in folgender Art darthun. Sei:

$$(\mathrm{a})\qquad y=x\cot x$$

statt der linken Seite können wir

$$\frac{x}{2}\,\frac{1+\cos x}{\sin x}$$

setzen; multipliciren wir dann mit $\sin x$ und führen für $\sin x$ und $\cos x$

so ist:

(b) $$\frac{dy}{dx}=y'=\cot x-\frac{x}{\sin^2 x}=\cot x-x\,(1+\cot^2 x)$$

oder auch:

$$y'=\frac{\sin x\cos x-x}{\sin^2 x}=\frac{x\,(1-\frac{x^2}{6}\pm\ldots)\,(1-\frac{x^2}{2}\pm\ldots)-x}{x^2\,(1-\frac{x^2}{3}+\ldots)}$$

hieraus folgt, wenn wir y' für $x=0$ mit y'_0 bezeichnen:

(c) $$y'_0=0.$$

Ferner ist:

$$\frac{\sin x}{x}=1-\frac{x^2}{3!}+\frac{x^4}{5!}\mp\ldots$$

folglich sind für $x=0$ alle Differentialquotienten hiervon endlich oder 0, und die Function selbst gleich 1; schreibt man also y in der Form:

$$y=\frac{\cos x}{\frac{\sin x}{x}},$$

so sieht man, dass alle Differentialquotienten von y für $x=0$ endliche Werthe haben. Nunmehr folgt aus (b):

(d) $$xy'=y-x^2-y^2$$

(e) $$xy''=-2x-2yy'$$

(f) $$xy'''+y''=-2-2y'^2-2yy''$$

und wenn man (e) $n-2$ Mal differentiirt:

(g) $$xy^{(n)}+(n-2+2y)\,y^{(n-1)}=-2\left\{y^{(n-2)}y'+(n-2)_1\,y^{(n-3)}y''+\ldots\right.$$
$$\left.+(n-2)_{n-3}\,y'y^{(n-2)}\right\};$$

für $x=0$ kann man das Glied xy''' in (f) und ebenso $xy^{(n)}$ in (g) fortlassen, da kein Differentialquotient von y für $x=0$ unendlich ist, also folgt aus (f):

(h) $$y''_0=-\tfrac{2}{3}.$$

Setzen wir nun in (g) $n=2m+2$ und $x=0$, so wird:

$$(2m+2)\,y_0^{(2m+1)}=-2\left\{y_0^{(2m)}y'_0+(2m)_1\,y_0^{(2m-1)}y''_0+\ldots+(2m)_{2m-1}\,y'_0y_0^{(2m)}\right\}$$

und hieraus folgt mit Rücksicht auf (c) successive:

(i) $$y'''_0=0,\; y_0^{(5)}=0,\;\ldots\; y_0^{(2m+1)}=0.$$

die Reihen ein, so giebt die Vergleichung der Coefficienten von x^{2m} die Gleichung:

$$(2m+1)_1\,\beta_m - (2m+1)_3\,\beta_{m-1} \pm \dots + (-1)^{m-1}(2m+1)_{2m-1}\,\beta_1 + (-1)^m\,\frac{2m-1}{2} = 0;$$

diese stimmt aber vollständig mit I überein, wenn β mit B vertauscht wird, es ist also:

$$\beta_m = B_m$$

und somit:

(7) $$\frac{x}{2}\cot\frac{x}{2} = 1 - B_1\frac{x^2}{2!} - B_2\frac{x^4}{4!} - B_3\frac{x^6}{6!} - \dots$$

oder auch:

(8) $$x\cot x = 1 - 2^2 B_1\frac{x^2}{2!} - 2^4 B_2\frac{x^4}{4!} - 2^6 B_3\frac{x^6}{6!} - \dots$$

Multipliciren wir diese Gleichung mit $\sin x$ und setzen für $\cos x$ und $\sin x$ die Reihen, so giebt der Vergleich der Coefficienten von x^{2m} die Recursionsformel:

V $$2^{2m}(2m+1)_1\,B_m - 2^{2m-2}(2m+1)_3\,B_{m-1} \pm \dots + (-1)^{m-1}(2m+1)_{2m-1}\,2^2 B_1 + (-1)^m\,2m = 0.$$

Durch Zerlegung der Cotangente in Partialbrüche und Entwickelung derselben nach Potenzen von x erhält man, wie in jedem Lehrbuch der algebraischen Analysis oder der Differentialrechnung[1]) zu finden ist:

(9) $$\cot x = \frac{1}{x} - 2S_2\frac{x}{\pi^2} - 2S_4\frac{x^3}{\pi^4} - 2S_6\frac{x^5}{\pi^6} - \dots,$$

worin S_{2m} die Summe der unendlichen Reihe:

(10) $$S_{2m} = 1 + \frac{1}{2^{2m}} + \frac{1}{3^{2m}} + \frac{1}{4^{2m}} + \dots,$$

Setzt man in (g) $n = 2m+1$ und $x = 0$, so erhält man:

(k) $$(2m+1)y_0^{(2m)} = -2\left\{(2m-1)_1\,y_0^{(2m-2)}y_0'' + (2m-1)_3\,y_0^{(2m-4)}y_0^{(4)} + \dots + (2m-1)_{2m-3}\,y_0''\,y_0^{(2m-2)}\right\}$$

und hieraus ergiebt sich, indem für $m: 2, 3, \dots m$ substituirt wird mit Rücksicht auf (h) nacheinander, dass y_0'', $y_0^{(4)}$, … $y_0^{(2m)}$ negativ sind. Setzt man nun in der Gleichung:

(l) $$x\cot x = 1 + y_0^{(2)}\frac{x^2}{2!} + y_0^{(4)}\frac{x^4}{4!} + y_0^{(6)}\frac{x^6}{6!} + \dots$$

$\frac{x}{2}$ statt x, so erhält man die Gleichung (6), in welcher also die β's nunmehr als positiv bewiesen sind.

[1]) Z. B. Schlömilch, Compendium d. höheren Analysis I. § 50 Gl. 13.

bedeutet. Der Vergleich der Gleichungen (8) und (9) giebt die sehr wichtige von Euler[1]) aufgefundene Beziehung:

(11) $$S_{2m} = \frac{2^{2m-1}\pi^{2m}}{(2m)!} B_m$$

oder:

(12) $$B_m = \frac{(2m)!}{2^{2m-1}\pi^{2m}} S_{2m}.$$

Daraus folgt:

(13) $$\frac{B_m}{B_{m-1}} = \frac{2m(2m-1)}{4\pi^2} \cdot \frac{S_{2m}}{S_{2m-2}};$$

nun ist:

(14) $$\frac{\pi^2}{6} = S_2 > S_4 > S_6 > \ldots > S_\infty = 1$$

also ist:

(15) $$\frac{B_m}{B_{m-1}} < \frac{2m(2m-1)}{4\pi^2},$$

nähert sich aber schnell diesem Werthe und bei wachsendem m von unten her dem Werthe:

(16) $$\frac{B_m}{B_{m-1}} = \frac{m^2}{\pi^2}.$$

Hiermit können wir nunmehr die Grenze für die Convergenz der Reihen (5) und (7) bestimmen. Bezeichnen wir das in x^{2m} multiplicirte Glied der Reihe (5), abgesehen vom Vorzeichen, mit u_m, so ist:

$$\frac{u_m}{u_{m-1}} = \frac{B_m}{B_{m-1}} \cdot \frac{(2m-2)!}{(2m)!} \frac{x^2}{4\pi^2}$$

also wegen (15) für $x = 2\pi$:

$$\frac{u_m}{u_{m-1}} < 1, \lim \frac{u_m}{u_{m-1}} = 1$$

folglich convergirt (5), da die Zeichen abwechseln bis einschliesslich $x = 2\pi$. Die Reihe (7) dagegen, welche dieselben Coefficienten wie (5) aber gleiche Vorzeichen hat, convergirt nicht mehr für $x = 2\pi$, wofür beide Seiten von (7) $-\infty$ werden, sondern nur für $x < 2\pi$. — Für $x > 2\pi$ wird Gleichung (5) unbrauchbar, Gleichung (7) falsch. — Hat T_{2m} die Bedeutung:

(17) $$T_{2m} = 1 + \frac{1}{3^{2m}} + \frac{1}{5^{2m}} + \ldots,$$

so ist bekanntlich:

$$T_{2m} = \left(1 - \frac{1}{2^{2m}}\right) S_{2m}$$

---

[1]) A. a. O. II, § 125.

und daher:

$$(18)\quad \begin{cases} T_{2m} = \dfrac{(2^{2m}-1)\,\pi^{2m}}{(2m)!}\,\dfrac{B_m}{2}, \\ B_m = \dfrac{2.(2m)!}{(2^{2m}-1)\,\pi^{2m}}\,T_{2m}. \end{cases}$$

Aus der Formel:

$$\frac{x}{2}\operatorname{tg}\frac{x}{2} = \frac{x}{2}\cot\frac{x}{2} - x\cot x$$

folgt mittels (7) und (8):

$$(19)\quad \frac{x}{2}\operatorname{tg}\frac{x}{2} = B_1\,(2^2-1)\,\frac{x^2}{2!} + B_2\,(2^4-1)\,\frac{x^4}{4!} + B_3\,(2^6-1)\,\frac{x^6}{6!} + \dots$$
$$-\pi < x < \pi$$

und daher:

$$(20)\quad \operatorname{tg} x = B_1\,2^2(2^2-1)\frac{x}{2!} + B_2\,2^4\,(2^4-1)\,\frac{x^3}{4!} + B_3\,2^6\,(2^6-1)\,\frac{x^5}{6!} + \dots$$
$$-\frac{\pi}{2} < x < \frac{\pi}{2}.$$

Schreibt man die linke Seite von (19):

$$\frac{x}{2}\,\frac{\sin x}{1+\cos x},$$

multiplicirt mit $1+\cos x$ und führt für $\sin x$ und $\cos x$ die Reihen ein, so erhält man durch Vergleich der Coefficienten von x^{2m} folgende Recursionsformel:

$$\text{VI}\quad 2(2^{2m}-1)B_m - (2m)_2\,(2^{2m-2}-1)\,B_{m-1} + (2m)_4\,(2^{2m-4}-1)B_{m-2} \mp \dots$$
$$+ (-1)^{m-1}\,(2m)_{2m-2}\,(2^2-1)\,B_1 + (-1)^m\,m = 0.$$

Multiplicirt man 20) mit $\cos x$, so führt der Vergleich der Coefficienten von x^{2m-2} zu der von Stern und Schlömilch gefundenen Formel[1]):

$$\text{VII}\quad 2^{2m}\,(2^{2m}-1)\,B_m - (2m)_2\;2^{2m-2}\,(2^{2m-2}-1)\;B_{m-1} \pm \dots$$
$$+ (-1)^{m-1}\,(2m)_{2m-2}\;2^2(2^2-1)\,B_1 + (-1)^m\,2m = 0.$$

Diese Gleichung verhält sich also gewissermassen zu VI wie die Gleichung V zur Gleichung I.

Subtrahirt man Gleichung II, nachdem darin $m-1$ statt m gesetzt ist, von VI, so entsteht:

$$\text{VIII}\quad 2\,(2^{2m}-1)\,B_m - 2^{2m-2}(2m)_2\;B_{m-1} + 2^{2m-4}\,(2m)_4\;B_{m-2} \mp \dots$$
$$+ (-1)^{m-1}\,2^2\,(2m)_{2m-2}\,B_1 + (-1)^m\,(2m-1) = 0,$$

---

[1]) Stern, J. für Math. Bd. 26 (1843), S. 90; Schlömilch, Grunerts Archiv 3. Bd. (1843), S. 9 (siehe § 14). — In demselben Bande des Archivs (S. 64) giebt Göpel noch einige ältere Quellen an.

welche (als S_{III}) zu Beginn einer Abhandlung von Stern abgeleitet wird, auf die wir noch später (§ 5) zurückkommen.

Mittels der Formel:

$$\cot x + \operatorname{tg} \frac{x}{2} = \operatorname{cosec} x$$

erhält man aus (8) und (19):

$$(21) \quad \operatorname{cosec} x = \frac{1}{x} + 2(2^1-1)B_1 \frac{x}{2!} + 2(2^3-1)B_2 \frac{x^3}{4!} + 2(2^5-1)B_3 \frac{x^5}{6!} + \dots$$
$$0 < x < \pi$$

und multiplicirt man diese mit:

$$\sin x = x - \frac{x^3}{3!} + \frac{x^5}{5!} - \frac{x^7}{7!} \pm \dots,$$

so giebt die Nullsetzung des Coefficienten von x^{2m} die Recursionsformel:

$$\text{IX} \qquad 2(2^{2m-1}-1)(2m+1)_1 B_m - 2(2^{2m-3}-1)(2m+1)_3 B_{m-1} \pm \dots$$
$$+ (-1)^{m-1} 2(2-1)(2m+1)_{2m-1} B_1 + (-1)^m = 0,$$

welche aber identisch mit (V — 2 . I) ist.

Der Vollständigkeit wegen und für späteren Gebrauch mögen noch die bekannten Gleichungen[1]):

$$(22) \begin{cases} \lg\left(\frac{\sin x}{x}\right) = -\frac{2}{1} B_1 \frac{x^2}{2!} - \frac{2^3}{2} B_2 \frac{x^4}{4!} - \frac{2^5}{3} B_3 \frac{x^6}{6!} - \dots \\ \lg(\cos x) = -\frac{2(2^2-1)}{1} B_1 \frac{x^2}{2!} - \frac{2^3(2^4-1)}{2} B_2 \frac{x^4}{4!} - \frac{2^5(2^6-1)}{3} B_3 \frac{x^6}{6!} - \dots \end{cases}$$

hinzugefügt werden.

Wir reihen hier noch einige Formeln an, in denen Producte der B. Z. vorkommen. Multipliciren wir die Gleichungen (8) und (20) mit einander, so fliesst aus der Nullsetzung des Coefficienten von x^{2m-1} die Gleichung:

$$\text{X} \quad (2^{2m}-1) B_m = (2m)_2 (2^{2m-2}-1) B_1 B_{m-1} + (2m)_4 (2^{2m-4}-1) B_2 B_{m-2}$$
$$+ \dots + (2m)_{2m-2} (2^2-1) B_{m-1} B_1.$$

Ferner setzen wir mit Euler[2]):

$$y = \frac{1}{2} \cot \frac{x}{2},$$

so ist:

$$\frac{dy}{dx} = y' = -\frac{1}{4\sin^2\frac{x}{2}} = -\frac{1}{4}(1+4y^2)$$

[1]) Schlömilch a. a. O. § 50. Gleichungen (9) und (11).
[2]) A. a. O. §§ 119, 120, 122, 123.

oder:

$$(23) \qquad 4y' + 1 + 4y^2 = 0.$$

Nun ist nach (7):

$$y' = -\frac{1}{x^2} - B_1 \frac{1}{2!} - 3B_2 \frac{x^2}{4!} - \ldots - (2m-1) B_m \frac{x^{2m-2}}{(2m)!} - \ldots$$

$$y^2 = \frac{1}{x^2} - 2\frac{B_1}{2!} + \left(\frac{B_1^2}{2!\,2!} - 2\frac{B_2}{4!}\right) x^2 + \ldots$$

$$+ \left(-\frac{2B_m}{(2m)!} + \frac{2B_1 B_{m-1}}{2!(2m-2)!} + \frac{2B_2 B_{m-2}}{4!\,(2m-4)!} + \ldots\right) x^{2m-2} + \ldots$$

also ist nach (23):

$$-4\left(\frac{3B_1}{2}\right) + 1 = 0, \quad -5\frac{B_2}{4!} + \frac{B_1^2}{2!\,2!} = 0$$

und allgemein[1]):

$$\text{XI} \qquad (2m+1) B_m = 2(2m)_2 B_1 B_{m-1} + 2(2m)_4 B_2 B_{m-2} + \ldots$$

$$+ \begin{cases} 2\,(2m)_{m-1}\; B_{\frac{m-1}{2}}\; B_{\frac{m+1}{2}} \;\ldots\ldots\; m \text{ ungerade} \\ (2m)_m \; B_{\frac{m}{2}} \; B_{\frac{m}{2}} \;\ldots\ldots\; m \text{ gerade.} \end{cases}$$

Endlich setzen wir:

$$(24) \qquad \operatorname{tg}\frac{x}{2} = \tau_1 \frac{x}{2!} + \tau_2 \frac{x^3}{4!} + \tau_3 \frac{x^5}{6!} + \ldots,$$

so dass also, wie der Vergleich mit (20) zeigt:

$$(25) \qquad \tau_m = 2(2^{2m} - 1) B_m$$

ist. Setzen wir:

$$z = \operatorname{tg}\frac{x}{2}$$

so entsteht, ähnlich wie (23) die Gleichung:

$$z' - \tfrac{1}{2}(1 + z^2) = 0$$

d. i.:

$$\left(\frac{\tau_1}{2!} + 3\tau_2 \frac{x^2}{4!} + 5\tau_3 \frac{x^4}{6!} + \ldots\right) - \frac{1}{2} - \frac{1}{2}\left(\tau_1 \frac{x}{2!} + \tau_2 \frac{x^3}{4!} + \tau_3 \frac{x^5}{6!} + \ldots\right)^2 = 0$$

und hieraus[2]):

---

[1]) Aus Gleichungen dieser Art schliesst Euler auf die Positivität der B. Z.

[2]) Die Gleichungen (26) finden sich bei Euler a. a. O. t. II § 181, woselbst die Grössen $\tau_1, \tau_2, \tau_3 \ldots$, mit A, B, $C \ldots$ bezeichnet sind, doch ist der Weg zu ihrer Auffindung ein wesentlich anderer als oben.

$$
(26)\quad
\left\{
\begin{aligned}
\tau_1 &= 1 \\
3\tau_2 &= \tfrac{1}{2}(4)_2\,\tau_1^2 \\
5\tau_3 &= (6)_2\,\tau_1\,\tau_2 \\
7\tau_4 &= (8)_2\,\tau_1\,\tau_3 + \tfrac{1}{2}(8)_4\,\tau_2^2 \\
&\;\vdots \\
(2m-1)\,\tau_m &= (2m)_2\,\tau_1\,\tau_{m-1} + (2m)_4\,\tau_2\,\tau_{m-2} + \cdots \\
&+ \begin{cases} (2m)_{m-1}\,\tau_{\frac{m-1}{2}}\,\tau_{\frac{m+1}{2}} & \ldots\ldots\; m \text{ ungerade} \\ \tfrac{1}{2}(2m)_m\,\tau_{\frac{m}{2}}\,\tau_{\frac{m}{2}} & \ldots\ldots\; m \text{ gerade.} \end{cases}
\end{aligned}
\right.
$$

Daher ist, wenn die τ durch die B. Z. ausgedrückt werden:

$$
\text{XII}\quad
\begin{aligned}
(2m-1)(2^{2m}-1)\,B_m &= 2(2m)_2\,(2^2-1)(2^{2m-2}-1)\,B_1\,B_{m-1} \\
&+ 2(2m)_4\,(2^4-1)(2^{2m-4}-1)\,B_2\,B_{m-2} + \cdots \\
&+ \begin{cases} 2(2m)_{m-1}\,(2^{m-1}-1)(2^{m+1}-1)\,B_{\frac{m-1}{2}}\,B_{\frac{m+1}{2}} & \ldots\; m \text{ ungerade} \\ (2m)_m\,(2^m-1)\,(2^m-1)\,B_{\frac{m}{2}}\,B_{\frac{m}{2}} & \ldots\; m \text{ gerade.} \end{cases}
\end{aligned}
$$

Bezüglich der Einfachheit steht, so zu sagen, X zwischen XI und XII.

§ 3.

Die Mac-Laurinsche Summenformel.

Kurze Zeit nachdem die B. Z. eingeführt worden, sind sie schon zu einer wichtigen Anwendung gelangt, welche sich auf die Summation von Reihen bezieht. Mac Laurin war es, der sich zuerst die Aufgabe stellte, die Summe einer Reihe durch ein bestimmtes Integral (oder umgekehrt ein bestimmtes Integral durch die Summe einer Reihe) auszudrücken[1]) und er löste sie mittels gewisser Zahlen, die mit den B. Z. in engem Zusammenhang stehen. Allerdings vermochte er den begangenen Fehler nicht zu schätzen, schon deshalb nicht, weil Begriff und Methode solcher Schätzungen auf dem mehr als 50 Jahre später entwickelten Restausdruck Lagrange's für die Taylorsche Reihe[2]) basiren. Die Vervollständigung der Summenformel des Mac Laurin, wie man sie nennt, ist erst innerhalb dieses Jahrhunderts ausgeführt und wir behalten uns deren Darstellung nebst Beispielen für den vierten Abschnitt vor. Gegenwärtig wollen wir die Summenformel in ihrer ursprünglichen Gestalt ableiten, um von

[1]) A Treatise of Fluxions, Edinburgh 1742, 2. Theil, §§ 828 ff.

[2]) Théorie des fonctions, Paris 1797; 2. Ausgabe 1813, 1. Theil cap. VI, insbesondere §§ 38 ff.

ihr für Fälle, in denen sie abbricht und deshalb streng richtig ist, Gebrauch machen zu können.

Wir wollen dabei Mac Laurin's klarem Gedankengange folgen und knüpfen, wie es zu jener Zeit üblich war, an eine geometrische Construction an.

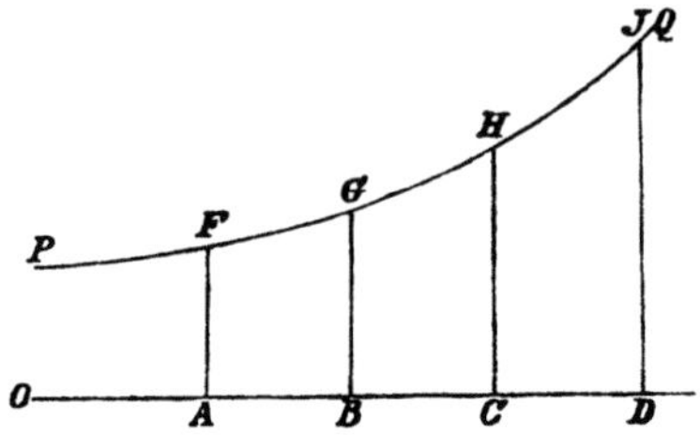

Sei PQ (s. die Figur) eine Curve mit den laufenden Coordinaten x, y bezüglich eines durch O als Ursprung gelegten Coordinatensystems. Sei $OA = a$, $AB = h$, und A der Inhalt des oben von der Curve begrenzten Flächenstücks $ABGF$. Dann ist, wenn wir AF mit y_0, $\left(\frac{dy}{dx}\right)_{x=a}$ mit y_0', $\left(\frac{d^2y}{dx^2}\right)_{x=a}$ mit y_0'' etc., BG mit y_1 bezeichnen:

$$A = \int_a^{a+h} y dx = \int_0^h y dx_1,$$

falls $x = a + x_1$ substituirt wird; und wenn wir y nach dem schon damals bekannten[1]) Taylorschen Lehrsatz entwickeln:

$$(1) \qquad A = \int_0^h \left(y_0 + y_0' x_1 + y_0'' \frac{x_1^2}{2!} + y_0''' \frac{x_1^3}{3!} + \ldots\right) dx$$

$$= y_0 h + y_0' \frac{h^2}{2!} + y_0'' \frac{h^3}{3!} + y_0''' \frac{h^4}{4!} + \ldots$$

Denken wir uns jetzt über derselben Abscissenaxe eine Curve mit der Ordinate $z = y'$ gezeichnet und nennen das dem Flächenstück $ABGF$ entsprechende A_1, so ist analog mit (1):

$$(2) \qquad A_1 = y_0' h + y_0'' \frac{h^2}{2!} + y_0''' \frac{h^3}{3!} + \ldots,$$

ebenso, wenn die Curven mit den Ordinaten y'', y''', ... gezeichnet und die entsprechenden Flächenstücke bez. A_2, A_3, ... benannt werden:

$$(3) \qquad A_2 = y_0'' h + y_0''' \frac{h^2}{2!} + \ldots$$

$$(4) \qquad A_3 = y_0''' h + \ldots$$

u. s. w.

Aus diesen Gleichungen eliminiren wir die Constanten y_0', y_0'', y_0''' ... und multipliciren zu diesem Zweck Gleichung (1) mit 1 und die folgenden

[1]) Siehe Mac Laurin a. a. O. § 751. Taylor's Methodus Incrementorum, worin der qu. Lehrsatz steht, ist 1715 veröffentlicht worden.

Gleichungen (2), (3), (4) u. s. w. mit den unbekannten Factoren $a_1 h$, $a_2 h^2$, $a_3 h^3$, ..., die wir so bestimmen, dass:

$$
(5) \quad \begin{cases}
a_1 + \frac{1}{2} = 0 \\
a_2 + \frac{a_1}{2!} + \frac{1}{3!} = 0 \\
a_3 + \frac{a_2}{2!} + \frac{a_1}{3!} + \frac{1}{4!} = 0 \\
a_k + \frac{a_{k-1}}{2!} + \frac{a_{k-2}}{3!} + \frac{a_{k-3}}{4!} + \ldots + \frac{a_1}{k!} + \frac{1}{(k+1)!} = 0
\end{cases}
$$

wird, wonach sich ergiebt:

$$
(6) \qquad A + A_1 a_1 h + A_2 a_2 h^2 + A_3 a_3 h^3 + \ldots = y_0 h.
$$

Nun ist aber der Erklärung der Grössen A_1, A_2, A_3 ... zufolge:

$$
A_1 = \int_0^h y' dx_1 = y_1 - y_0
$$

$$
A_2 = \int_0^h y'' dx_1 = y_1' - y_0'
$$

$$
A_2 = \int_0^h y''' \, dx_1 = y_1'' - y_0''
$$

u. s. w.,

also entsteht aus (6) die Gleichung:

$$
(7) \qquad h y_0 = A + a_1 (y_1 - y_0) h + a_2 (y_1' - y_0') h^2 + a_3 (y_1'' - y_0'') h^3 + \ldots
$$

Uebertragen wir nun dieselbe Betrachtung auf die Flächenstücke über BC, CD u. s. w., wobei:

$$
BC = CD = \ldots = h
$$

sein soll, und nehmen die Anzahl der Flächenstücke $= q$ an, so giebt die Addition der Gleichung (7) und der ihr entsprechenden:

$$
(8) \qquad h (y_0 + y_1 + y_2 + \ldots y_{q-1}) = \int_a^{a+qh} y dx + a_1 (y_q - y_0) h
$$

$$
+ a_2 (y_q' - y_0') h^2 + a_3 (y_q'' - y_0'') h^3 + \ldots
$$

Aus den Gleichungen (5) folgt:

$$
a_1 = -\tfrac{1}{2}, \; a_2 = \tfrac{1}{12}, \; a_3 = 0, \; a_4 = -\tfrac{1}{720}, \; a_5 = 0, \; a_6 = \tfrac{1}{30240},
$$

u. s. w., somit, wenn wir in (8) beiderseits $h y_q$ addiren:

$$(9)\qquad h(y_0+y_1+y_2+\dots+y_q)=\int_a^{a+qh} y\,dx+\frac{h}{2}(y_q+y_0)+\frac{h^2}{12}(y'_q-y'_0)$$
$$-\frac{h^4}{720}(y'''_q-y'''_0)+\frac{h^6}{30240}(y^{(5)}_q-y^{(5)}_0)+\dots$$

Sodann setzt Mac Laurin in dieser Gleichung zuerst:

$$(10)\qquad y=x^r,\ a=0,\ h=1$$

und erhält dadurch:

$$(11)\quad 1+2^r+3^r+\dots+q^r=\frac{q^{r+1}}{r+1}+\frac{q^r}{2}+\frac{r}{12}q^{r-1}-\frac{r(r-1)(r-2)}{720}q^{r-3}+\dots$$

worin, wie er meint, r eine beliebige Zahl (ausser -1) sein kann. Für negative oder gebrochene Exponenten bedarf dies jedoch noch besonderer Untersuchung, während für positive ganzzahlige r die Formel (11) auf der rechten Seite abbricht und daher zweifellos richtige Resultate liefert. Hieraus erschliesst Mac Laurin den Zusammenhang der Grössen $a_1\ a_2\ \dots$ mit den B. Z. Dies gestatten aber schon die Gleichungen (5) selbst. Setzen wir nämlich darin:

$$(12)\qquad a_1=-\frac{1}{2},\ a_h=(-1)^h\frac{b_{h-1}}{(h-1)!},\qquad h=2,3,\dots k,$$

so nimmt die letzte derselben nach Multiplication mit $(-k!)$ folgende Gestalt an:

$$(-1)^{k-1}(k)_1\,b_{k-1}+(-1)^{k-2}(k)_2\,b_{k-2}+\dots-(k)_{k-1}b_1+\frac{k-1}{2(k+1)}=0;$$

diese Gleichung ist aber identisch mit (8) des § 1 und wir schliessen daraus mit Rücksicht auf (12) und (13) des § 1:

$$(13)\qquad a_1=-\frac{1}{2},\ a_{2k}=(-1)^k\frac{B_k}{(2k)!},\ a_{2k+1}=0,\qquad k=1,2,3,\dots$$

Setzen wir noch:

$$(14)\qquad y=f(x),\ \text{also}\ y_0=f(a),\ y_m=f(a+mh)$$

und $a+qh=b$, so bringen wir dadurch die Mac-Laurinsche Summenformel auf die Gestalt:

$$(15)\qquad h\{f(a)+f(a+h)+f(a+2h)+\dots+f(b)\}=\int_a^b f(x)\,dx$$
$$+h\frac{f(b)+f(a)}{2}+B_1\frac{h^2}{2!}\big(f'(b)-f'(a)\big)-B_2\frac{h^4}{4!}\big(f'''(b)-f'''(a)\big)$$
$$+B_3\frac{h^6}{6!}\big(f^{(5)}(b)-f^{(5)}(a)\big)\mp\dots$$

Dieselbe ist streng richtig, wenn $f(x)$ eine ganze rationale Function von x ist (oder $y=f(x)$ die Gleichung einer algebraischen Curve darstellt), weil ihre rechte Seite in diesem Falle abbricht.

Mac Laurin leitet, indem er die Mittelordinaten der einzelnen Flächenstücke benutzt, noch folgende Formel[1]) ab:

$$(16)\quad h\{f(a)+f(a+h)+f(a+2h)+\ldots+f(b)\}=\int_{a-\frac{h}{2}}^{b+\frac{h}{2}}f(x)\,dx$$

$$+\varkappa_1\frac{h^2}{2^2}\left(f'(b+\frac{h}{2})-f'(a-\frac{h}{2})\right)+\varkappa_2\frac{h^4}{2^4}\left(f'''(b+\frac{h}{2})-f'''(a-\frac{h}{2})\right)+\ldots,$$

worin die $\varkappa$ folgende Werthe haben[2]):

$$(17)\quad \varkappa_k=(-1)^k.\,2(2^{2k-1}-1)\frac{B_k}{(2k)!},\ \text{also}\ \varkappa_1=-\frac{1}{6},\ \varkappa_2=\frac{7}{360},\ \text{u. s. w.}$$

Hiermit berechnet Mac Laurin als Beispiel lg 2 (was fast ebenso genau mit (15) zu machen ginge), indem er $h=\frac{1}{4}$, $a=\frac{9}{8}$, $b=\frac{15}{8}$, $y=\frac{1}{x}$ setzt und rechts die beiden ersten Correctionsglieder benutzt, auf 6 Stellen mit dem Fehler einer Einheit in der 6ten Stelle. —

Euler leitet die Mac-Laurinsche Formel, in rein analytischer Einkleidung, nochmals ab[3]); was er aber wesentlich Neues hinzubringt, ist die Erkenntniss, dass die Gleichungen (5) auch auftreten, wenn die gerade Function:

$$\frac{u}{2}\cdot\frac{1+e^{-u}}{1-e^{-u}}=\frac{u}{2}\cdot\frac{e^{\frac{u}{2}}+e^{-\frac{u}{2}}}{e^{\frac{u}{2}}-e^{-\frac{u}{2}}}$$

nach Potenzen von u entwickelt werden soll[4]), woraus zunächst geschlossen wird, dass die a mit ungeradem Index (ausser a_1) gleich Null sind. Hieran knüpft sich der Zusammenhang dieser Grössen mit den Potenz-Summen der reciproken natürlichen oder ungeraden Zahlen[5]); den Zusammenhang der a's mit den B. Z. entwickelt Euler in gleicher Art wie Mac Laurin.

---

[1]) A. a. O. §§ 831, 832.

[2]) Dieselben genügen der Gleichung:

$$\varkappa_k+\frac{\alpha_{k-1}}{3!}+\frac{\alpha_{k-2}}{5!}+\ldots+\frac{\alpha_1}{(2k-1)!}+\frac{1}{(2k+1)!}=0,$$

welche mit Gleichung IX zu vergleichen ist. — Im Allgemeinen bietet (16) gegenüber (15) zu geringen Vortheil dar, um ein längeres Verweilen bei ihrer Ableitung zu rechtfertigen.

[3]) Institutiones Calculi differentialis, t. II cap. V.

[4]) Siehe oben Gleichung (1) des § 2 und nachfolgenden Text.

[5]) Siehe oben Gleichung (11) des § 2 und vorher.

§ 4.
Zusammenhang der Bernoullischen Zahlen mit den Secantencoefficienten.

Wir haben gesehen, dass die B. Z. mit den Entwickelungscoefficienten der Cotangente, Tangente und Cosecante in derartig engem Zusammenhang stehen, dass diese Coefficienten je durch eine einzelne B. Z. ausgedrückt werden können[1]). Bei der Secante ist dies nicht der Fall, doch bieten deren Entwickelungscoefficienten mit den B. Z., oder auch insbesondere mit den Tangentencoefficienten, mancherlei Analogieen dar und stehen mit letzteren durch einfache Gleichungen im Zusammenhang, so dass es im Rahmen unserer Betrachtungen liegt, auf diese Beziehungen näher einzugehen.

Sei:

(1) $$\sec x = 1 + \alpha_1 \frac{x^2}{2!} + \alpha_2 \frac{x^4}{4!} + \alpha_3 \frac{x^6}{6!} + \ldots,$$

(2) $$\operatorname{tg} x = \beta_1 x + \beta_2 \frac{x^3}{3!} + \beta_3 \frac{x^5}{5!} + \ldots;$$

dann nennen wir die Grössen $\alpha_0 (= 1)$, α_1, α_2 u. s. w. Secantencoefficienten oder auch nach dem Vorschlag Scherk's und anderer Mathematiker Eulersche Zahlen, weil Euler die ersten neun derselben berechnet hat; die Grössen β_1, β_2, $\beta_3 \ldots$ nennen wir Tangentencoefficienten, und sie stehen mit den B. Z., wie der Vergleich der Gleichung (2) mit § 2, (20) zeigt, in dem einfachen Zusammenhang:

(3) $$\beta_m = \frac{2^{2m}(2^{2m}-1)}{2m} B_m.$$

Beide Arten von Coefficienten kommen gleichzeitig in der Entwickelung:

(4) $$\operatorname{tg}\left(\frac{\pi}{4} + \frac{x}{2}\right) = \sec x + \operatorname{tg} x = 1 + \gamma_1 x + \gamma_2 \frac{x^2}{2!} + \gamma_3 \frac{x^3}{3!} + \ldots$$

vor, so dass nämlich:

(5) $$\gamma_{2m} = \alpha_m, \; \gamma_{2m-1} = \beta_m$$

ist, aus welchem Umstande mit Recht auf die Gleichartigkeit von α_m und β_m geschlossen werden kann.

Eine Recursionsformel zwischen den Secantencoefficienten erhält man aus der Gleichung:

$$\sec x \,.\, \cos x = 1;$$

die Nullsetzung des Coefficienten von x^{2m} giebt[2]):

XIII $$\alpha_m - (2m)_2\, \alpha_{m-1} + (2m)_4\, \alpha_{m-2} \mp \ldots + (-1)^{m-1} (2m)_{2m-2}\, \alpha_1 + (-1)^m = 0,$$

eine Recursionsformel zwischen den Tangentencoefficienten folgt aus Gl. VII

---

[1]) Siehe die Gleichungen § 2 (7), (8), (19), (20), (21).

[2]) Euler, calc. different. II, cap. VIII, § 226; Zahlenwerthe ib. § 224.

(§ 3), wenn wir B_k mittels (3) durch β_k ausdrücken und die Gleichung durch $2m$ dividiren, und zwar:

$$\text{XIV} \qquad \beta_m - (2m-1)_2\,\beta_{m-1} + (2m-1)_4\,\beta_{m-2} \mp \cdots$$
$$+ (-1)^{m-1}(2m-1)_{2m-2}\,\beta_1 + (-1)^m = 0.$$

Aus XIII folgert man, dass die Secantencoefficienten, aus XIV, dass die Tangentencoefficienten ganze Zahlen sind; von den letzteren weiss man, dass sie positiv, weil die B. Z. es sind, von den ersteren werden wir es bald beweisen. Die ersten 14 Secantencoefficienten sind von Scherk[1]) berechnet worden, wobei er bemerkte, dass die 9[te] von Euler nicht richtig angegeben war. Sie haben folgende Werthe:

α_1	=	1
α_2	=	5
α_3	=	61
α_4	=	1385
α_5	=	50521
α_6	=	27 02765
α_7	=	1993 60981
α_8	=	1 93915 12145
α_9	=	240 48796 75441
α_{10}	=	37037 11882 37525
α_{11}	=	69 34887 43931 37901
α_{12}	=	15514 53416 35570 86905
α_{13}	=	40 87072 50929 31238 92361
α_{14}	=	12522 59641 40362 98654 68285

Die ersten 15 Tangentencoefficienten sind:

β_1	=	1
β_2	=	2
β_3	=	16
β_4	=	272
β_5	=	7936
β_6	=	3 53792
β_7	=	223 68256
β_8	=	19037 57312
β_9	=	20 98653 42976
β_{10}	=	2908 88851 12832
β_{11}	=	4 95149 80531 24096
β_{12}	=	1015 42388 65068 52352
β_{13}	=	2 46921 48019 02079 83616
β_{14}	=	702 51601 60394 39598 87872
β_{15}	=	2 31191 84187 80959 78414 73536

[1]) Mathematische Abhandlungen, Berlin 1825; 1. Abhandlung: Von den numerischen Coefficienten der Secantenreihe, ihrem Zusammenhange und ihrer Analogie mit den Bernoullischen Zahlen.

Beziehungen zwischen den Eulerschen und den Bernoullischen Zahlen liefert jede Gleichung zwischen $\sec x$ und einer oder mehreren der Functionen $\operatorname{tg} x$, $\cot x$, $\operatorname{cosec} x$, wobei das Argument anstatt x auch $2x$ oder $\frac{x}{2}$ sein kann. Die einfachsten sind die von Scherk (a. a. O.) aufgestellten.

Aus der Gleichung:

$$\sec x = \sin x \operatorname{tg} x + \cos x$$

oder:

$$1 + \alpha_1 \frac{x^2}{2!} + \alpha_2 \frac{x^4}{4!} + \dots = (x - \frac{x^3}{3!} \pm \dots)(\beta_1 x + \beta_2 \frac{x^3}{3!} + \beta_3 \frac{x^5}{5!} + \dots) + 1 - \frac{x^2}{2!} + \frac{x^4}{4!} \mp \dots$$

folgt:

$$\text{XV} \quad \alpha_m = (2m)_1 \beta_m - (2m)_3 \beta_{m-1} \mp \dots + (-1)^{m-1} (2m)_{2m-1} \beta_1 + (-1)^m;$$

subtrahirt man XIV hiervon, so ist auch:

$$\text{XVI} \quad \alpha_m = (2m-1)_1 \beta_m - (2m-1)_3 \beta_{m-1} \pm \dots + (-1)^{m-1} (2m-1)_{2m-1} \beta_1 .$$

Aus der Gleichung:

$$\sec x = 2 \sin x \operatorname{cosec}(2x)$$

oder (siehe Gleichung § 2 (21)):

$$1 + \alpha_1 \frac{x^2}{2!} + \alpha_2 \frac{x^4}{4!} + \dots = \left(1 - \frac{x^2}{3!} + \frac{x^4}{5!} \mp \dots\right) \left(1 + 2^3(2-1) B_1 \frac{x^2}{2!} + 2^5(2^3-1) \frac{x^4}{4!} + 2^7(2^5-1) \frac{x^6}{6!} + \dots\right)$$

folgt die weniger einfache:

$$(6)\ (2m+1)\alpha_m = 2^{2m+1}(2^{2m-1}-1)(2m+1)_1 B_m - 2^{2m-1}(2^{2m-3}-1)(2m+1)_3 B_{m-1} \pm \dots + (-1)^{m-1} 2^3(2-1)(2m+1)_{2m-1} B_1 + (-1)^m.$$

Mittels dieser Gleichungen lässt sich die m^{te} Eulersche Zahl aus den m ersten Tangentencoefficienten oder B. Z. berechnen. Ferner ist:

$$\operatorname{tg} x = \sin x \sec x$$

oder:

$$\beta_1 x + \beta_2 \frac{x^3}{3!} + \beta_3 \frac{x^5}{5!} + \dots = \left(x - \frac{x^3}{3!} \pm \dots\right)\left(1 + \alpha_1 \frac{x^2}{2!} + \alpha_2 \frac{x^4}{4!} + \dots\right),$$

woraus:

$$\text{XVII} \quad \beta_m = (2m-1)_1 \alpha_{m-1} - (2m-1)_3 \alpha_{m-2} \pm \dots + (-1)^{m-2} (2m-1)_{2m-3} \alpha_1 + (-1)^{m-1}$$

und, wenn Gleichung XIII hierzu addirt oder — mit $m-1$ statt m — subtrahirt wird:

XVIIIa $$\beta_m = \alpha_m - (2m-1)_2\,\alpha_{m-1} + (2m-1)_4\,\alpha_{m-2} \mp \dots + (-1)^{m-1}(2m-1)_{2m-2}\,\alpha_1,$$

XVIIIb $$\beta_m = (2m-2)_1\,\alpha_{m-1} - (2m-2)_3\,\alpha_{m-2} \pm \dots\dots + (-1)^m (2m-2)_{2m-3}\,\alpha_1.$$

Mit diesen Gleichungen[1]) kann man die m^{te} B. Z. aus den $m-1$ (bez. m) ersten Eulerschen Zahlen finden. Andere Gleichungen, welche abwechselnd eine Eulersche und eine Bernoullische Zahl ergeben, sind von Stern[2]) aufgestellt. Aus der Eulerschen Formel[3]):

(7) $$\cos\frac{x\pi}{2n} + \operatorname{tg}\frac{m\pi}{2n}\sin\frac{x\pi}{2n} = \left(1+\frac{x}{n-m}\right)\left(1-\frac{x}{n+m}\right)\left(1+\frac{x}{3n-m}\right)\left(1-\frac{x}{3n+m}\right)\left(1+\frac{x}{5n-m}\right)\dots$$

folgt für $n=2$, $m=1$, $x\pi = u$:

(8) $$\cos\frac{u}{4} + \sin\frac{u}{4} = (1+x)\left(1-\frac{x}{3}\right)\left(1+\frac{x}{5}\right)\left(1-\frac{x}{7}\right)\dots$$

oder:

(9) $$1 + A_1 u + A_2 u^2 + A_3 u^3 + \dots = (1+x)\left(1-\frac{x}{3}\right)\left(1+\frac{x}{5}\right)\left(1-\frac{x}{7}\right)\dots$$

$$u = x\pi.$$

wobei:

(10) $$A_n = \frac{\mu_n}{2^{2n}.n!},\quad \mu_n = \begin{cases} (-1)^{\frac{n-1}{2}} & \dots n \text{ ungerade} \\ (-1)^{\frac{n}{2}} & \dots n \text{ gerade.} \end{cases}$$

Nimmt man jetzt von (9) beiderseits die natürlichen Logarithmen, führt ausser T_{2m} (s. § 2, (18)) auch U_{2m+1}:

(11) $$U_{2m+1} = 1 - \frac{1}{3^{2m+1}} + \frac{1}{5^{2m+1}} - \frac{1}{7^{2m+1}} \pm \dots$$

ein, und erinnert sich der Beziehungen (siehe (5)):

(12) $$\begin{cases} T_{2m} = \left(\frac{\pi}{2}\right)^{2m} \cdot \frac{1}{(2m-1)!}\frac{\beta_m}{2} = \left(\frac{\pi}{2}\right)^{2m} \cdot \frac{1}{(2m-1)!}\frac{\gamma_{2m-1}}{2} \\ U_{2m+1} = \left(\frac{\pi}{2}\right)^{2m+1} \cdot \frac{1}{(2m)!}\frac{\alpha_m}{2} = \left(\frac{\pi}{2}\right)^{2m+1} \cdot \frac{1}{(2m)!}\frac{\gamma_{2m}}{2}, \end{cases}$$

so findet man leicht:

(13) $$\lg(1 + A_1 u + A_2 u^2 + \dots) = U_1 x - \tfrac{1}{2} T_2 x^2 + \tfrac{1}{3} U_3 x^3 - \tfrac{1}{4} T_4 x^4 \pm \dots$$

---

[1]) Wie man sieht, entsprechen die Gleichungen XV u. XVI vollkommen den Gleichungen XVII u. XVIIIa, die Gleichung XVIIIa ist bei Scherk in anderer Art abgeleitet und die Gleichung XVI fehlt bei ihm.

[2]) J. für Math. Bd. 26 (1843), S. 88. Ueber die Coefficienten der Secantenreihe.

[3]) Euler, Introd. in anal. infin. § 171.

oder:

$$(14)\qquad \lg(1 + A_1 u + A_2 u^2 + \ldots) = a_1 u + a_2 u^2 + a_3 u^3 + \ldots,$$

worin:

$$(15)\qquad a_m = (-1)^{m+1} \frac{\gamma_{m-1}}{2^{m+1} . m!}.$$

Gilt aber eine Gleichung von der Form (14), so findet zwischen den Coefficienten der linken und rechten Seite die Beziehung[1]) statt:

$$(16)\quad mA_m = ma_m + (m-1)\, a_{m-1} A_1 + (m-2)\, a_{m-2} A_2 + \ldots + a_1 A_{m-1},$$

folglich erhält man nach Einsetzung der Werthe aus (10) und (15):

$$\frac{m\mu_m}{2^{2m} m!} = \tfrac{1}{2}\left\{(-1)^{m+1} \frac{m\gamma_{m-1}}{2^m m!} + (-1)^m (m-1) \frac{\mu_1}{2^2 . 1!} \frac{\gamma_{m-2}}{2^{m-1}(m-1)!}\right.$$
$$\left. + (-1)^{m-1} (m-2) \frac{\mu_2}{2^4 2!} \frac{\gamma_{m-3}}{2^{m-2}(m-2)!} + \ldots + \frac{\mu_{m-1}}{2^{2m-2}(m-1)!} \frac{\gamma_0}{2^1 . 1!}\right\}$$

oder mit $(-1)^{m+1} 2^m (m-1)!$ multiplicirt, wenn man sich der Gleichung $\frac{n!}{k!\,(n-k)!} = (n)_k$ erinnert:

$$(17)\quad \tfrac{1}{2}\gamma_{m-1} - \frac{(m-1)_1}{2^2} \gamma_{m-2} - \frac{(m-1)_2}{2^3} \gamma_{m-3} + \ldots + (-1)^{m-2} \mu_{m-2} \frac{(m-1)_{m-2}}{2^{m-1}} \gamma_1$$
$$+ (-1)^{m-1} \mu_{m-1} \frac{(m-1)_{m-1}}{2^m} \gamma_0 + (-1)^m \mu_m \frac{1}{2^m} = 0.$$

Denkt man sich hierin m' statt m geschrieben und unterscheidet ungerades $m' = 2m + 1$ und gerades $m' = 2m$, so erhält man die beiden Gleichungen:

$$\text{XIX}_a\qquad \alpha_m - (2m)_1 \frac{\beta_m}{2} - (2m)_2 \frac{\alpha_{m-1}}{2^2} + (2m)_3 \frac{\beta_{m-1}}{2^3} + - - + \ldots$$
$$+ (-1)^m (2m)_{2m-1} \frac{\beta_1}{2^{2m-1}} + (-1)^m (2m)_{2m} \frac{\alpha_0}{2^{2m}} + \frac{(-1)^{m+1}}{2^{2m}} = 0,$$

$$\text{XIX}_b\quad \beta_m - (2m-1)_1 \frac{\alpha_{m-1}}{2} - (2m-1)_2 \frac{\beta_{m-1}}{2^2} + (2m-1)_3 \frac{\alpha_{m-2}}{2^3} + - - + \ldots$$
$$+ (-1)^{m-1} (2m-1)_{2m-2} \frac{\beta_1}{2^{2m-2}} + (-1)^m (2m-1)_{2m-1} \frac{\alpha_0}{2^{2m-1}} + \frac{(-1)^m}{2^{2m-1}} = 0.$$

---

[1]) Man beweist dieselbe am leichtesten folgendermaassen: Durch Differentiation von (14) nach u wird:

$$\frac{A_1 + 2A_2 u + 3A_3 u^2 + \ldots}{1 + A_1 u + A_2 u^2 + \ldots} = a_1 + 2a_2 u + 3a_3 u^2 + \ldots$$

oder:

$$A_1 + 2A_2 u + 3A_3 u^2 + \ldots = (a_1 + 2a_2 u + 3a_3 u^2 + \ldots)(1 + A_1 u + A_2 u^2 + \ldots)$$

und die Vergleichung der Coefficienten von u^{m-1} führt unmittelbar zu (16).

Aus ihnen findet man nacheinander für $m = 0, 1, 1, 2, 2, \ldots$ abwechselnd aus XIX_a und XIX_b α_0, β_1, α_1, β_2, α_2 u. s. w. —

In den bisher aufgeführten Gleichungen kommen sämmtliche Coefficienten α, β linear und einzeln vor; man kann aber leicht Formeln bilden, in denen Producte je zweier Coefficienten α, α oder β, β oder α, β vorkommen. (Siehe die Gleichungen XX bis XXIII.) Zunächst folgt aus XII nach Multiplication dieser Gleichung mit 2^{2m} und Forthebung von $2m(2m-1)$:

$$\text{XX}\quad \beta_m = 2(2m-2)_1 \beta_1 \beta_{m-1} + 2(2m-2)_3 \beta_2 \beta_{m-2} + 2(2m-2)_5 \beta_3 \beta_{m-3} + \ldots$$
$$+ \begin{cases} 2(2m-2)_{m-2}\, \beta_{\frac{m-1}{2}}\, \beta_{\frac{m+1}{2}} \ldots m \text{ ungerade,} \\ (2m-2)_{m-1}\, \beta_{\frac{m}{2}}\, \beta_{\frac{m}{2}} \ \ldots m \text{ gerade.} \end{cases}$$

Eine entsprechende Gleichung zwischen den Secantencoefficienten existirt nicht. — Sodann aus:

$$\lg \sec x = -\lg \cos x$$

oder, mit Rücksicht auf (3) und auf § 2, (22), aus:

$$(18)\qquad \lg\left(1 + \alpha_1 \frac{x^2}{2!} + \alpha_2 \frac{x^4}{4!} + \ldots\right) = \beta_1 \frac{x^2}{2!} + \beta_2 \frac{x^4}{4!} + \beta_3 \frac{x^6}{6!} + \ldots$$

folgt nach dem Satze (16):

$$\frac{m\alpha_m}{(2m)!} = \frac{m\beta_m}{(2m)!} + (m-1)\frac{\alpha_1}{2!}\,\frac{\beta_{m-1}}{(2m-2)!} + (m-2)\frac{\alpha_2}{4!}\,\frac{\beta_{m-2}}{(2m-4)!} + \ldots$$
$$+ 1 \cdot \frac{\alpha_{m-1}}{(2m-2)!}\,\frac{\beta_1}{2!}.$$

und mit $(2m)!$ multiplicirt:

$$m\alpha_m = m\beta_m + \frac{m(2m-1)(2m-2)}{1 \cdot 2}\alpha_1 \beta_{m-1}$$
$$+ \frac{m(2m-1)(2m-2)(2m-3)(2m-4)}{1 \cdot 2 \cdot 3 \cdot 4}\alpha_2 \beta_{m-2} + \ldots$$

also durch m gehoben:

$$\text{XXI}\qquad \alpha_m = \beta_m + (2m-1)_2\, \alpha_1 \beta_{m-1} + (2m-1)_4\, \alpha_2 \beta_{m-2} + \ldots$$
$$+ (2m-1)_{2m-2}\, \alpha_{m-1} \beta_1.$$

Diese Gleichung ist von Stern (a. a. O.) aufgestellt. Aus der Gleichung:

$$(19)\qquad \sec x + \operatorname{tg} x = \operatorname{tg}\left(\frac{\pi}{4} + \frac{x}{2}\right) = \frac{1 + \operatorname{tg}\frac{x}{2}}{1 - \operatorname{tg}\frac{x}{2}} = \frac{\frac{x}{2}\cot\frac{x}{2} + \frac{x}{2}}{\frac{x}{2}\cot\frac{x}{2} - \frac{x}{2}}$$

oder (siehe (7) des § 2):

$$\left(1+\gamma_1\frac{x}{1}+\gamma_2\frac{x^2}{2!}+\gamma_3\frac{x^3}{3!}+\dots\right)\left(1-\frac{x}{2}-B_1\frac{x^2}{2!}-B_2\frac{x^4}{4!}-\dots\right)$$
$$=\left(1+\frac{x}{2}-B_1\frac{x^2}{2!}-B_2\frac{x^4}{4!}-\dots\right)$$

folgen die Gleichungen:

$$(20)\quad\left\{\begin{aligned}&1=1\\&\gamma_1-\tfrac{1}{2}=\tfrac{1}{2}\\&\frac{\gamma_2}{2!}-\tfrac{1}{2}\frac{\gamma_1}{1!}=0\\&\frac{\gamma_3}{3!}-\tfrac{1}{2}\frac{\gamma_2}{2!}-\frac{\gamma_1 B_1}{1!\,2!}=0\\&\frac{\gamma_4}{4!}-\tfrac{1}{2}\frac{\gamma_3}{3!}-\frac{\gamma_2 B_1}{2!\,2!}=0\\&\frac{\gamma_5}{5!}-\tfrac{1}{2}\frac{\gamma_4}{4!}-\frac{\gamma_3 B_1}{3!\,2!}-\frac{\gamma_1 B_2}{1!\,4!}=0\end{aligned}\right.$$

u. s. w.

und allgemein:

$$(21)\quad\left\{\begin{aligned}\gamma_{2m-1}&=\frac{2m-1}{2}\gamma_{2m-2}+(2m-1)_2\,\gamma_{2m-3}B_1+(2m-1)_4\,\gamma_{2m-5}B_2+\dots\\&\qquad+(2m-1)_{2m-2}\,\gamma_1 B_{m-1}\\\gamma_{2m}&=\frac{2m}{2}\gamma_{2m-1}+(2m)_2\,\gamma_{2m-2}B_1+(2m)_4\,\gamma_{2m-4}B_2+\dots\\&\qquad+(2m)_{2m-2}\,\gamma_2 B_{m-1}.\end{aligned}\right.$$

Man schliesst aus (20) und (21) successive:

$\gamma_1=\beta_1=1$, also positiv, also auch B_1 positiv
$\gamma_2=\alpha_1=\gamma_1$ „ „
$\gamma_3=\beta_2>\frac{3}{2}\gamma_2$ „ „ „ „ B_2 „
$\gamma_4=\alpha_2>\frac{4}{2}\gamma_3$ „ „
$\gamma_5=\beta_3>\frac{5}{2}\gamma_4$ „ „ „ „ B_3 „

u. s. w.

und:

$$(22)\quad\left\{\begin{aligned}\beta_m&>\frac{2m-1}{2}\alpha_{m-1}\\\alpha_m&>\frac{2m}{2}\beta_m\end{aligned}\right.$$

also auch:

$$(23)\quad\left\{\begin{aligned}\alpha_m&>\frac{2m\,(2m-1)}{4}\alpha_{m-1}\\\beta_m&>\frac{(2m-1)\,(2m-2)}{4}\beta_{m-1}.\end{aligned}\right.$$

Die Grössen α und β sind also sämmtlich positiv und wachsen sehr schnell und bis über alle Grenzen[1]).

Zu diesen Schlüssen eignen sich die Gleichungen (20) und (21) (die noch nicht aufgestellt zu sein scheinen) sehr gut, zur wirklichen Berechnung aber sind die folgenden, von Scherk (a. a. O.) abgeleiteten weit brauchbarer und wohl überhaupt, da sie nur positive und halb soviel Glieder haben, als alle in diesem § bisher angegebenen Gleichungen, die für den Zweck dienlichsten.

Wird für den Augenblick $\operatorname{tg}\frac{x}{2}$ durch t bezeichnet, so ist:

$$\sec x = \frac{1+t^2}{1-t^2} = 1 + \frac{2t^2}{1-t^2} = 1 + \operatorname{tg}\frac{x}{2}\,.\operatorname{tg} x$$

folglich:

$$1+\alpha_1\frac{x^2}{2!}+\ldots+\alpha_m\frac{x^{2m}}{(2m)!}+\ldots = 1+\left(\frac{\beta_1}{2}\frac{x}{1}+\frac{\beta_2}{2^3}\frac{x^3}{3!}+\ldots+\frac{\beta_m}{2^{2m-1}}\frac{x^{2m-1}}{(2m-1)!}+\ldots\right)$$
$$.\left(\beta_1\frac{x}{1}+\beta_2\frac{x^3}{3!}+\ldots+\beta_m\frac{x^{2m-1}}{(2m-1)!}+\ldots\right)$$

der Vergleich der Coefficienten von x^{2m} ergiebt:

$$\frac{\alpha_m}{(2m)!} = \frac{\beta_1\,\beta_m}{1!\,(2m-1)!}\left(\frac{1}{2}+\frac{1}{2^{2m-1}}\right)+\frac{\beta_2\,\beta_{m-1}}{3!\,(2m-3)!}\left(\frac{1}{2^3}+\frac{1}{2^{2m-3}}\right)+\ldots$$
$$+\begin{cases}\dfrac{\beta_{\frac{m+1}{2}}\;\beta_{\frac{m+1}{2}}}{m!\;\;m!}\cdot\dfrac{1}{2^m} & \ldots\ldots\ldots\; m \text{ ungerade}\\[2ex] \dfrac{\beta_{\frac{m}{2}}\;\beta_{\frac{m}{2}+1}}{(m-1)!\,(m+1)!}\cdot\left(\dfrac{1}{2^{m-1}}+\dfrac{1}{2^{m+1}}\right) & .\; m \text{ gerade}\end{cases}$$

also:

$$\text{XXII}\quad 2^{2m-1}\,\alpha_m = (2m)_1\,2^0\,(2^{2m-2}+1)\,\beta_1\,\beta_m+(2m)_3\,2^2\,(2^{2m-6}+1)\,\beta_2\,\beta_{m-1}$$
$$+\,(2m)_5\,2^4\,(2^{2m-10}+1)\,\beta_3\,\beta_{m-2}+\ldots$$
$$+\begin{cases}(2m)_m\,2^{m-1}\;\beta_{\frac{m+1}{2}}\;\beta_{\frac{m+1}{2}} & \ldots\ldots\ldots\; m \text{ ungerade}\\ (2m)_{m-1}\,2^{m-2}\,(2^2+1)\;\beta_{\frac{m}{2}}\;\beta_{\frac{m}{2}+1} & \ldots\; m \text{ gerade,}\end{cases}$$

wobei noch besonders bemerkt werden möge, dass für ein ungerades m das letzte Glied aus irgend einem, etwa dem k^{ten} (mit $\beta_k\,\beta_{m-k+1}$) hervorgeht, wenn $k=\frac{m+1}{2}$ gesetzt und das Resultat mit $\frac{1}{2}$ multiplicirt wird.

---

[1]) Aus (12) folgt für genügend grosses m, da sich T_{2m} wie U_{2m+1} der 1 nähern:

$$\frac{\alpha_m}{\alpha_{m-1}} = 2m\,(2m-1)\,.\,\frac{4}{\pi^2},\quad \frac{\beta_m}{\beta_{m-1}} = (2m-1)\,(2m-2)\,.\,\frac{4}{\pi^2}$$

womit also (23) in Einklang steht.

Endlich folgt aus der Gleichung:

$$\frac{d\,\mathrm{tg}\,x}{dx} = \sec^2 x$$

oder:

$$\beta_1 + \beta_2 \frac{x^2}{2!} + \beta_3 \frac{x^4}{4!} + \ldots = \left(1 + \alpha_1 \frac{x^2}{2!} + \alpha_2 \frac{x^4}{4!} + \ldots\right)^2$$

durch Vergleich der Coefficienten von x^{2m-2}:

$$\text{XXIII} \quad \beta_m = 2\alpha_0\,\alpha_{m-1} + 2(2m-2)_2\,\alpha_1\,\alpha_{m-2} + 2(2m-2)_4\,\alpha_2\,\alpha_{m-3} + \ldots$$

$$+ \begin{cases} (2m-2)_{m-1}\,\alpha_{\frac{m-1}{2}}\,\alpha_{\frac{m-1}{2}} & \ldots\ m \text{ ungerade} \\ 2(2m-2)_{m-2}\,\alpha_{\frac{m}{2}-1}\,\alpha_{\frac{m}{2}} & \ldots\ m \text{ gerade.} \end{cases}$$

Mittels XXII kann man die m^{te} Eulersche Zahl durch die m ersten Tangentencoefficienten finden, mittels XXIII den m^{ten} Tangentencoefficienten aus den $m-1$ ersten Eulerschen Zahlen berechnen.

§ 5.

Verkürzte Recursionsformeln.

Im Gegensatz zu den bisher aufgestellten Recursionsformeln, welche sämmtlich zur Berechnung der m^{ten} B. Z. aller vorangehenden B_1 bis B_{m-1} bedürfen, sollen jetzt einige entwickelt werden, welche nur die Hälfte derselben enthalten und demnach zweckmässig als verkürzte Recursionsformeln bezeichnet werden können. Formeln dieser Art sind zuerst von Seidel[1]) gefunden und kurze Zeit darauf von Stern[2]) erweitert worden. Ihre Ableitung beruht auf den Gleichungen, welche für die höheren Differenzen gegebener Grössen gelten. Aus anderm Princip sind einige Formeln gleichen Charakters vom Verfasser abgeleitet worden. — Indem wir die speciellen, übrigens sehr hübschen, Entwickelungen Seidels übergehen, wenden wir uns zur Darstellung der Sternschen Ergebnisse.

Es sei u, u_1, u_2, ... u_k eine Reihe von Zahlen, und es mögen Δu, Δu_1, ..., $\Delta^2 u$ u. s. w. die Bedeutung haben:

$$\Delta u = u_1 - u,\ \Delta u_1 = u_2 - u_1,\ \ldots\ \Delta u_{k-1} = u_k - u_{k-1},$$

$$\Delta^2 u = \Delta u_1 - \Delta u,\ \Delta^2 u_1 = \Delta u_2 - \Delta u_1,\ \ldots\ \Delta^2 u_{k-2} = \Delta u_{k-1} - \Delta u_{k-2},$$

$$\cdots\cdots\cdots\cdots\cdots\cdots\cdots\cdots$$

$$\Delta^h u = \Delta^{h-1} u_1 - \Delta^{h-1} u,\ \Delta^h u_1 = \Delta^{h-1} u_2 - \Delta^{h-1} u_1, \text{ u. s. w.}$$

---

[1]) Sitzungsberichte d. Akad. d. Wissensch. zu München Bd. VII (1877) p. 157.

[2]) Abhandlungen der Gesellschaft d. Wissensch. zu Göttingen Bd. 23 (1878): „Beiträge zur Theorie der Bernoullischen und Eulerschen Zahlen.“

allgemein:

(1) $$\triangle^h u_r = \triangle^{h-1} u_{r+1} - \triangle^{h-1} u_r,$$

wobei $\triangle^1 u_r$ als $\triangle u_r$, $\triangle^0 u_r$ als u_r, u_0 als u zu verstehen ist. In dem folgenden Schema, das wir der Anschaulichkeit wegen hinstellen, ist jede Zahl um die links danebenstehende zu vermindern, um die darunterstehende zu erhalten:

(A)
$$\begin{array}{ccccccccc}
u & u_1 & u_2 & u_3 & u_4 & u_5 & u_6 & u_7 & u_8 \\
 & \triangle u & \triangle u_1 & \triangle u_2 & \triangle u_3 & \triangle u_4 & \triangle u_5 & \triangle u_6 & \triangle u_7 \\
 & & \triangle^2 u & \triangle^2 u_1 & \triangle^2 u_2 & \triangle^2 u_3 & \triangle^2 u_4 & \triangle^2 u_5 & \triangle^2 u_6 \\
 & & & \triangle^3 u & \triangle^3 u_1 & \triangle^3 u_2 & \triangle^3 u_3 & \triangle^3 u_4 & \triangle^3 u_5 \\
 & & & & \triangle^4 u & \triangle^4 u_1 & \triangle^4 u_2 & \triangle^4 u_3 & \triangle^4 u_4 \\
 & & & & & \triangle^5 u & \triangle^5 u_1 & \triangle^5 u_2 & \triangle^5 u_3 \\
 & & & & & & \triangle^6 u & \triangle^6 u_1 & \triangle^6 u_2 \\
 & & & & & & & \triangle^7 u & \triangle^7 u_1 \\
 & & & & & & & & \triangle^8 u.
\end{array}$$

Setzen wir in (1) $h = m$, $r = n$, sodann $h = m - 1$, $r = n + 1$ und $h = m - 1$, $r = n$, so erhalten wir:

$$\begin{aligned}
\triangle^m u_n &= \triangle^{m-1} u_{n+1} - \triangle^{m-1} u_n \\
\triangle^{m-1} u_{n+1} &= \triangle^{m-2} u_{n+2} - \triangle^{m-2} u_{n+1} \\
\triangle^{m-1} u_n &= \triangle^{m-2} u_{n+1} - \triangle^{m-2} u_n
\end{aligned}$$

also durch Elimination von $\triangle^{m-1} u_{n+1}$ und $\triangle^{m-1} u_n$:

$$\triangle^m u_n = \triangle^{m-2} u_{n+2} - 2\triangle^{m-2} u_{n+1} + \triangle^{m-2} u_n;$$

in gleicher Art entwickelt man leicht:

(2) $$\triangle^m u_n = \triangle^{m-k} u_{n+k} - (k)_1 \triangle^{m-k} u_{n+k-1} + (k)_2 \triangle^{m-k} u_{n+k-2} \mp \ldots \pm \triangle^{m-k} u_n$$

und insbesondere für $k = m$:

(3) $$\triangle^m u_n = u_{m+n} - (m)_1\, u_{m+n-1} + (m)_2\, u_{m+n-2} \mp \ldots + (-1)^m u_n.$$

Bilden ferner die Zahlen $a\ a_1\ a_2\ a_3$ u. s. w. eine arithmetische Reihe p^{ten} Grades und sind die Anfangsglieder der Hauptreihe und ihrer p Differenzreihen $a, \overset{1}{a}, \overset{2}{a}, \ldots \overset{p}{a}$, so ist, wie aus der Elementarmathematik bekannt, das $x + 1^{\text{te}}$ Glied der Hauptreihe:

(4) $$a_x = a + (x)_1 \overset{1}{a} + (x)_2 \overset{2}{a} + (x)_3 \overset{3}{a} + \ldots + (x)_p \overset{p}{a}.$$

Da nun eine Reihe p^{ten} Grades erst durch $p + 1$ Glieder bestimmt wird, so kann man irgend welche $p + 1$ auf einander folgende Zahlen $a\ a_1\ a_2 \ldots a_p$ als Anfang einer Reihe p^{ten} Grades ansehen und es ist demnach nach (4):

(5) $$a_p = a + (p)_1 \overset{1}{a} + (p)_2 \overset{2}{a} + \ldots + (p)_p \overset{p}{a}.$$

Setzen wir nun $p = n$ und vergleichen die Reihe:

$$\triangle^m u, \ \triangle^m u_1, \ \triangle^m u_2, \ \ldots \ \triangle^m u_n$$

mit $a, a_1, a_2, \ldots a_n$, so ist:

$$a = \triangle^m u, \ \overset{1}{a} = \triangle^{m+1} u, \ \overset{2}{a} = \triangle^{m+2} u, \ \ldots \ \overset{n}{a} = \triangle^{m+n} u;$$

also ist nach (5), wenn die Glieder der rechten Seite in umgekehrter Reihenfolge geschrieben werden:

$$(6) \qquad \triangle^m u_n = \triangle^{m+n} u + (n)_1 \triangle^{m+n-1} u + (n)_2 \triangle^{m+n-2} u + \ldots + (n)_n \triangle^m u.$$

Unter der Annahme, dass n grösser als m ist, sind die Binomialcoefficienten $(m)_n, (m)_{n-1}, \ldots (m)_{m+1}$ sämmtlich Null, also kann dann (3) auch geschrieben werden:

$$(7) \qquad \triangle^m u_n = u_{m+n} - (m)_1 u_{m+n-1} + (m)_2 u_{m+n-2} \mp \ldots + (-1)^n (m)_n u_m$$
$$n \gtreqless m.$$

Andererseits folgt aus (3) für $n = 0$:

$$(8) \qquad \triangle^m u = u_m - (m)_1 u_{m-1} + (m)_2 u_{m-2} \mp \ldots + (-1)^m (m)_m u.$$

Wir machen nun über die Grössen u folgende Annahme:

$$(9) \qquad u = 1, \ u_1 = -\tfrac{1}{2}, \ u_{2m} = (-1)^{m-1} B_m, \ u_{2m+1} = 0,$$

die beiden letzten Gleichungen gelten für $m > 0$. Setzen wir sodann in (8) $2m$ statt m, so erhalten wir die Gleichung:

$$(10) \qquad \triangle^{2m} u = (-1)^{m-1} \Big\{ B_m - (2m)_2 B_{m-1} + (2m)_4 B_{m-2} \mp \ldots$$
$$+ (-1)^{m-1} (2m)_{2m-2} B_1 + (-1)^{m-1} (m+1) \Big\}.$$

Nun folgt aus Gleichung II (§ 2) mit $(m-1)$ statt m:

$$(2m)_2 B_{m-1} - (2m)_4 B_{m-2} \pm \ldots + (-1)^{m-2} (2m)_{2m-2} B_1 + (-1)^{m-1} (m-1) = 0;$$

dadurch nimmt die Klammer in (10) die Form

$$B_m + 2(-1)^{m-1} m$$

an und somit ist:

$$(11) \qquad \triangle^{2m} u = (-1)^{m-1} B_m + 2m$$

oder auch wegen (9):

$$(12) \qquad \triangle^{2m} u = u_{2m} + 2m.$$

Setzen wir in (8) $2m+1$ statt m, so erhalten wir:

$$\triangle^{2m+1}u = (-1)^m \Big\{(2m+1)_1 B_m - (2m+1)_3 B_{m-1} + (2m+1)_5 B_{m-2} \mp \ldots + (-1)^{m-1}(2m+1)_{2m-1} B_1 + (-1)^{m-1}(m+\tfrac{3}{2})\Big\};$$

die Summe der ersten m Glieder ist aber nach I (§ 2) $= (-1)^{m-1}(m-\frac{1}{2})$, also wird:

$$(13) \qquad \triangle^{2m+1}u = -(2m+1)$$

oder auch wegen (9):

$$(14) \qquad \triangle^{2m+1}u = u_{2m+1} - (2m+1).$$

Die Gleichungen (12) und (14) gelten auch noch für $m = 0$ und lassen sich in die eine:

$$(15) \qquad \triangle^m u = u_m + (-1)^m m \qquad m \geqq 0$$

zusammenziehen.

Substituiren wir nun in die Gleichung (6) die Werthe von $\triangle^{m+n}u$, $\triangle^{m+n-1}u$ u. s. w. gemäss (15), so ergiebt sich:

$$(16) \qquad \triangle^m u_n = u_{m+n} + (n)_1 u_{m+n-1} + (n)_2 u_{m+n-2} + \ldots + (n)_n u_m$$
$$+ (-1)^{m+n}\Big\{(m+n) - (n)_1(m+n-1) + (n)_2(m+n-2) \mp \ldots + (-1)^n (n)_n m\Big\};$$

hierin verschwindet die zweite Zeile für $n > 1$ nach dem Arndtschen Satze[1]) (für $n = 1$ ist sie 1), und zieht man dann (7) von (16) ab, so erhält man:

$$(17) \qquad 0 = \big((n)_1 + (m)_1\big) u_{m+n-1} + \big((n)_2 - (m)_2\big) u_{m+n-2} + \big((n)_3 + (m)_3\big) u_{m+n-3}$$
$$+ \ldots + \big((n)_n + (-1)^{n-1}(m)_n\big) u_m \qquad n \geqq m.$$

Wir müssen nunmehr vier Fälle unterscheiden: 1) m ungerade, n gerade; 2) m ungerade, n ungerade; 3) m gerade, n ungerade; 4) m gerade, n gerade.

---

[1]) Dieser Satz (J. für Mathematik Bd. 31 p. 239), der sich wohl auch auf Cauchy zurückführen lässt, lautet:

Wenn die Zahlen $a_0\ a_1\ a_2 \ldots$ eine arithmetische Reihe von geringerem als dem n^{ten} Grade bilden, so ist:

$$(a) \qquad a_0 - (n)_1 a_1 + (n)_2 a_2 - (n)_3 a_3 \pm \ldots + (-1)^n (n)_n a_n = 0.$$

Die linke Seite dieser Gleichung ist nämlich gemäss (8): $(-1)^n . \triangle^n a_0$, und da bei einer arithmetischen Reihe die Glieder der n^{ten} Differenzreihe verschwinden, falls ihr Grad kleiner als der n^{te} ist, so gilt die Gleichung (a).

In diesen vier Fällen erhalten wir nach (9) unter der Voraussetzung, dass $m > 1$ ist, beziehungsweise die Gleichungen:

$$\text{XXIV}\quad\begin{cases}
\left((n)_1+(m)_1\right)B_{\frac{m+n-1}{2}}-\left((n)_3+(m)_3\right)B_{\frac{m+n-3}{2}}\pm\cdots & \\
\qquad +(-1)^{\frac{n-2}{2}}\left((n)_{n-1}+(m)_{n-1}\right)B_{\frac{m+1}{2}}=0 & 1\\
\left((n)_2-(m)_2\right)B_{\frac{m+n-2}{2}}-\left((n)_4-(m)_4\right)B_{\frac{m+n-4}{2}}\pm\cdots & \\
\qquad +(-1)^{\frac{n+1}{2}}\left((n)_{n-1}-(m)_{n-1}\right)B_{\frac{m+1}{2}}=0 & 2\\
\left((n)_1+(m)_1\right)B_{\frac{m+n-1}{2}}-\left((n)_3+(m)_3\right)B_{\frac{m+n-3}{2}}\pm\cdots & \\
\qquad +(-1)^{\frac{n-1}{2}}\left((n)_n+(m)_n\right)B_{\frac{m}{2}}=0 & 3\\
\left((n)_2-(m)_2\right)B_{\frac{m+n-2}{2}}-\left((n)_4-(m)_4\right)B_{\frac{m+n-4}{2}}\pm\cdots & \\
\qquad +(-1)^{\frac{n-2}{2}}\left((n)_n-(m)_n\right)B_{\frac{m}{2}}=0 & 4
\end{cases}$$

$$n > m.$$

Setzen wir in diesen Gleichungen den höchsten Index $= s$, den niedrigsten $= r$, so haben wir vier Beziehungen zwischen den B. Z. $B_s, B_{s-1}, \ldots B_r$, so dass also zur Berechnung von B_s nicht alle vorhergehenden B. Z. gebraucht werden, wie das in allen Formeln der früheren §§ der Fall war, sondern nur diejenigen von B_r an. Zwischen r und s besteht nun eine Beziehung, welche aus der Bedingung $n > m$ folgt. Im 1ten Falle ist:

$$m+n-1=2s$$
$$m+1=2r$$

also:

$$m=2r-1,\quad n=2s-2r+2$$

und daher die Bedingung:

$$2s > 4r-3;$$

nimmt man r als gegeben an, so ergiebt sich hieraus, dass s jeden Werth haben darf, der gleich oder grösser als $2r-1$ ist, so dass also aus den B. Z. B_r bis B_{2r-2} alle höheren mittels XXIV_1 berechnet werden können.

Allerdings sind die Formeln, wenn sie nicht als Beziehungen zwischen den B. Z., wie sie in Untersuchungen von Wichtigkeit werden können, sondern als Gleichungen zur schrittweisen Berechnung derselben aufgefasst werden, um so vortheilhafter, je weniger Glieder sie enthalten. Fragen wir also, wieviel vorangehende B. Z. zur Berechnung einer bestimmten B. Z. gegeben sein müssen, so ist s als gegeben anzusehen und daraus der Maximalwerth vom r zu bestimmen; die gefragte Anzahl ist dann mindestens gleich den resultirenden $s-r$. Man findet nun in den vier Fällen:

XXIV_1	$r < \frac{2s+3}{4}$,	also für unger. $s: r \leqq \frac{s+1}{2}$,	für ger. $s: r \leqq \frac{s}{2}$
XXIV_2	$r < \frac{s+2}{2}$,	" " " $r \leqq \frac{s+1}{2}$,	" " " $r \leqq \frac{s}{2}$
XXIV_3	$r < \frac{2s+1}{4}$,	" " " $r \leqq \frac{s-1}{2}$,	" " " $r \leqq \frac{s}{2}$ [1])
XXIV_4	$r < \frac{s+1}{2}$,	" " " $r \leqq \frac{s-1}{2}$,	" " " $r \leqq \frac{s}{2}$.

Die Gleichungen XXIV_1 und XXIV_2 gelten nur für $m > 1$; ist $m = 1$, so tritt zu XXIV_1 noch links $(-1)^{\frac{n}{2}} \cdot \frac{1}{2}$ hinzu, zu XXIV_2 noch $(-1)^{\frac{n-1}{2}} \cdot \frac{1}{2}$, und sie gehen in bez. IV und III (§ 2) über.

Um nun die möglich kleinste Anzahl von Gliedern zu erhalten, setzen wir in XXIV_1 und XXIV_3: $n = m + 1$. Es ist aber

$$(m+1)_k + (m)_k = \frac{2m+2-k}{m+1}(m+1)_k, \qquad (k = 1, 3, 5 \ldots)$$

also entsteht, nach Multiplication mit $(m+1)$, die Gleichung:

$$\text{XXV} \quad (2m+1)(m+1)_1 B_m - (2m-1)(m+1)_3 B_{m-1} + (2m-3)(m+1)_5 B_{m-2}$$
$$+ \cdots + \begin{cases} (-1)^{\frac{m-1}{2}}(m+2)(m+1)_m B_{\frac{m+1}{2}} \;.\;.\; m \text{ ungerade} > 1 \\ (-1)^{\frac{m}{2}}(m+1)(m+1)_{m+1} B_{\frac{m}{2}} \;.\;.\;.\; m \text{ gerade} \end{cases} = 0.$$

Setzen wir ferner in XXIV_2 und XXIV_4 $n = m + 2$, so gelangen wir zu demselben Resultat, denn es ist:

$$(m+2)_{k+1} - (m+1)_{k+1} = (m+1)_k$$
$$(m+1)_{k+1} - (m)_{k+1} = (m)_k$$

also:

$$(m+2)_{k+1} - (m)_{k+1} = (m+1)_k + (m)_k.$$

---

[1]) Man kann in XXIV_3 auch $r = \frac{s+1}{2}$ annehmen; die Gleichung (7) gilt nämlich auch noch für $n = m - 1$, falls $u_{m-1} = u_n$ Null, wie es hier, weil n ungerade, nach (9) der Fall ist; daher gilt auch (17) und mit dieser Gleichung auch XXIV_3 noch für $n = m - 1$. Doch ist diese Annahme unwesentlich, weil sie in der Anwendung zu keinem neuen Resultate führt.

Die Gleichung XXV ist die erste der beiden von Seidel (a. a. O.) aufgestellten Gleichungen und erscheint hier also, wie gesagt, als Specialfall der allgemeineren Sternschen Gleichungen XXIV.

Wir machen nunmehr eine zweite Annahme:

(19) $u = -1,\ u_1 = 1,\ u_{2m} = (-1)^{m-1}.2(2^{2m}-1)B_m,\ u_{2m+1} = 0,\ (m > 0),$

und suchen zunächst wieder $\Delta^m u$ zu bestimmen. Nach (8) und (19) wird:

$$\Delta^{2m}u = (-1)^{m-1}\Big\{2(2^{2m}-1)B_m - (2m)_2\, 2(2^{2m-2}-1)B_{m-1} \pm \cdots + (-1)^{m-1}(2m)_{2m-2}\, 2(2^2-1)B_1\Big\} - (2m+1);$$

hierin hat wegen Gleichung VI (§ 3) die Klammer den Werth:

$$2\Big((-1)^{m+1}m - (2^{2m}-1)B_m\Big)$$

und somit ist

(20) $$\Delta^{2m}u = (-1)^m\, 2(2^{2m}-1)B_m - 1$$

oder wegen (19):

(21) $$\Delta^{2m}u = -u_{2m} - 1.$$

Weiter ist:

$$\Delta^{2m+1}u = (-1)^m\Big\{(2m+1)_1\, 2(2^{2m}-1)B_m - (2m+1)_3\, 2(2^{2m-2}-1)B_{m-1} \pm \cdots + (-1)^{m-1}(2m+1)_{2m-1}\, 2(2^2-1)B_1\Big\} + (2m+2);$$

zieht man nun Gleichung I (§ 2) von V (§ 3) ab, so entsteht:

XXVI $$(2m+1)_1\,(2^{2m}-1)B_m - (2m+1)_3\,(2^{2m-2}-1)B_{m-1} \pm \cdots + (-1)^{m-1}(2m+1)_{2m-1}(2^2-1)B_1 + (-1)^m\left(m+\tfrac{1}{2}\right) = 0$$

und mittels dieser Gleichung wird:

(22) $$\Delta^{2m+1}u = 1,$$

somit, mit Rücksicht auf (19):

(23) $$\begin{cases}\Delta^m u = (-1)^{m-1} - u_m & (m > 1)\\ \Delta u = u_1 - u = 2.\end{cases}$$

Diesen Gleichungen gemäss geht jetzt aus (6) folgende hervor:

(24) $$\Delta^m u_n = -u_{m+n} - (n)_1 u_{m+n-1} - (n)_2 u_{m+n-2} - \cdots - (n)_n u_m + (-1)^{m+n-1}\Big(1 - (n)_1 + (n)_2 - (n)_3 \pm \cdots + (-1)^n (n)_n\Big),$$

deren 2te Zeile verschwindet. Ziehen wir diese Gleichung von (7) ab, so erhalten wir:

$$(25)\qquad 0 = 2u_{m+n} + \left((n)_1 - (m)_1\right) u_{m+n-1} + \left((n)_2 + (m)_2\right) u_{m+n-2}$$
$$+ \left((n)_3 - (m)_3\right) u_{m+n-3} + \dots + \left((n)_n + (-1)^n (m)_n\right) u_m,$$
$$m > 1, \quad n \geqq m$$

wobei zu bemerken, dass die Gleichung auch noch für $n = m - 1$ gilt, falls $u_n = 0$, also n ungerade ist. Die Gleichung (25) gilt nicht mehr für $m = 1$; soll $m = 1$ gesetzt werden, so ist das letzte Glied $\left((n)_n + (-1)^n (m)_n\right) u_m$ durch (-1) zu ersetzen, was leicht aus (24) und (6) mit $\triangle u = 2$ sich erweisen lässt. In den obigen vier Fällen: 1) m ungerade, n gerade; 2) m ungerade, n ungerade; 3) m gerade, n ungerade; 4) m gerade, n gerade erhalten wir nunmehr bezüglich folgende Gleichungen, in denen zur Abkürzung wie in § 2 (25):

$$(26)\qquad 2(2^{2k} - 1)\, B_k = \tau_k$$

gesetzt ist:

$$\text{XXVII}\quad\begin{cases}
\left((n)_1 - (m)_1\right) \tau_{\frac{m+n-1}{2}} - \left((n)_3 - (m)_3\right) \tau_{\frac{m+n-3}{2}} \pm \cdots \\
\qquad + (-1)^{\frac{n-2}{2}} \left((n)_{n-1} - (m)_{n-1}\right) \tau_{\frac{m+1}{2}} = 0 & 1 \\
2\tau_{\frac{m+n}{2}} - \left((n)_2 + (m)_2\right) \tau_{\frac{m+n-2}{2}} + \left((n)_4 + (m)_4\right) \tau_{\frac{m+n-4}{2}} \mp \cdots \\
\qquad + (-1)^{\frac{n-1}{2}} \left((n)_{n-1} + (m)_{n-1}\right) \tau_{\frac{m+1}{2}} = 0 & 2 \\
\left((n)_1 - (m)_1\right) \tau_{\frac{m+n-1}{2}} - \left((n)_3 - (m)_3\right) \tau_{\frac{m+n-3}{2}} \pm \cdots \\
\qquad + (-1)^{\frac{n-1}{2}} \left((n)_n - (m)_n\right) \tau_{\frac{m}{2}} = 0 & 3 \\
2\tau_{\frac{m+n}{2}} - \left((n)_2 + (m)_2\right) \tau_{\frac{m+n-2}{2}} + \left((n)_4 + (m)_4\right) \tau_{\frac{m+n-4}{2}} \mp \cdots \\
\qquad + (-1)^{\frac{n}{2}} \left((n)_n + (m)_n\right) \tau_{\frac{m}{2}} = 0 & 4
\end{cases}$$
$$n \geqq m.$$

Nehmen wir in den ersten beiden Gleichungen $m = 1$, so müssen wir noch in der ersten $(-1)^{\frac{n}{2}}$, in der zweiten $(-1)^{\frac{n+1}{2}}$ hinzufügen und erhalten, wenn $n=2m$, bez. $=2m-1$ gesetzt wird, nach Division durch 2, die beiden Gleichungen:

XXVIII
$$(2m-1)(2^{2m}-1)B_m-(2m)_3(2^{2m-2}-1)B_{m-1}\pm\cdots$$
$$+(-1)^{m-1}(2m)_{2m-1}(2^2-1)B_1+(-1)^m.\tfrac{1}{2}=0,$$

XXIX
$$2(2^{2m}-1)B_m-(2m-1)_2(2^{2m-2}-1)B_{m-1}\pm\cdots$$
$$+(-1)^{m-1}(2m-1)_{2m-2}(2^2-1)B_1+(-1)^m.\tfrac{1}{2}=0.$$

Setzen wir in den beiden letzten Gleichungen von XXVII $m=2$, und $n=2m-1$, bez. $=2m-2$, so erhalten wir:

XXX
$$(2m-3)(2^{2m}-1)B_m-(2m-1)_3(2^{2m-2}-1)B_{m-1}\pm\cdots$$
$$+(-1)^{m-1}(2m-1)_{2m-1}(2^2-1)B_1=0,$$

XXXI
$$2(2^{2m}-1)B_m-\big((2m-2)_2+1\big)(2^{2m-2}-1)B_{m-1}$$
$$+(2m-2)_4(2^{2m-4}-1)B_{m-2}\pm\cdots+(-1)^{m-1}(2m-2)_{2m-2}(2^2-1)B_1=0.$$

Diese Gleichungen XXVIII—XXXI lassen sich mehr oder weniger umständlich auch aus den Gleichungen der §§ 1 und 2 beweisen. Bezeichnen wir nämlich durch den Index $(m+1)$ oder $(m-1)$ an den römischen Ziffern, bezüglich an deren Summe oder Differenz, dass in den durch die Ziffern bezeichneten Gleichungen, bezüglich Gleichungs-Summen oder -Differenzen $m+1$ oder $m-1$ an Stelle von m treten solle, so können wir uns in folgender Art kurz ausdrücken:

Gleichung XXVIII ist identisch mit V—I—VI;
„ XXIX „ „ „ $(\text{V}-\text{I})_{(m-1)}+\text{V}$;
„ XXX „ „ „ $(\text{V}-\text{I})-(\text{V}-\text{I})_{(m-1)}-2\,\text{VI}$;
„ XXXI „ „ „ $2(\text{V}-\text{I})+\text{VI}-\text{VI}_{(m-1)}$.

Den speciellen Beweis dieser Identitäten überlassen wir dem Leser, wobei wir noch bemerken, dass die Operation V—I schon im vorliegenden § (in Gleichung XXVI) ausgeführt ist.

Setzen wir in den Gleichungen XXVII_2 und XXVII_4 $n=m$ und heben durch 2, oder in XXVII_1 und XXVII_3 $n=m+1$, so gelangen wir zu der Gleichung:

XXXII
$$(2^{2m}-1)B_m-(m)_2(2^{2m-2}-1)B_{m-1}+(m)_4(2^{2m-4}-1)B_{m-2}\pm\cdots$$
$$+\begin{cases}(-1)^{\frac{m-1}{2}}(m)_{m-1}(2^{m+1}-1)B_{\frac{m+1}{2}} & \ldots\ m \text{ ungerade}\\[1ex] (-1)^{\frac{m}{2}}(m)_m(2^m-1)B_{\frac{m}{2}} & \ldots\ldots\ m \text{ gerade}\end{cases}\quad=0.$$

Dies ist die zweite der beiden von Seidel (a. a. O. Gl. XIII) aufgestellten Gleichungen.

Die folgenden Formeln sind vom Verfasser aufgestellt und sollen, um den Zusammenhang an dieser Stelle nicht zu unterbrechen, in dem späteren § 22 als Beispiel für die Mac-Laurinsche Summenformel bewiesen werden. Auch sollen dort die allgemeineren, hier nur die speciellen mit der möglich kleinsten Anzahl von Gliedern angegeben werden.

XXXIII
$$B_m - \frac{(m)_3}{m-1} B_{m-1} + \frac{(m)_5}{m-2} B_{m-2} \mp \cdots + \begin{cases} (-1)^{\frac{m-1}{2}} \dfrac{(m)_m}{\frac{m+1}{2}} B_{\frac{m+1}{2}} \quad \ldots \; m \text{ ungerade} \\ (-1)^{\frac{m-2}{2}} \dfrac{(m)_{m-1}}{\frac{m}{2}+1} B_{\frac{m+2}{2}} \quad \ldots \; m \text{ gerade} \end{cases} = \frac{1}{(2m)_m (2m+1)};$$

XXXIV
$$2(2^{2m}-1) B_m - \frac{(m)_3}{m-1} 2^3 (2^{2m-2}-1) B_{m-1} + \frac{(m)_5}{m-2} 2^5 (2^{2m-4}-1) B_{m-2} \mp \cdots + \begin{cases} (-1)^{\frac{m-1}{2}} \dfrac{(m)_m}{\frac{m+1}{2}} 2^m (2^{m+1}-1) B_{\frac{m+1}{2}} \quad \ldots \; m \text{ ungerade} \\ (-1)^{\frac{m-2}{2}} \dfrac{(m)_{m-1}}{\frac{m}{2}+1} 2^{m-1} (2^{m+2}-1) B_{\frac{m+2}{2}} \quad \ldots \; m \text{ gerade} \end{cases} = 1.$$

Die letzte Gleichung lässt sich mit Benutzung der Bezeichnung (§ 4 Gl. (3)):

$$\beta_m = \frac{2^{2m-1}(2^{2m}-1) B_m}{m}$$

noch etwas einfacher in der Art schreiben:

XXXV
$$\frac{(m)_1}{4^{m-1}} \beta_m - \frac{(m)_3}{4^{m-3}} \beta_{m-1} + \frac{(m)_5}{4^{m-5}} \beta_{m-2} \mp \cdots + \begin{cases} (-1)^{\frac{m-1}{2}} \beta_{\frac{m+1}{2}} \quad \ldots\ldots \; m \text{ ungerade} \\ (-1)^{\frac{m-2}{2}} \dfrac{(m)_{m-1}}{4} \beta_{\frac{m}{2}+1} \quad \ldots \; m \text{ gerade} \end{cases} = 1,$$

wobei bemerkt werden mag, dass das erste Glied auf der linken Seite eine ungerade ganze Zahl, alle anderen Glieder auf derselben Seite gerade ganze Zahlen sind.

§ 6.

Andere Formeln, welche auf den Gleichungen für höhere Differenzen beruhen.

Aus den Gleichungen, vermittelst derer Seidel[1]) und Stern die im vorigen § entwickelten Formeln abgeleitet haben, folgen noch andere Beziehungen zwischen den Tangentencoefficienten (oder den B. Z.) und zwischen diesen und den Secantencoefficienten.

Wir wollen zuerst Seidels Methode (a. a. O.) angeben, die Grössen α und β (s. § 4 Gleichungen (1) und (2)) successive und zwar abwechselnd durch blosse Addition positiver ganzer Zahlen zu finden. Nehmen wir für die u in § 5 die Werthe an:

(1) $$u_{2n} = (-1)^n \alpha_n, \quad u_{2n+1} = 0, \qquad n \geqq 0$$

und substituiren diese Werthe in die rechte Seite von § 5, (8), nachdem darin $2m$ statt m gesetzt worden, so stimmt diese Gleichung, abgesehen vom Zeichen mit der linken Seite von XIII (§ 4) überein, es ist somit:

(2) $$\triangle^{2m} u = 0.$$

Setzen wir aber in § 5, (8) $2m-1$ statt m, so ist die rechte Seite identisch mit der rechten von XVII (§ 4), wenn wir die letztere mit $(-1)^m$ multiplicirt haben; es ist demnach:

(3) $$\triangle^{2m-1} u = (-1)^m \beta_m.$$

---

[1]) Nennen wir mit Seidel die erste Horizontalzeile des Schema's (A) in § 5 Stammreihe und die schräg gestellte Reihe der Endglieder der Verticalreihen u, $\triangle u$, $\triangle^2 u$, $\triangle^3 u$ u. s. w. Terminalreihe, so nimmt er erstens $u = 1$ und bestimmt die anderen Grössen durch die Bedingung, dass, vom 3ten Gliede (u_2, bez. $\triangle^2 u$) an, Stammreihe und Terminalreihe übereinstimmen sollen; dann beweist er, dass in diesem Falle die Stammreihe die Form:

$$1,\ \tfrac{1}{2},\ B_1,\ 0,\ -B_2,\ 0,\ B_3,\ 0,\ -B_4 \text{ u. s. w.}$$

erlangt. Der weitere Verfolg führt dann zu Gleichung XXV. Zweitens wählt S. $u = 0$, $u_1 = 1$ und bestimmt die weiteren Grössen so, dass, vom 3ten Gliede (u_2, $\triangle^2 u$) an, Stammreihe und Terminalreihe entgegengesetzt gleich ($\triangle^2 u = -u_2$, $\triangle^3 u = -u_3$ u.s.w.) werden, dadurch erreicht er, dass die Stammreihe folgende wird:

$$0,\ 1,\ \tau_1,\ 0,\ -\tau_2,\ 0,\ \tau_3,\ 0,\ -\tau_4 \text{ u. s. w.}$$

worin die τ kurz als Halbtangentenfactoren bezeichnet werden können, so zwar, dass (s. § 2 Gleichungen (24) und (25)):

$$\tau_m = 2(2^{2m} - 1)\, B_m$$

ist. Sodann aber zeigt Seidel noch, dass man zu diesen Grössen successive durch blosse Addition positiver ganzer Zahlen gelangen kann, und dies ist für seine Darstellung besonders charakteristisch. — Aus der obigen Bedingung ergiebt sich die Gleichung XXXII.

Vermöge der Gleichungen (1), (2), (3) kann man nun das Schema (A) des § 5 construiren, wenn man bei den ungerade benannten Verticalreihen (mit dem Anfangsgliede u_1, u_3, u_5 u. s. w.) von oben mit dem Werthe 0 beginnt und so herabsteigend zu $\pm\beta_m$ gelangt, während man bei den geradbenannten unten mit 0 beginnt und aufsteigend schliesslich zu $\pm\alpha_m$ kommt. Bei geringer Aenderung der Anordnung hat man aber dabei nur Additionen positiver Zahlen auszuführen. Schreibt man nämlich Gleichung (1) des § 5 in zwei verschiedenen Formen:

$$\triangle^h u_r = \triangle^{h-1} u_{r+1} - \triangle^{h-1} u_r; \quad \triangle^{h-1} u_{r+1} = \triangle^h u_r + \triangle^{h-1} u_r$$

und setzt darin nacheinander bezüglich:

$$\begin{array}{llll} h = 1 \quad 2 \quad \ldots 2m-1; & & 2m \quad 2m-1 \ldots 1 \\ r = 2m-2 \quad 2m-3 \ldots 0; & & 0 \quad 1 \quad \ldots 2m-1 \end{array}$$

so erhält man:

$$\begin{array}{ll} \triangle u_{2m-2} = u_{2m-1} - u_{2m-2} & \triangle^{2m-1} u_1 = \triangle^{2m} u_1 + \triangle^{2m-1} u \\ \triangle^2 u_{2m-3} = \triangle u_{2m-2} - \triangle u_{2m-3} & \triangle^{2m-2} u_2 = \triangle^{2m-1} u_1 + \triangle^{2m-2} u_1 \\ \vdots & \vdots \\ \triangle^{2m-2} u_1 = \triangle^{2m-3} u_2 - \triangle^{2m-3} u_1 & \triangle u_{2m-1} = \triangle^2 u_{2m-2} + \triangle u_{2m-2} \\ \triangle^{2m-1} u = \triangle^{2m-2} u_1 - \triangle^{2m-2} u & u_{2m} = \triangle u_{2m-1} + u_{2m-1}. \end{array}$$

Setzen wir nun mit vorübergehender Einführung neuer Bezeichnungen:

$$(4) \quad \begin{cases} \triangle^k u_{2p-k} = (-1)^p \overset{k}{\alpha}_p, \qquad \triangle^{k-1} u_{2p-k} = (-1)^p \overset{2p-k}{\beta}_p \\ \text{wobei:} \\ \overset{0}{\alpha}_p = \alpha_p, \ \overset{2p}{\alpha}_p = 0, \qquad \overset{0}{\beta}_p = \beta_p, \ \overset{2p-1}{\beta}_p = 0, \end{cases}$$

so gehen die vorigen Gleichungen nach Hebung durch $(-1)^m$ in folgende über:

$$(5) \quad \begin{cases} \overset{2m-2}{\beta}_m = 0 + \alpha_{m-1} & \overset{2m-1}{\alpha}_m = 0 + \beta_m \\ \overset{2m-3}{\beta}_m = \overset{2m-2}{\beta}_m + \overset{1}{\alpha}_{m-1} & \overset{2m-2}{\alpha}_m = \overset{2m-1}{\alpha}_m + \overset{1}{\beta}_m \\ \vdots & \vdots \\ \overset{1}{\beta}_m = \overset{2}{\beta}_m + \overset{2m-3}{\alpha}_{m-1} & \overset{1}{\alpha}_m = \overset{2}{\alpha}_m + \overset{2m-2}{\beta}_m \\ \beta_m = \overset{1}{\beta}_m + 0 & \alpha_m = \overset{1}{\alpha}_m + 0. \end{cases}$$

Daraus resultirt nun folgendes Rechnungsschema:

$$\begin{array}{ccccccccc}
1 & 0 & \alpha_1 & 0 & \alpha_2 & 0 & \alpha_3 & \text{u. s. w.} \\
 & \beta_1 & \overset{1}{\alpha}_1 & \overset{2}{\beta}_2 & \overset{1}{\alpha}_2 & \overset{4}{\beta}_3 & \overset{1}{\alpha}_3 & \\
 & & 0 & \overset{1}{\beta}_2 & \overset{2}{\alpha}_2 & \overset{3}{\beta}_3 & \overset{2}{\alpha}_3 & \\
 & & & \beta_2 & \overset{3}{\alpha}_2 & \overset{2}{\beta}_3 & \overset{3}{\alpha}_3 & \\
 & & & & 0 & \overset{1}{\beta}_3 & \overset{4}{\alpha}_3 & \\
 & & & & & \beta_3 & \overset{5}{\alpha}_3 & \\
 & & & & & & 0 &
\end{array}$$

oder in Zahlen:

$$\begin{array}{cccccccc}
1 & 0 & 1 & 0 & 5 & 0 & 61 & \text{u. s. w.} \\
 & 1 & 1 & 1 & 5 & 5 & 61 & \\
 & & 0 & 2 & 4 & 10 & 56 & \\
 & & & 2 & 2 & 14 & 46 & \\
 & & & & 0 & 16 & 32 & \\
 & & & & & 16 & 16 & \\
 & & & & & & 0 &
\end{array}$$

wobei die allmähliche Entstehung der Verticalreihen von selbst (bez. durch die Gleichungen (5) mit $m = 1, 1, 2, 2, 3, 3$ u. s. w.) erhellt.

Wir behalten die Grössen u in der durch (1) bestimmten Bedeutung bei, so dass also auch die Gleichungen (2) und (3) gültig bleiben, substituiren für u_k und $\Delta^k u$ diese Werthe in die Gleichungen (3) und (6) des § 5 und setzen deren rechte Seiten einander gleich. Indem wir dann über die Natur der Zahlen m und n verschiedene Annahmen machen, erhalten wir folgende von Stern[1]) herrührende Gleichungen:

1) m und n gerade, $m = 2k$, $n = 2r$.

XXXVI
$$\alpha_{k+r} - (2k)_2\, \alpha_{k+r-1} + (2k)_4\, \alpha_{k+r-2} \mp \cdots + (-1)^k \alpha_r =$$
$$(2r)_1\, \beta_{k+r} - (2r)_3\, \beta_{k+r-1} \pm \cdots + (-1)^{r-1} (2r)_{2r-1}\, \beta_{k+1}.$$

2) m gerade, n ungerade, $m = 2k$, $n = 2r + 1$.

XXXVII
$$(2k)_1\, \alpha_{k+r} - (2k)_3\, \alpha_{k+r-1} \pm \cdots + (-1)^{k-1} (2k)_{2k-1}\, \alpha_{r+1} =$$
$$\beta_{k+r+1} - (2r+1)_2\, \beta_{k+r} \pm \cdots + (-1)^r (2r+1)_{2r}\, \beta_{k+1}.$$

---

[1]) Abhandl. der Gesellsch. d. Wissensch. zu Göttingen Bd. 23 (1878): „Beiträge zur Theorie der Bernoullischen und Eulerschen Zahlen“.

3) m ungerade, n gerade, $m = 2k+1$, $n = 2r$.

XXXVIII $$(2k+1)_1\,\alpha_{k+r} - (2k+1)_3\,\alpha_{k+r-1} \pm \dots + (-1)^{k-1}(2k+1)_{2k+1}\,\alpha_r = \beta_{k+r+1} - (2r)_2\,\beta_{k+r} + (2r)_4\,\beta_{k+r-1} \mp \dots + (-1)^r\,\beta_{k+1}.$$

4) m und n ungerade, $m = 2k+1$, $n = 2r+1$.

XXXIX $$\alpha_{k+r+1} - (2k+1)_2\,\alpha_{k+r} \pm \dots + (-1)^k\,(2k+1)_{2k}\,\alpha_{r+1} = (2r+1)_1\,\beta_{k+r+1} - (2r+1)_3\,\beta_{k+r} \pm \dots + (-1)^r\,(2r+1)_{2r+1}\,\beta_{k+1}.$$

Die Gleichungen XXXVI—XXXIX geben Beziehungen zwischen Secantencoefficienten und Tangentencoefficienten; durch specielle Annahmen ($k = 0$ oder 1, $r = 0$ oder 1 u. a.) gelangt man zu Formeln, die in den §§ 2 und 4 entweder direct enthalten sind, oder sich ausnahmslos mehr oder weniger einfach aus jenen ableiten lassen. Wegen ihrer Einfachheit bemerkenswerth ist z. B. folgende aus XXXVIII durch $k = 0$ entstehende:

XL $$\alpha_r = \beta_{r+1} - (2r)_2\,\beta_r + (2r)_4\,\beta_{r-1} \mp \dots + (-1)^r\,\beta_1;$$

man erhält sie auch durch die Operation XV + $\text{XIV}_{(m+1)}$.

Zu verwickelteren Beziehungen zwischen den B. Z. können wir in folgender Art gelangen. Wir nehmen die Annahme (9) des § 5:

(6) $$u = 1,\ u_1 = -\tfrac{1}{2},\ u_{2m} = (-1)^{m-1}\,B_m,\ u_{2m+1} = 0 \qquad m \geqq 1.$$

wieder auf. Dann ist:

$$\triangle u_{2m} = u_{2m+1} - u_{2m} = -\,u_{2m}$$

$$\triangle u_{2m-1} = u_{2m} - u_{2m-1} = u_{2m}$$

also:

(7) $$u_{2m} = -\,\triangle u_{2m} = \triangle u_{2m-1}.$$

Setzen wir nun in (16) des § 5, in welcher Gleichung für $n > 1$ die zweite Zeile fortfällt,

(8) $$m = 2k,\ n = 2r, \qquad r > 0,\ k > 0$$

und z. A.:

(9) $$2k + 2r = s, \qquad s > 0$$

so erhalten wir nach (7):

(10) $$\triangle^{2k} u_{2r} = -\,\triangle u_s - (2k)_2\,\triangle u_{s-2} - (2k)_4\,\triangle u_{s-4} - \dots - \triangle u_{s-2k};$$

drücken wir nun die Glieder der rechten Seite wieder durch (16) des § 5 aus, indem darin $m = 0$ und successive $n = s,\ s-2,\ \dots\ s-2k$ genommen wird, so erhalten wir, wie leicht zu übersehen, das Resultat:

(11) $-\triangle^{2k}u_{2r} = A_1 u_s + A_3 u_{s-2} + \ldots + A_{2l+1} u_{s-2l} + \ldots + A_{s-1} u_2 + A_s u_1,$

und zwar ist darin:

(12) $$A_{2l+1} = \sum_0^l {}_h (2k)_{2h} \; (s-2h)_{2l-2h+1}$$

und:

(13) $$A_s = \sum_0^{\frac{s}{2}} {}_h (2k)_{2h} \; (s-2h)_{s-2h} = \sum_0^k {}_h (2k)_{2h} = 2^{2k-1}.$$

Die Werthe für A_{2l+1} sind mittels (12) numerisch auszurechnen, doch kann für $l > k$ die obere Grenze $= k$ genommen werden, da die weiteren Binomialcoefficienten verschwinden[1]).

Setzen wir andererseits in § 5, (3) $m = 2k$, $n = 2r$, so ist:

(14) $$\triangle^{2k}u_{2r} = u_s + (2k)_2 \; u_{s-2} + (2k)_4 \; u_{s-4} + \ldots + u_{s-2k}$$

und vergleichen wir nun die Werthe von $\triangle^{2k}u_{2r}$ in (11) und (14) mit einander und setzen für die u die Werthe aus (6) ein, so erhalten wir die Recursionsformel besonderer Art, in welcher aber alle B. Z. von B_1 bis B_{k+r} vorkommen:

XLI $$A_1 B_{k+r} - A_3 B_{k+r-1} \pm \ldots + (-1)^{k+r-1} A_{2k+2r-1} B_1 + (-1)^{k+r} 2^{2k-2}$$
$$= - B_{k+r} + (2k)_2 \, B_{k+r-1} - (2k)_4 \, B_{k+r-2} \pm \ldots + (-1)^{k+1} B_r.$$

Derartige Formeln wie diese sind in der genannten Abhandlung von Stern noch in grösserer Anzahl enthalten, z. B. folgende zwischen Tangentencoefficienten:

XLII $$\beta_{k+r+1} - A_1 \beta_{k+r} + A_2 \beta_{k+r-1} \mp \ldots + (-1)^{k+r} A_{k+r} \beta_1 =$$
$$(2r)_1 \, \beta_{k+r} - (2r)_3 \, \beta_{k+r-1} \pm \ldots + (-1)^{r-1} (2r)_{2r-1} \, \beta_{k+1},$$

welche mittels XXXVI auch in eine Gleichung zwischen Tangenten- und Secantencoefficienten umgeformt werden kann und worin:

$$A_l = \sum_0^l {}_h (2k)_{2h} \, (2k + 2r - 2h)_{2l-2h},$$

---

[1]) A_{s-1} lässt sich auch durch einen kürzeren geschlossenen Ausdruck:

$$A_{s-1} = 2^{2k-1} \, (k + 2r)$$

darstellen, A_{s-3} u. s. w. bis A_{2k+1} ebenfalls, doch erreicht man dadurch nur unter Umständen Erleichterung (bez. Verkürzung) der Rechnung, und wollen wir hierauf nicht näher eingehen.

also identisch mit dem früheren A_{2l+1} ist; wir verweisen in dieser Beziehung den Leser auf die angegebene Quelle, woselbst auch einige Zahlenbeispiele stehen.

Andere Recursionsformeln, welche schliesslich auch auf der Betrachtung von Differenzenreihen basiren, rühren von Schlömilch und Bauer[1]) her und sind in wenig geänderter Form, und wenn $\overset{m}{C}_k$ die Summe der Combinationen k^{ter} Klasse ohne Wiederholungen der Zahlen $1, 2, 3, \ldots m$ (insbesondere $\overset{m}{C}_0 = 1$, $\overset{m}{C}_m = m!$) bedeutet, folgende:

$$\text{XLIII} \qquad \frac{(2m-1).(2m-1)!}{2(2m+1)} = \overset{2m-1}{C}_{2m-2} B_1 - \overset{2m-1}{C}_{2m-4} B_2 \pm \ldots + (-1)^{m-1} B_m$$

$$\text{XLIV} \qquad \frac{m.(2m)!}{2(m+1)} = \overset{2m}{C}_{2m-1} B_1 - \overset{2m}{C}_{2m-3} B_2 \pm \ldots + (-1)^{m-1} m(2m+1) B_m.$$

Der Beweis knüpft an eine independente Darstellungsweise an und soll an betreffender Stelle nachgeholt werden.

§ 7.

Algebraische Herleitung der in § 2 auf trigonometrische Weise gefundenen und einiger anderer Formeln. — Potenzenreihen mit abwechselnden Vorzeichen.

Die in § 1 für die Formeln I bis IV gegebenen Ableitungen beruhen auf der ursprünglichen Verwendung der B. Z. zur Summation der Reihe $1^p + 2^p + \ldots + x^p$. Wir wollen nunmehr zeigen, wie aus demselben Princip auch die Formeln V bis VIII und überhaupt alle nicht-verkürzten Recursionsformeln entwickelt werden können.

Setzen wir in der Gleichung (14) des § 1, d. i.:

$$(1) \qquad 1^{2n} + 2^{2n} + \ldots + x^{2n} = \frac{x^{2n+1}}{2n+1} + \frac{x^{2n}}{2} + (2n)_1 \frac{B_1}{2} x^{2n-1} \mp \ldots + (-1)^{n+1} B_n x$$

$2x$ statt x, und multipliciren dieselbe Gleichung (1) mit 2^{2n+1}, so giebt die Differenz der zweiten der entstehenden Gleichungen weniger der ersten folgende:

$$2) \qquad -1^{2n} + 2^{2n} - 3^{2n} + 4^{2n} \mp \ldots - (2x-1)^{2n} + (2x)^{2n}$$
$$= \tfrac{1}{2}(2x)^{2n} + \frac{(2n)_1}{2}(2^2-1) B_1 (2x)^{2n-1} - \frac{(2n)_3}{4}(2^4-1) B_2 (2x)^{2n-3} \pm \ldots + (-1)^{n+1}(2^{2n}-1) B_n (2x).$$

[1]) Siehe § 11 am Ende.

Andererseits ist die linke Seite eine arithmetische Reihe $2n-1^{\text{ten}}$ Grades mit dem allgemeinen Gliede:

$$(3) \quad T_x = (2x)^{2n} - (2x-1)^{2n} = (2n)_1 (2x)^{2n-1} - (2n)_2 (2x)^{2n-2} \pm \ldots + (2n)_{2n-1}(2x) - 1$$

und daher, wenn in (3) $x = 1, 2, 3 \ldots x$ gesetzt wird, gemäss der Gleichung (14) des § 1 (oder (1) hierselbst) und (15) des § 1 oder:

$$(4) \quad 1^{2n+1} + 2^{2n+1} + \ldots + x^{2n+1} = \frac{x^{2n+2}}{2n+2} + \frac{x^{2n+1}}{2} + (2n+1)_1 \frac{B_1}{2} x^{2n} \mp \ldots + (-1)^{n+1} \frac{2n+1}{2} B_n x^2$$

die linke Seite von (2) oder die Summe von T_x gleich folgendem Ausdruck:

$$(5) \quad \sum_{x=1}^{x} T_x = (2n)_1 2^{2n-1} \frac{x^{2n}}{2n} + 2^{2n-2}\left((2n)_1 - \frac{(2n)_2}{2n-1}\right) x^{2n-1} + \ldots$$
$$+ (-1)^n \frac{2n}{2} \Big\{(2n-1)_1 2^{2n-1} B_{n-1} - (2n-1)_3 2^{2n-3} B_{n-2} \pm \ldots$$
$$+ (-1)^{n-2}(2n-1)_{2n-3} 2^3 B_1 + (-1)^{n-1} 2(2n-1) + (-1)^n 2\Big\} x^2$$
$$+ (-1)^{n+1} \Big\{(2n)_2 2^{2n-2} B_{n-1} - (2n)_n 2^{2n-4} B_{n-2} \pm \ldots$$
$$+ (-1)^{n-2}(2n)_{2n-2} 2^2 B_1 + (-1)^{n-1}(2n)_{2n-1} + (-1)^n . 1\Big\} x.$$

Vergleicht man die Coefficienten von x^2 und von x mit denen auf der rechten Seite von (2), so erhält man die Gleichungen:

$$(6) \quad (2n-1)_1 2^{2n-1} B_{n-1} - (2n-1)_3 2^{2n-3} B_{n-2} \pm \ldots + (-1)^{n-2}(2n-1)_{2n-3} 2^3 B_1 + (-1)^{n-1} 4(n-1) = 0,$$

$$(7) \quad 2(2^{2n}-1) B_n - (2n)_2 2^{2n-2} B_{n-1} + (2n)_4 2^{2n-4} B_{n-2} \mp \ldots + (-1)^{n-1}(2n)_{2n-2} 2^2 B_1 + (-1)^n (2n-1) = 0.$$

Von diesen geht (6) für $n = m+1$ nach Division durch 2 in V über, und (7) ist (für $n = m$) identisch mit VIII.

Setzen wir ferner in (1) $x = 2$, und multipliciren mit $2n+1$, so erhalten wir, wie leicht zu übersehen, die Gleichung:

$$\text{XLV} \quad 2(2n+1)_1 B_n - 2^3 (2n+1)_3 B_{n-1} \pm \ldots$$
$$+ (-1)^{n-1} 2^{2n-1}(2n+1)_{2n-1} B_1 + (-1)^n \Big\{2n(2^{2n-1}+1) + 1 - 3 . 2^{2n-1}\Big\} = 0.$$

Diese Meyersche Gleichung (s. die nächste Anmerkung) ist insofern interessant, als sie mit I und V zusammengehalten aussagt:

Wenn man in I die Glieder mit den bezüglichen Potenzen von 2, nämlich 2^{2m}, 2^{2m-2}, 2^{2m-4}, ... 2^2 multiplicirt oder durch dieselben Grössen dividirt, so erhält man von den B. Z. freie Ausdrücke. — Macht man die Operation

$$V + \frac{XLV}{2^{2n+1}} - 2I,$$

so erhält man folgende Gleichung:

$$(8) \quad (2n+1)_1 \left(2^n - \frac{1}{2^n}\right)^2 B_n - (2n+1)_3 \left(2^{n-1} - \frac{1}{2^{n-1}}\right)^2 B_{n-1} \pm \cdots$$
$$+ (-1)^{n-1} (2n+1)_{2n-1} \left(2 - \frac{1}{2}\right) B_1 + (-1)^n (2n+1) \frac{2^{2n-1}+1}{2^{2n+1}} = 0.$$

Ziehen wir die Gleichung XLV von der durch 2 getheilten V ab, so erhalten wir:

$$\text{XLVI} \quad 2(2n+1)_1 (2^{2n-2}-1) B_n - 2^3 (2n+1)_3 (2^{2n-6}-1) B_{n-1} \pm \cdots$$
$$+ (-1)^{n-1} 2^{2n-1} (2n+1)_{2n-1} (2^{2-2n}-1) B_1$$
$$+ (-1)^n \left\{3 \cdot 2^{2n-1} - 1 - n (2^{2n}+1)\right\} = 0.^{1)}$$

Man kann diese Gleichung auch, wenn man gerades und ungerades n unterscheidet, in der Form schreiben:

für gerades n:

$$\text{XLVII}_a \quad 2(2n+1)_1 (2^{2n-2}-1) \left(B_n + \frac{n}{1} B_1\right)$$
$$- 2^3(2n+1)_3 (2^{2n-6}-1) \left(B_{n-1} + \frac{n-1}{2} B_2\right) \pm \cdots$$
$$+ (-1)^{\frac{n-2}{2}} 2^{n-1} (2n+1)_{n-1} (2^2-1) \left(B_{\frac{n}{2}+1} + \frac{n+2}{n} B_{\frac{n}{2}}\right)$$
$$+ \left\{3 \cdot 2^{2n-1} - 1 - n (2^{2n}+1)\right\} = 0,$$

---

[1]) Die Gleichungen XLV und XLVI sind von G. F. Meyer in seiner Doctordissertation (Göttingen 1859, Gleichungen (24) und (20)) aufgestellt worden. Er leitet darin nach einem von Stern angegebenen Princip (vgl. dessen Abhandlung zur Theorie der Bernoullischen und Eulerschen Zahlen in den Abhandl. d. Gesellsch. d. Wissensch. zu Göttingen Bd. 23, 1878) die bekannten Gleichungen für die Bernoullischen und die Eulerschen Zahlen ab und entwickelt einige neue Formeln. — Wir könnten ebenso gut in (1) oder (4) $x = 3$ u. s. w. setzen und würden dadurch beliebig viele Formeln, die jedoch kein besonderes Interesse beanspruchen können, erhalten.

für ungerades n:

XLVII$_b$
$$2(2n+1)_1\,(2^{2n-2}-1)\,(B_n-n\,B_1)$$
$$-\,2^3\,(2n+1)_3\,(2^{2n-6}-1)\left(B_{n-1}-\frac{n-1}{2}\,B_2\right)\pm\ldots$$
$$+\,(-1)^{\frac{n-3}{2}}\,2^{n-2}\,(2n+1)_{n-2}\,(2^4-1)\left(B_{\frac{n+3}{2}}-\frac{n+3}{n-1}\,B_{\frac{n-1}{2}}\right)$$
$$-\left\{3\,.\,2^{2n-1}-1-n\,(2^{2n}+1)\right\}=0,$$

so dass also in XLVII$_b$ die B. Z. $B_{\frac{n+1}{2}}$ nicht vorkommt.

Setzt man in (4) $x=2$ und multiplicirt mit $2n+2$, so erhält man nach Theilung durch 2:

XLVIII
$$2(2n+2)_2\,B_n-2^3\,(2n+2)_4\,B_{n-1}\pm\ldots$$
$$+\,(-1)^{n-1}\,2^{2n-1}\,(2n+2)_{2n}\,B_1+(-1)^n\left\{n\,(2^{2n}+1)-(2^{2n}-1)\right\}=0.$$[1]

Die Gleichung VI folgt durch die Operation VIII $+\,\mathrm{II}_{(m-1)}$; hingegen ist VII nicht so einfach abzuleiten, sondern wir bedürfen dazu der Mac-Laurinschen Summenformel. Setzen wir nämlich darin (§ 3 Gl. (15))

(9)
$$f(x)=x^p,\ a=3,\ h=4,\ b=4\,q+3=y,$$

so erhalten wir:

(10)
$$4\left\{3^p+7^p+11^p+\ldots+y^p\right\}=\left[\frac{x^{p+1}}{p+1}\right]_3^y+2(y^p+3^p)$$
$$+\,(p)_1\,4^2\,\frac{B_1}{2}\,(y^{p-1}-3^{p-1})-(p)_3\,4^4\,\frac{B_1}{4}\,(y^{p-3}-3^{p-3})\pm\ldots$$

oder wenn wir kurz:

(11)
$$3^p+7^p+11^p+\ldots+y^p \text{ mit } \Sigma y^p$$

bezeichnen und die von y unabhängigen Glieder in (10) durch das Zeichen C zusammenfassen:

(12)
$$\Sigma y^p=\tfrac{1}{4}\,\frac{y^{p+1}}{p+1}+\frac{y^p}{2}+4(p)_1\,\frac{B_1}{2}\,y^{p-1}-4^3(p)_3\,\frac{B_2}{4}\,y^{p-3}\pm\ldots+C$$

und insbesondere für $p=2m$ und $p=1$:

---

[1]) Auch diese Gleichung findet sich in der Meyerschen Dissertation und führt in Verbindung mit VIII auf andere der dortigen Formeln (Gleichungen (23), (19) und (21) a. a. O.).

$$(13)\quad \Sigma y^{2m} = \tfrac{1}{4}\frac{y^{2m+1}}{2m+1} + \frac{y^{2m}}{2} + 4(2m)_1 \frac{B_1}{2} y^{2m-1} - 4^3 (2m)_3 \frac{B_2}{4} y^{2m-3} \pm \cdots + (-1)^{m+1} 4^{2m-1} B_m y + C_1,$$

$$(14)\quad \Sigma y = \frac{y^2}{8} + \frac{y}{2} + C_2,$$

worin C_1 und C_2 von y unabhängige Zahlen sind. Von diesen Formeln werden wir demnächst Gebrauch machen.

Multipliciren wir erstens die Gleichung (1) mit 4^{2n+1}, setzen zweitens in (1) $4x$ statt x und ziehen die entstehenden Gleichungen von einander ab, so erhalten wir:

$$(15)\quad (1^{2n}+2^{2n}+3^{2n}-3.4^{2n})+\ldots+\left((4x-3)^{2n}+(4x-2)^{2n}+(4x-1)^{2n}-3(4x)^{2n}\right)$$
$$= -\left\{\tfrac{3}{2}(4x)^{2n}+(2n)_1(2^4-1)\frac{B_1}{2}(4x)^{2n-1}-(2n)_3(2^8-1)\frac{B_2}{4}(4x)^{2n-3}\pm\ldots + (-1)^{n+1}(2^{4n}-1)B_n(4x)\right\}.$$

Setzen wir nun, um Potenzen von 3 in den Formeln zu vermeiden:

$$(16)\quad 4x - 1 = y,$$

so wird das allgemeine Glied der linken Seite von (15):

$$(17)\quad (4x-3)^{2n}+(4x-2)^{2n}+(4x-1)^{2n}-3(4x)^{2n} = (y-2)^{2n}+(y-1)^{2n}+y^{2n}-3(y+1)^{2n}$$
$$= -(2n)_1(2^1+4)y^{2n-1}+(2n)_2(2^2-2)y^{2n-2}-(2n)_3(2^3+4)y^{2n-3}+(2n)_4(2^4-2)y^{2n-4}$$
$$\mp \ldots + (2n)_{2n-2}(2^{2n-2}-2)y^2-(2n)_{2n-1}(2^{2n-1}+4)y+(2^{2n}-2).$$

Die linke Seite von (15) verlangt nun, dass wir die rechte Seite von (17) summiren, d. h. darin $x = 1, 2, 3, \ldots x$ oder $y = 3, 7, 11, \ldots y$ setzen und addiren sollen; da nun y in (16) dieselbe Form hat, wie in (9) (man brauchte eben nur in (16) $x = q + 1$ zu setzen), so sind zur Summation die Formeln (12) bis (14) verwendbar; wir wollen jedoch nur den Coefficienten von y bilden; ein solches Glied existirt nur, wie (12) zeigt, wenn p gerade oder wenn $p = 1$ ist. Da nun noch

$$\Sigma 1 = x = \frac{y}{4} + \tfrac{1}{4}$$

ist, so erhalten wir als den verlangten Coefficienten E_l von y folgenden Ausdruck:

$$(18)\quad E_l = (-1)^n\left\{(2n)_2(2^2-2).2^{4n-6}B_{n-1}-(2n)_4(2^4-2).2^{4n-10}B_{n-2}\pm\ldots\right.$$
$$\left.+(-1)^{n-2}(2n)_{2n-2}(2^{n-2}-2)2^2B_1+(-1)^{n-1}(2n)_{2n-1}(2^{2n-1}+4).\tfrac{1}{2}+(-1)^n\frac{2^{2n}-2}{4}\right\}$$
$$= (-1)^n P,$$

wenn die Parenthese mit P bezeichnet wird.

Der Coefficient von y auf der rechten Seite von (15) E_r ist, wenn $4x = y + 1$ gesetzt und die Reihenfolge der Glieder umgekehrt wird:

$$(19)\quad E_r = (-1)^n \Big\{(2^{4n}-1)B_n - (2n)_2(2^{4n-4}-1)B_{n-1} + (2n)_4(2^{4n-8}-1)B_{n-2} \mp \cdots + (-1)^{n-1}(2n)_{2n-2}(2^4-1)B_1 + (-1)^{n-1}\tfrac{3}{2}.(2n)_{2n-1}\Big\} = (-1)^n Q,$$

wenn die Klammer mit Q bezeichnet wird; wir haben also die Gleichung:

$$(20)\quad E_l = E_r$$

oder

$$P = Q,$$

welche sich noch vereinfachen lässt. Wir führen die Abkürzungen:

$$(21)\quad \begin{cases} Y = (2n)_2\, 2^{4n-4} B_{n-1} - (2n)_4\, 2^{4n-8} B_{n-2} \pm \cdots + (-1)^n (2n)_{2n-2}\, 2^4 B_1 \\ K = (2n)_2\, 2^{2n-2} B_{n-1} - (2n)_4\, 2^{2n-4} B_{n-2} \pm \cdots + (-1)^n (2n)_{2n-2}\, 2^2 B_1 \\ L = (2n)_2\ B_{n-1} - (2n)_4\ B_{n-2} \pm \cdots + (-1)^n\ (2n)_{2n-2}\ B_1 \end{cases}$$

ein, von denen wir Y als Unbekannte betrachten, während K vermöge (7) und L vermöge $\text{II}_{(n-1)}$ (in § 1) sich bestimmen:

$$(22)\quad \begin{cases} K = 2(2^{2n}-1) B_n + (-1)^n (2n-1), \\ L = (-1)^n (n-1); \end{cases}$$

damit wird:

$$(23)\quad P = 2^{2n-2} K - \tfrac{1}{2} Y + (-1)^{n-1} n (2^{2n-1} + 4) + (-1)^n \frac{2^{2n-1}-1}{2}$$
$$= 2^{2n-1}(2^{2n}-1) B_n + (-1)^{n-1}(4n + \tfrac{1}{2}) - \tfrac{1}{2} Y;$$

$$(24)\quad Q = (2^{4n}-1) B_n - Y + L + (-1)^{n-1} 3n$$
$$= (2^{4n}-1) B_n - Y + (-1)^{n-1}(2n+1).$$

Durch Gleichsetzung der Ausdrücke (23) und (24) folgt:

$$(25)\quad Y = (2^{2n}-1)(2^{2n}+2) B_n + (-1)^n (4n-1)$$

d. i. gemäss der Erklärung in (21):

$$\text{XLIX}\quad (2^{2n}-1)(2^{2n}+2) B_n - (2n)_2\, 2^{4n-4} B_{n-1} + (2n)_4\, 2^{4n-8} B_{n-2} \mp \cdots + (-1)^{n-1}(2n)_{2n-2}\, 2^4 B_1 + (-1)^n (4n-1) = 0.$$

Ziehen wir von dieser Gleichung noch (7) ab, so entsteht genau die Gleichung VII in § 2.[1])

Da nun sämmtliche Recursionsformeln, in denen die B. Z. vollzählig und einzeln (nicht in Producten) vorkommen, wie an den betreffenden Stellen bewiesen worden ist, sich aus den Gleichungen I bis VIII mittels einfacher Operationen (Addition, Subtraction und Substitution von $m \pm 1$ statt m) ableiten lassen, so können wir behaupten, dass alle diese nach einfachen algebraischen Principien (ohne trigonometrischer Formeln zu bedürfen) entwickelt zu werden vermögen.

Wir knüpfen noch einige Formeln an die Gleichung (2) an, indem wir fragen, wie deren rechte Seite sich ändert, wenn die linke mit einer ungeraden Zahl schliesst. Bei den Gleichungen (1) und (4) ist einfach, wenn man um ein Glied weiter gehen will, $x+1$ statt x zu setzen; bei der Gleichung (2) aber und der entsprechenden mit $2n+1$ statt $2n$ bedarf dies noch einer besonderen Untersuchung. Ziehen wir in (2) beiderseits $(2x+1)^{2n}$ ab, und setzen:

$$2x+1=y,$$

so erhalten wir:

$$-1^{2n}+2^{2n}\mp\ldots+(y-1)^{2n}-y^{2n}=-y^{2n}+\tfrac{1}{2}(y-1)^{2n}+\frac{(2n)_1}{2}(2^2-1)B_1(y-1)^{2n-1}$$
$$-\frac{(2n)_3}{4}(2^4-1)B_2(y-1)^{2n-3}\pm\ldots+(-1)^{n+1}(2^{2n}-1)B_n(y-1).$$

Die rechte Seite beginnt also mit $-\frac{1}{2}y^{2n}$; sammeln wir ferner die Glieder mit y^{2n-2k} und $y^{2n-2k-1}$, so ist der Coefficient des ersteren:

$$\tfrac{1}{2}(2n)_{2k}-(2n)_1(2n-1)_{2k-1}\frac{2^2-1}{2}B_1+(2n)_3(2n-3)_{2k-3}\frac{2^4-1}{4}B_2\mp\ldots$$
$$+(-1)^k(2n)_{2k-1}(2n-2k+1)_1\frac{2^{2k}-1}{2k}B_k$$

d. i. mit Benutzung der leicht erweislichen Identität:

(26) $$(\mu)_r\,(\mu-r)_{h-r}=(\mu)_h\,(h)_r$$

---

[1]) Summirt man die linke Seite von (15) direct nach x und vergleicht die beiderseitigen Coefficienten von x, so gelangt man zu der Gleichung:

L $$(2^{2n}-1)(2^{2n}+2)B_n-(2n)_2\,2^{4n-4}\,3^2B_{n-1}+(2n)_4\,2^{4n-8}\,3^4B_{n-2}\mp\ldots$$
$$+(-1)^{n-1}(2n)_{2n-2}\,2^4.3^{2n-2}B_1+(-1)^n(4n-3).3^{2n-1}=0,$$

aus welcher mittels XLIX auch noch B_n eliminirt und dann $n+1$ statt n gesetzt werden könnte. — Man könnte auch noch in (15) nach Substitution von y die Coefficienten von y^2 vergleichen, und auch noch mit Gleichung (4) ebenso verfahren, wie es hier mit Gleichung (1) geschehen ist; doch wollen wir uns dabei nicht weiter aufhalten.

(wobei μ eine beliebige Zahl sein kann, h und r aber positive ganze Zahlen sind), wenn

$$\mu = 2n,\ h = 2k,\ r = 1, 3, \ldots, 2k-1$$

gesetzt werden (bei umgekehrter Anordnung):

$$=(-1)^k \frac{(2n)_{2k}}{2k+1}\Big\{(2k+1)_1 (2^{2k}-1) B_k - (2k+1)_3 (2^{2k-2}-1) B_{k-1} \pm \cdots \pm (2k+1)_{2k-1}(2^2-1) B_1 \mp \frac{2k+1}{2}\Big\},$$

und dies ist mittels einer durch die Operation $(\mathrm{V}-\mathrm{I})_{(k)}$ entstehenden Gleichung Null. Desgleichen ist auch der Coefficient von y^0 Null.

In ähnlicher Art findet man den Coefficienten von $y^{2n-2k-1}$:

$$=(-1)^k (2n)_{2k+1}\Big\{\frac{2^{2k+2}-1}{2k+2} B_{k+1} - (2k+1)_2 \frac{2^{2k}-1}{2k} B_k \pm \ldots \pm (2k+1)_{2k} \frac{2^2-1}{2} B_1 \mp \tfrac{1}{2}\Big\}$$

$$=(-1)^k \frac{(2n)_{2k+1}}{2k+2}\Big\{(2^{2k+2}-1) B_{k+1} - (2k+2)_2 (2^{2k}-1) B_k \pm \ldots \pm (2k+2)_{2k}(2^2-1) B_1 \mp (k+1)\Big\}$$

d. i. gemäss $\mathrm{VI}_{(k+1)}$:

$$=(-1)^{k+1} (2n)_{2k+1} \frac{2^{2k+2}-1}{2k+2} B_{k+1}$$

und somit:

$$(27)\quad -1^{2n} + 2^{2n} \mp \ldots + (y-1)^{2n} - y^{2n} = -\Big\{\frac{y^{2n}}{2} + (2n)_1 \frac{2^2-1}{2} B_1 y^{2n-1} - (2n)_3 \frac{2^4-1}{4} B_2 y^{2n-3} \pm \ldots + (-1)^{n+1}(2^{2n}-1) B_n y\Big\}$$

$$y = 2x + 1.$$

Wird $2n+1$ statt $2n$ gesetzt, so erhält man zunächst an Stelle von (2) ohne Schwierigkeit:

$$(28)\quad -1^{2n+1} + 2^{2n+1} \mp \ldots - (2x-1)^{2n+1} + (2x)^{2n+1} = \tfrac{1}{2}(2x)^{2n+1} + (2n+1)_1 \frac{2^2-1}{2} B_1 (2x)^{2n} \mp \ldots + (-1)^{n+1} \frac{2n+1}{2} (2^{2n}-1) B_1 (2x)^2$$

und hieraus in ganz ähnlicher Behandlungsart wie oben, wobei, falls wieder

$$2x + 1 = y$$

gesetzt wird, ausser y^{2n+1} nur gerade Potenzen von y einschliesslich y^0 vorkommen:

(29)
$$-1^{2n+1}+2^{2n+1}\mp\ldots+(y-1)^{2n+1}-y^{2n+1}$$
$$=-\left\{\frac{y^{2n+1}}{2}+(2n+1)_1\frac{2^2-1}{2}B_1\,y^{2n}\mp\ldots\right.$$
$$\left.+(-1)^{n-1}(2n+1)_{2n-1}\frac{2^{2n}-1}{2n}B_n\,y^2\right\}+(-1)^{n-1}.2\,\frac{2^{2n+2}-1}{2n+2}B_n.$$

Nun kann man die Gleichungen (2) und (27), sowie (28) und (29) zusammenfassen, wobei y sowohl eine gerade wie eine ungerade (ganze positive) Zahl bedeuten kann, indem man schreibt:

(30)
$$1^{2n}-2^{2n}+3^{2n}-4^{2n}\pm\ldots+(-1)^{y+1}y^{2n}$$
$$=(-1)^{y+1}\left\{\tfrac{1}{2}y^{2n}+(2n)_1\frac{2^2-1}{2}B_1\,y^{2n-1}-(2n)_3\frac{2^4-1}{4}B_2\,y^{2n-3}\pm\ldots\right.$$
$$\left.+(-1)^{n+1}(2^{2n}-1)B_n\,y\right\},$$

(31)
$$1^{2n+1}-2^{2n+1}+3^{2n+1}-4^{2n+1}\pm\ldots+(-1)^{y+1}y^{2n+1}$$
$$=(-1)^{y+1}\left\{\tfrac{1}{2}y^{2n+1}+(2n+1)_1\frac{2^2-1}{2}B_1\,y^{2n}-(2n+1)_3\frac{2^4-1}{4}B_2\,y^{2n-2}\pm\ldots\right.$$
$$\left.+(-1)^{n-1}\frac{2n+1}{2}(2^{2n}-1)B_n\,y^2+(-1)^n\frac{2^{2n+2}-1}{2n+2}B_{n+1}\right\}$$
$$+(-1)^n\frac{2^{2n+2}-1}{2n+2}B_{n+1}.$$

Diese Formeln finden sich (in anderer Art abgeleitet) bei Euler im 2ten Theil des Calc. diff., cap. VII § 184. Wir werden von ihnen (abgesehen von ihrem eigenen Interesse) später Gebrauch machen.

Zweiter Abschnitt.

Unabhängige Darstellungen.

§ 8.

Die Formeln von Eytelwein und Laplace.

Die ersten Formeln für die unabhängige Darstellungsweise der B. Z. rühren von Laplace und Eytelwein her. Dieselben sollen hier mittels Modification eines Eulerschen Gedankens aus einem und demselben Princip abgeleitet werden.

Nach Aufstellung der Gleichungen § 7 (30) (31) und nachdem er noch bemerkt hat, dass bei einem geraden Exponenten die rechten Seiten für ein gerades oder ungerades y sich (der Form nach) nur durch das Vorzeichen unterscheiden (während bei einem ungeraden Exponenten noch eine von der Natur der Zahl y unabhängige Constante hinzukommt), fährt Euler[1]) folgendermaassen fort:

„Wenn also y eine unendlich grosse Zahl wird, muss, da diese weder paar noch unpaar ist, diese Betrachtung (d. h. Unterscheidung) aufhören, und es sind daher in der Summe die zweideutigen Glieder zu entfernen, woraus folgt, dass die Summe von Reihen dieser Art, wenn sie bis in's Unendliche fortgesetzt werden, durch die alleinige hinzuzufügende Constante ausgedrückt werden.

„Deshalb wird sein:

$$1-1+1-1+ \text{u. s. w. in infinitum} = \tfrac{1}{2}$$
$$1-2+3-4+ \quad „ \quad „ \quad „ \quad = \frac{2^2-1}{2} B_1$$
$$1-2^2+3^2-4^2+ \quad „ \quad „ \quad „ \quad = 0$$
$$1-2^3+3^3-4^3+ \quad „ \quad „ \quad „ \quad = -\frac{2^4-1}{4} B_2$$
$$1-2^4+3^4-4^4+ \quad „ \quad „ \quad „ \quad = 0$$
$$1-2^5+3^5-4^5+ \quad „ \quad „ \quad „ \quad = \frac{2^6-1}{6} B_3$$
$$1-2^6+3^6-4^6+ \quad „ \quad „ \quad „ \quad = 0$$
$$1-2^7+3^7-4^7+ \quad „ \quad „ \quad „ \quad = -\frac{2^8-1}{8} B_4$$

u. s. w.,

---

[1]) Calc. diff. II, cap. VII § 185.

„Auch werden dieselben Summen durch die oben angegebene Methode, Reihen, in denen die Zeichen + und — abwechseln, zu summiren, gefunden.“ [1])

Diese Schlussfolgerung Eulers wird jetzt Niemand als ausreichend ansehen können, trotzdem darauf aufmerksam zu machen ist, dass er an einer früheren Stelle[2]) die Summe der links stehenden schliesslich zwischen unendlichen Grenzen oscillirenden Reihen so erklärt, „dass sie den Werth des endlichen Ausdrucks, aus dessen Entwicklung die vorgelegte Reihe folgt, bezeichnet.“ Trotzdem wäre es schade, ihre Resultate fallen zu lassen, da sie in einfacher Art zu sonst weniger leicht zu gewinnenden Formeln für die unabhängige Darstellung der B. Z. führen. Wir wählen daher folgende unanfechtbare Darstellungsweise.

Sei y eine positive ganze gerade oder ungerade Zahl, v eine beliebige reelle Grösse und $\psi(v)$ durch die Gleichung definirt:

(1) $$\psi(v)=(-1)^{y+1}\frac{v^y}{1+v}+\frac{1}{1+v};$$

dann ist:

$$v\psi(v)=(-1)^{y+1}\frac{v^{y+1}}{1+v}+\frac{v}{1+v}$$

und

(2) $$\frac{d}{dv}\big(v\psi(v)\big)=(-1)^{y+1}\,v^y\,\frac{yv+y+1}{(1+v)^2}+\frac{1}{(1+v)^2}.$$

Jetzt wollen wir

(3) $$\left\{\begin{aligned}\frac{d}{dv}\big(v\psi(v)\big)&=\nabla\psi(v)\\ \frac{d}{dv}\big(v\nabla\psi(v)\big)&=\nabla^2\psi(v)\\ \frac{d}{dv}\big(v\nabla^2\psi(v)\big)&=\nabla^3\psi(v)\end{aligned}\right.$$

u. s. w.

und:

(4) $$\varphi(v)=\frac{1}{(1+v)^2}$$

setzen. Damit nimmt Gleichung (2) die Form an:

$$\nabla\psi(v)=(-1)^{y+1}\,v^y\,\frac{vy+y+1}{(1+v)^2}+\varphi(v);$$

dann folgt weiter:

$$\nabla^2\psi(v)=(-1)^{y+1}\,v^y\,\frac{y^2v^2+(2y^2+2y-1)\,v+(y^2+2y+1)}{(1+v)^3}+\nabla\varphi(v);$$

---

[1]) Auf den letzten Passus kommen wir später zurück.

[2]) ib. cap. I § 9.

und dann schliesst man durch Induction leicht weiter, dass $\nabla^p\psi(v)$ die Form haben muss:

$$(5)\qquad \nabla^p\psi(v) = (-1)^{y+1}\, v^y \frac{\eta_0 v^p + \eta_1 v^{p-1} + \dots + \eta_{p-1} v + \eta_p}{(1+v)^{p+1}} + \nabla^{p-1}\varphi(v),$$

worin $\eta_0\ \eta_1\ \eta_2 \dots \eta_p$ ganze rationale Functionen p^{ten} Grades von y sind. Nun ist aber (nach der Erklärung in (1)):

$$\psi(v) = 1 - v + v^2 - v^3 \pm \dots + (-1)^{y+1}\, v^{y-1}$$

$$(6)\quad \begin{cases} \nabla\psi(v) = \dfrac{d}{dv}\big(v\psi(v)\big) = 1 - 2v + 3v^2 - 4v^3 \pm \dots + (-1)^{y+1}\, y v^{y-1} \\ \nabla^2\psi(v) = 1 - 2^2 v + 3^2 v^2 - 4^2 v^3 \pm \dots + (-1)^{y+1}\, y^2\, v^{y-1} \\ \dots\dots\dots\dots\dots\dots\dots\dots\dots \\ \nabla^p\psi(v) = 1 - 2^p v + 3^p v^2 - 4^p v^3 \pm \dots + (-1)^{y+1}\, y^p\, v^{y-1} \end{cases}$$

folglich nach (5):

$$(7)\quad 1 - 2^p v + 3^p v^2 \mp \dots + (-1)^{y+1}\, y^p\, v^{y-1} = (-1)^{y+1}\, v^y \frac{\eta_0 v^p + \dots + \eta_{p-1} v + \eta_p}{(1+v)^{p+1}} + \nabla^{p-1}\varphi(v).$$

Hierin setzen wir $v = 1$, dann wird $\eta_0 v^p + \eta_1 v^{p-1} + \dots + \eta_p$ eine ganze rationale Function p^{ten} Grades von y und somit, wenn $a_0\ a_1 \dots a_p$ Constanten, d. h. von p abhängige Zahlen bedeuten:

$$(8)\quad 1^p - 2^p + 3^p - 4^p \pm \dots + (-1)^{y+1} y^p = (-1)^{y+1}\left\{a_0 y^p + a_1 y^{p-1} + \dots + a_p\right\} + \left[\nabla^{p-1}\varphi(v)\right]_{v=1}.$$

Schreiben wir nun aber in § 7 Gleichungen (30) und (31) p statt $2n$ oder $2n+1$ und verstehen unter $b_0\ b_1 \dots b_p$ von p abhängige Zahlen, deren Bedeutung aus den dortigen Gleichungen leicht zu entnehmen ist, und setzen ausserdem:

$$(9)\qquad c_p = \begin{cases} (-1)^{\frac{p-1}{2}} \dfrac{2^{p+1}-1}{p+1} B_{\frac{p+1}{2}} \dots & \text{für ungerade } p, \\ 0 \dots\dots\dots\dots & \text{für gerade } p, \end{cases}$$

so erhalten dieselben die gemeinsame Form:

$$(10)\quad 1^p - 2^p + 3^p - 4^p \pm \dots + (-1)^{y+1} y^p = (-1)^{y+1}\left\{b_0 y^p + b_1 y^{p-1} + \dots + b_p\right\} + c_p.$$

Die Gleichungen (8) und (10) gelten (bei festgehaltenem p) für jeden positiven ganzzahligen Werth von y, folglich gilt für dieselben Werthe ebenfalls die Gleichung:

$$(11)\qquad (-1)^{y+1}\left\{(a_0-b_0)\,y^p+(a_1-b_1)\,y^{p-1}+\ldots+(a_p-b_p)\right\} + \left[\nabla^{p-1}\varphi(v)\right]_{v=1}-c_p=0.$$

Setzt man hierin $y=1,\,3,\,5,\ldots 2p+1$ und z. A. $\left[\nabla^{p-1}\varphi(v)\right]_{v=1}=d_p$, so hat man:

$$\begin{aligned}
&(a_0-b_0)+(a_1-b_1)+(a_2-b_2)+\ldots+(a_p-b_p)+(d_p-c_p)=0\\
&3^p(a_0-b_0)+3^{p-1}(a_1-b_1)+3^{p-2}(a_2-b_2)+\ldots+(a_p-b_p)+(d_p-c_p)=0\\
&\cdots\cdots\cdots\cdots\cdots\cdots\cdots\cdots\\
&(2p+1)^p(a_0-b_0)+(2p+1)^{p-1}(a_1-b_1)+(2p+1)^{p-2}(a_2-b_2)+\ldots+(a_p-b_p)+(d_p-c_p)=0
\end{aligned}$$

folglich, da die Determinante $\Sigma\pm 1\;3^{p-1}\;5^{p-2}\ldots(2p-1)^1\,1$ nicht verschwindet[1]):

$$a_0-b_0=0,\; a_1-b_1=0,\;\ldots\; a_{p-1}-b_{p-1}=0,\text{ und } (a_p-b_p)+(d_p-c_p)=0.$$

Setzt man nun noch in (11) $y=2$, so ergiebt sich

$$-(a_p-b_p)+(d_p-c_p)=0,$$

also ist:

$$a_p-b_p=0,\; d_p-c_p=0,$$

folglich mit Rücksicht auf (9):

$$(12)\qquad \begin{cases}\left[\nabla^{2n-2}\varphi(v)\right]_{v=1}=(-1)^{n-1}\dfrac{2^{2n}-1}{2n}B_n=(-1)^{n-1}\dfrac{\beta_n}{2^{2n}}\\[2mm] \left[\nabla^{2n-1}\varphi(v)\right]_{v=1}=0\\[2mm] \qquad\varphi(v)\qquad=\dfrac{1}{(1+v)^2}.\end{cases}$$

---

[1]) Der Werth einer Determinante von der Form:

$$\begin{vmatrix}\alpha_0^p & \alpha_0^{p-1} & \ldots & \alpha_0 & 1\\ \alpha_1^p & \alpha_1^{p-1} & \ldots & \alpha_1 & 1\\ \cdot & \cdot & \cdot & \cdot & \cdot\\ \alpha_p^p & \alpha_p^{p-1} & \ldots & \alpha^p & 1\end{vmatrix}$$

ist: $(\alpha_0-\alpha_1)\,(\alpha_0-\alpha_2)\,\ldots\,(\alpha_1-\alpha_2)\,\ldots\,(\alpha_{p-1}-\alpha_p)$.

Von diesen Gleichungen gehen wir nun aus. Dabei lassen sich die linken Seiten in zwei wesentlich verschiedenen Formen darstellen, je nach der Art, wie $\nabla^p\varphi(v)$ entwickelt wird.

I. Unabhängig von dem speciellen Werthe der Function $\varphi(v)$ ist:

$$(13)_a \quad \begin{cases} \varphi(v) = \varphi(v) \\ \nabla\varphi(v) = \varphi(v) + v\varphi' v \\ \nabla^2\varphi(v) = \varphi(v) + 3\,v\varphi' v + v^2\varphi'' v \\ \nabla^3\varphi(v) = \varphi(v) + 7\,v\varphi' v + 6\,v^2\varphi'' v + v^3\varphi''' v \\ \nabla^4\varphi(v) = \varphi(v) + 15\,v\varphi' v + 25\,v^2\psi'' v + 10\,v^3\varphi''' v + v^4\varphi^{(4)} v \end{cases}$$

und desgleichen im allgemeinen Ausdruck:

$$(13)_b \quad \nabla^p\varphi(v) = \varphi(v) + \overset{p}{c}_1\, v\varphi'(v) + \overset{p}{c}_2\, v^2\varphi''(v) + \dots + \overset{p}{c}_{p-1}\, v^{p-1}\varphi^{(p-1)}(v) + v^p\varphi^{(p)}(v)$$

so dass also:

$$(14) \quad \begin{cases} \overset{0}{c}_0 = \overset{1}{c}_0 = \overset{1}{c}_1 = 1, \ \overset{p}{c}_0 = \overset{p}{c}_p = 1 \\ \overset{2}{c}_1 = 3;\ \overset{3}{c}_1 = 7,\ \overset{3}{c}_2 = 6;\ \overset{4}{c}_1 = 15,\ \overset{4}{c}_2 = 25,\ \overset{4}{c}_3 = 10; \end{cases}$$

um allgemein $\overset{p+1}{c}_k$ mittels einer recurrirenden Entwicklung aus $\overset{p}{c}_0\ \overset{p}{c}_1 \dots \overset{p}{c}_p$ zu erhalten, wenden wir die Operation ∇ auf (13) noch einmal an und erhalten dadurch sehr leicht die Recursionsformel:

$$(15) \quad \overset{p+1}{c}_k = (k+1)\ \overset{p}{c}_k + \overset{p}{c}_{k-1}.$$

Wir können nun aber statt der Grössen $\overset{p}{c}_k$ andere einführen, welche sich unabhängig oder abhängig von einander berechnen lassen und öfters in der Analysis vorkommen; diese werden durch die Gleichung definirt:

$$(16) \quad \overset{p}{a}_k = k^p - (k)_1\,(k-1)^p + (k)_2\,(k-2)^p \mp \dots + (-1)^{k-1}\,(k)_{k-1}\,1^p.$$

Hieraus:

$$\overset{p}{a}_0 = 0,\ \overset{p}{a}_1 = 1$$

und weiter:

$$\overset{2}{a}_2 = 2;\ \overset{3}{a}_2 = 6,\ \overset{3}{a}_3 = 6;\ \overset{4}{a}_2 = 14,\ \overset{4}{a}_3 = 36,\ \overset{4}{a}_4 = 24;$$

$$\overset{5}{a}_2 = 30,\ \overset{5}{a}_3 = 150,\ \overset{5}{a}_4 = 240,\ \overset{5}{a}_5 = 120;$$

$$\overset{6}{a}_2 = 62,\ \overset{6}{a}_3 = 540,\ \overset{6}{a}_4 = 1560,\ \overset{6}{a}_5 = 1800,\ \overset{6}{a}_6 = 720.$$

Fügt man zur rechten Seite von (16) noch die nichts geltende Grösse $(-1)^k\,(k)_k\,0^p$ hinzu, so sieht man, dass nach dem Arndtschen Satze (siehe S. 33)

$$\text{für } k > p : \overset{p}{a}_k = 0$$

ist. Bildet man ferner $\overset{p}{a}_{k-1}$, so ist:

$$\overset{p}{a}_k + \overset{p}{a}_{k-1} = k^p - (k-1)_1\,(k-1)^p + (k-1)_2\,(k-2)^p \mp \ldots$$

also:

$$k\,(\overset{p}{a}_k + \overset{p}{a}_{k-1}) = k^{p+1} - (k)_1\,(k-1)^{p+1} + (k)_2\,(k-2)^{p+1} \mp \ldots = \overset{p+1}{a}_k\,;$$

folglich:

$$\overset{p+1}{a}_k = k\,(\overset{p}{a}_{k-1} + \overset{p}{a}_k), \tag{17}$$

welches die gewünschte Recursionsformel ist. Aus derselben ergiebt sich für $k = p + 1$:

$$\overset{p+1}{a}_{p+1} = (p+1)\,\overset{p}{a}_p,$$

und folglich:

$$\overset{p}{a}_p = p! \tag{18}$$

Jetzt führt der Vergleich der Zahlen $\overset{p}{c}_k$ mit $\overset{p}{a}_k$ zu der Vermuthung, dass

$$\overset{p}{c}_k = \frac{\overset{p+1}{a}_{k+1}}{(k+1)!}, \tag{19}$$

welche als richtig erkannt wird, wenn man in (15) die aus (19) folgenden Werthe für $\overset{p}{c}_k$, $\overset{p}{c}_{k-1}$, $\overset{p+1}{c}_k$ einsetzt und dadurch die Entstehung der Gleichung (17) bewirkt.

Somit wird die Gleichung (13):

$$\nabla^p \varphi(v) = \varphi(v) + \frac{\overset{p+1}{a}_2}{2!}\,v\varphi'(v) + \frac{\overset{p+1}{a}_3}{3!}\,v^2\varphi''(v) + \ldots$$
$$+ \frac{\overset{p+1}{a}_p}{p!}\,v^{p-1}\,\varphi^{(p-1)}(v) + v^p\,\varphi^{(p)}\,v.$$

Setzen wir nun für $\varphi(v)$ seinen speciellen Werth $1 : (1+v)^2$, so dass

$$\varphi^{(k)}(v) = (-1)^k \cdot \frac{2\,.\,3 \ldots (k+1)}{(1+v)^{k+2}}$$

so erhalten wir nach (12)

$$\text{LI}\qquad (-1)^{n-1}\beta_n = 2^{2n-2}\overset{2n-1}{a_1} - 2^{2n-3}\overset{2n-1}{a_2} + 2^{2n-4}\overset{2n-1}{a_3} \mp \ldots - 2\overset{2n-1}{a_{2n-2}} + \overset{2n-1}{a_{2n-1}}$$

$$\text{LI}_a\qquad 0 = 2^{2n-1}\overset{2n}{a_1} - 2^{2n-2}\overset{2n}{a_2} + 2^{2n-3}\overset{2n}{a_3} \mp \ldots + 2\overset{2n}{a_{2n-1}} - \overset{2n}{a_{2n}}.$$

Die erste dieser Formeln ist also eine unabhängige Darstellungsart von β_n und somit von B_n und ist zuerst mittels Differenzreihen von Eytelwein[1]) aufgestellt worden.

II. Für den Werth aus (4):

$$\varphi(v) = \frac{1}{(1+v)^2}$$

folgt nach den Erklärungen (3) durch directe Ausrechnung:

$$\nabla\varphi(v) = \frac{1-v}{(1+v)^3}$$

$$\nabla^2\varphi(v) = \frac{1-4v+v^2}{(1+v)^4}$$

$$\nabla^3\varphi(v) = \frac{1-11v+11v^2-v^3}{(1+v)^5}.$$

---

[1]) Abhandlungen der Akad. d. Wissensch. zu Berlin Jg. 1816—1817 Mathem. Kl. S. 28: Über die Vergleichung der Differenz-Coefficienten mit den Bernoullischen Zahlen. Die Gleichung LI ist identisch mit form. (67), die LI_a mit form. (69) bei Worpitzky, Studien über die Bernoullischen und Eulerschen Zahlen, J. f Math. Bd. 94 (1883), S. 203, welchen Aufsatz wir später nur mit dem Namen des Autors citiren und in § 12 näher besprechen werden. Nimmt man in (7) zuerst v als positiven echten Bruch an, setzt dann $y = \infty$, wodurch das 1te Glied auf der rechten Seite verschwindet, und behandelt dann

$$\lim_{v=1}\,(1^p - 2^p + 3^p - 4^p \pm \ldots \text{ in infin.})$$

nach der von Euler zu Beginn von Cap. I (a. a. O.) gegebenen Regel, so gelangt man nach Einsetzung der Werthe von $\left[\nabla^p\varphi(v)\right]_{v=1}$ aus (12) zu der Formel:

$$2^p\frac{\overset{p+1}{a_1}}{1} - 2^{p-1}\frac{\overset{p+1}{a_2}}{2} + 2^{p-2}\frac{\overset{p+1}{a_3}}{3} \mp \ldots + (-1)^p\frac{\overset{p+1}{a_{p+1}}}{p+1}$$

$$= \begin{cases} (-1)^{\frac{p-1}{2}}\beta_{\frac{p+1}{2}} & \ldots\; p \text{ ungerade} \\ 0 & \ldots\ldots\ldots\; p \text{ gerade} \end{cases}$$

welche mittels (17) sehr leicht in die Gleichungen LI und LI_a umgeformt werden kann. — Jedenfalls ist aber die im Text befolgte Methode als die strengere zu erachten.

Diese Ausdrücke legen die Vermuthung nahe, dass allgemein sein wird:

$$(20)\left\{\begin{aligned}\nabla^{2k}\varphi(v) &= \frac{1+\overset{2k}{C}_1 v+\overset{2k}{C}_2 v^2+\ldots+\overset{2k}{C}_{k-1} v^{k-1}+\overset{2k}{C}_k v^k+\overset{2k}{C}_{k-1} v^{k+1}+\ldots+\overset{2k}{C}_1 v^{2k-1}+v^{2k}}{(1+v)^{2k+2}}\\ \nabla^{2k+1}\varphi(v) &= \frac{1+\overset{2k+1}{C}_1 v+\overset{2k+1}{C}_2 v^2+\ldots+\overset{2k+1}{C}_k v^{k+1}-\ldots-C_2 v^{2k-1}-C_1 v^{2k}-v^{2k+1}}{(1+v)^{2k+3}}.\end{aligned}\right.$$

Die Richtigkeit dieser Annahme lässt sich am einfachsten in folgender Art beweisen. Es sei:

$$w=\frac{1}{v}$$

und es möge für eine gewisse Klasse von Functionen $f(v)$ die Gleichung bestehen:

$$(21)\qquad wf(w)=vf(v).$$

Differentiiren wir diese Gleichung nach v, so ist wegen: $\frac{dw}{dv}=-w^2$ und nach den Bezeichnungen (3):

$$(22)\qquad -w^2\nabla f(w)=\nabla f(v)$$

oder mit v multiplicirt:

$$(23)\qquad -w\nabla f(w)=v\nabla f(v).$$

Möge ferner für eine andere Klasse von Functionen die Gleichung

$$(24)\qquad -wF(w)=vF(v)$$

gelten, so folgt wieder durch Differentiation nach v:

$$(25)\qquad w^2\nabla F(w)=\nabla F(v)$$

oder

$$(26)\qquad w\nabla F(w)=v\nabla F(v);$$

aus der Gleichung (21) folgen also (22) und (23), aus (24) folgen (25) und (26). Nun ist:

$$w\varphi(w)=\frac{w}{(1+w)^2}=\frac{v^2w}{(v+1)^2}=\frac{v}{(1+v)^2}=v\varphi(v),$$

folglich gilt für $f(v)=\varphi(v)$ die Gleichung (21) und daher nach (23):

$$-w\nabla\varphi(w)=v\nabla\varphi(v),$$

also gilt für $F(v)=\nabla\varphi(v)$ die Gleichung (24) und deshalb nach (26):

$$w\nabla^2\varphi(w)=v\nabla^2\varphi(v)$$

d. i. Gleichung (21) für $f(v) = \nabla^2\varphi(v)$; in dieser Art folgen nach und nach die Gleichungen:

$$\begin{aligned} -w\nabla^3\varphi(w) &= v\nabla^3\varphi(v) \\ w\nabla^4\varphi(w) &= v\nabla^4\varphi(v) \\ -w\nabla^5\varphi(w) &= v\nabla^5\varphi(v) \\ &\text{u. s. w.} \end{aligned}$$

oder wenn man die Formen (22) und (25) benutzt:

$$\begin{aligned} w^2\nabla^{2k}\varphi(w) &= \nabla^{2k}\varphi(v) \\ -w^2\nabla^{2k+1}\varphi(w) &= \nabla^{2k+1}\varphi(v) \end{aligned}$$

und zusammengezogen:

$$(27) \qquad \varepsilon . w^2\nabla^p\varphi(w) = \nabla^p\varphi(v), \qquad \varepsilon = \begin{cases} +1 & \text{für gerade } p \\ -1 & \text{für ungerade } p. \end{cases}$$

Nun ist ohne Weiteres zu erkennen, dass $\nabla^p\varphi(v)$ die Form hat, worin $c_0\ c_1 \ldots c_p$ Constanten bedeuten:

$$(28) \qquad \nabla^p\varphi(v) = \frac{c_0 + c_1 v + c_2 v^2 + \ldots + c_{p-2} v^{p-2} + c_{p-1} v^{p-1} + c_p v^p}{(1+v)^{p+2}}.$$

Also ist nach (27)

$$\begin{aligned} \frac{\varepsilon w^2(c_0 + c_1 w + \ldots + c_p w^p)}{(1+w)^{p+2}} \cdot \frac{v^{p+2}}{v^{p+2}} &= \frac{\varepsilon(c_0 v^p + c_1 v^{p-1} + \ldots + c_p)}{(v+1)^{p+2}} \\ &= \frac{c_0 + c_1 v + \ldots + c_{p-1} v^{p-1} + c_p v^p}{(1+v)^{p+2}} \end{aligned}$$

folglich:

$$\begin{aligned} c_p &= \varepsilon c_0 \\ c_{p-1} &= \varepsilon c_1 \\ &\text{u. s. w.} \end{aligned}$$

d. h. für gerades p: für ungerades p:

$$(29) \qquad \left\{ \begin{aligned} c_p &= c_0 \\ c_{p-1} &= c_1 \\ &\vdots \\ c_{\frac{p}{2}+1} &= c_{\frac{p}{2}-1} \\ c_{\frac{p}{2}} &= c_{\frac{p}{2}} \end{aligned} \right. \qquad \begin{aligned} c_p &= -c_0 \\ c_{p-1} &= -c_1 \\ &\vdots \\ c_{\frac{p+1}{2}} &= -c_{\frac{p-1}{2}} \end{aligned}$$

womit der verlangte Beweis geführt ist.

Um nun aber die Coefficienten im Zähler von $\nabla^p\varphi(v)$ nach und nach berechnen zu können, hat man die Operation ∇ für die Gleichung (28), worin c_h durch $\overset{p}{C}_h$ zu ersetzen ist, noch einmal auszuführen und gelangt dann gemäss der Gleichung:

$$\nabla^{p+1}\varphi(v) = \frac{d}{dv}\left(v \cdot \nabla^p \varphi(v)\right)$$

unschwer zu der Beziehung:

$$\text{(30)} \qquad \overset{p+1}{C}_h = (h+1)\,\overset{p}{C}_h - (p+2-h)\,\overset{p}{C}_{h-1}$$

welcher noch die Bemerkungen hinzugefügt werden können:

$$h \overset{=}{<} \frac{p+1}{2}, \quad \overset{p}{C}_0 = \overset{p+1}{C}_0 = 1$$

und sodann (nach (29)):

für ungerades p: $\overset{p}{C}_{p-h} = -\overset{p}{C}_h$, $\overset{p+1}{C}_{p+1-h} = \overset{p+1}{C}_h$, $\overset{p+1}{C}_{\frac{p+1}{2}} = -(p+3)\,\overset{p}{C}_{\frac{p-1}{2}}$

für gerades p: $\overset{p}{C}_{p-h} = \overset{p}{C}_h$, $\overset{p+1}{C}_{p+1-h} = \overset{p+1}{C}_h$.

Die ersten dieser Zahlen sind:

$$\text{(31)} \qquad \overset{1}{C}_0 = 1,\ \overset{1}{C}_1 = -1;\ \overset{2}{C}_0 = 1,\ \overset{2}{C}_1 = -4;\ \overset{3}{C}_0 = 1,\ \overset{3}{C}_1 = -11;$$
$$\overset{4}{C}_0 = 1,\ \overset{4}{C}_1 = -26,\ \overset{4}{C}_2 = 66.$$

Dieselben hängen nun wiederum mit anderen öfters vorkommenden Zahlen zusammen. Die Definition der letzteren ist:

$$\text{(32)} \quad \overset{p}{A}_k = k^p - (p+1)_1 (k-1)^p + (p+1)_2 (k-2)^p \mp \ldots + (-1)^{k-1} (p+1)_{k-1} 1^p.$$

Fügt man noch die Gleichung:

$$\text{(33)} \qquad \overset{p}{A}_{k+1} = (k+1)^p - (p+1)_1\, k^p + (p+1)_2\, (k-1)^p \mp \ldots$$
$$+ (-1)^{k-1} (p+1)_{k-1}\, 2^p + (-1)^k (p+1)_k\, 1^p$$

hinzu, multiplicirt (32) mit $p+1-k$, welches man für die einzelnen Glieder in der Art theilt:

$$p+1-k = (p+1) - k = p - (k-1) = (p-1) - (k-2) \text{ u. s. w.},$$

und Gleichung (33) mit $k+1$, wobei:

$$k+1 = (k+1) = (k-1) + 2 = (k-2) + 3 \text{ u. s. w.},$$

so wird:

$$(p+1-k)\overset{p}{A}_k = (p+1)k^p - 2(p+1)_2(k-1)^p + 3(p+1)_3(k-2)^p \mp \ldots$$
$$- k^{p+1} + (p+1)_1(k-1)^{p+1} - (p+1)_2(k-2)^{p+1} \pm \ldots$$

$$(k+1)\overset{p}{A}_{k+1} = (k+1)^{p+1} - (p+1)_1 k^{p+1} + (p+1)_2(k-1)^{p+1} - (p+1)_3(k-2)^{p+1} \pm \ldots$$
$$-(p+1)k^p + 2(p+1)_2(k-1)^p - 3(p+1)_3(k-2)^p \pm \ldots$$

Addiren wir, so zerstören die erste und die vierte Zeile einander, und die Summe der 2ten und 3ten ist:

$$(k+1)^{p+1} - (p+2)_1 k^{p+1} + (p+2)_2(k-1)^{p+1} - (p+2)_3(k-2)^{p+1} \pm \ldots$$

also $= \overset{p+1}{A}_{k+1}$ und somit haben wir:

$$(34) \qquad \overset{p+1}{A}_{k+1} = (p+1-k)\overset{p}{A}_k + (k+1)\overset{p}{A}_{k+1}.$$

Aus (32) folgt:

$$(35) \qquad \overset{p}{A}_0 = 0 \quad \overset{p}{A}_1 = 1$$

und nach dem Arndtschen Satze:

$$(36) \qquad \overset{p}{A}_k = 0 \text{ für } k \geqq p+1,$$

somit aus (34) für $k = p$:

$$(37) \qquad \overset{p+1}{A}_{p+1} = \overset{p}{A}_p = \overset{p-1}{A}_{p-1} = \ldots = \overset{1}{A}_1 = 1.$$

Die Gleichung (34) folgt aber auch aus (30) (mit $p-1$ statt p), wenn man:

$$(38) \qquad \overset{p}{C}_k = (-1)^k \overset{p+1}{A}_{k+1}$$

setzt und da noch nach (35) und (37)

$$\overset{2}{A}_1 = 1, \quad \overset{2}{A}_2 = 1$$

und aus (31):

$$\overset{1}{C}_0 = 1, \quad \overset{1}{C}_1 = -1,$$

welche Werthe die Gleichung (38) erfüllen, so ist letztere überhaupt richtig. Mittels derselben und aus der für gerades und ungerades p geltenden:

$$(39) \qquad \overset{p}{C}_{p-h} = (-1)^p \overset{p}{C}_h$$

folgt dann:

$$\overset{p+1}{A}_{p+1-h} = \overset{p+1}{A}_{h+1}$$

oder mit p statt $p+1$, h statt $h+1$:

$$\overset{p}{A}_{p+1-h} = \overset{p}{A}_{h} \tag{40}$$

welche Gleichung also für gerades oder ungerades p gilt.

Einige Werthe der Zahlen $\overset{p}{A}_k$ sind:

$$\overset{1}{A}_1 = 1;\ \overset{2}{A}_1 = 1;\ \overset{3}{A}_1 = 1,\ \overset{3}{A}_2 = 4;\ \overset{4}{A}_1 = 1,\ \overset{4}{A}_2 = 11;$$

$$\overset{5}{A}_1 = 1,\ \overset{5}{A}_2 = 26,\ \overset{5}{A}_3 = 66;\ \overset{6}{A}_1 = 1,\ \overset{6}{A}_2 = 57,\ \overset{6}{A}_3 = 302;$$

$$\overset{7}{A}_1 = 1,\ \overset{7}{A}_2 = 120,\ \overset{7}{A}_3 = 1191,\ \overset{7}{A}_4 = 2416.$$

Die Substitution von $\overset{p}{C}_k$ aus (38) in (28) $(c_k = \overset{p}{C}_k)$ giebt: für gerades p:

$$\nabla^p \varphi(v) = \frac{\overset{p+1}{A}_1(1+v^p) - \overset{p+1}{A}_2(v+v^{p-1}) + \overset{p+1}{A}_3(v^2+v^{p-2}) \mp \dots \pm A_{\frac{p}{2}+1}\, v^{\frac{p}{2}}}{(1+v)^{p+2}}, \tag{41}$$

für ungerades p:

$$\nabla^p \varphi(v) = \frac{\overset{p+1}{A}_1(1-v^p) - \overset{p+1}{A}_2(v-v^{p-1}) \pm \dots \pm \overset{p+1}{A}_{\frac{p+1}{2}}\left(v^{\frac{p-1}{2}} - v^{\frac{p+1}{2}}\right)}{(1+v)^{p+2}}, \tag{42}$$

und die Substitution dieser Werthe in (12) giebt die independente Darstellungsweise:

$$\text{LII} \quad (-1)^{n-1}\beta_n = 2\left\{ \overset{2n-1}{A}_1 - \overset{2n-1}{A}_2 \pm \dots + (-1)^{n-2}\overset{2n-1}{A}_{n-1} + (-1)^{n-1}\tfrac{1}{2}\overset{2n-1}{A}_n \right\},$$

während die andere Gleichung zu einer Identität zusammenfällt (oder neu bewiesen ist). Die Formel LII ist von Laplace aufgestellt[1]) und es ist uns also gelungen, die so verschieden aussehenden Formeln von Eytelwein und Laplace (LI und LII) aus derselben Quelle (nämlich mittels der Darstellungen in (12)) abzuleiten.

---

[1]) Siehe Mémoire sur l'usage etc., in den Mém. de l'Acad. des Sciences à Paris 1777, p. 99 ff. (insbesondere p. 106 bis 109), oder Lacroix, Traité des différences t. III 2de Edit. p. 114.

§ 9.

Formeln, die durch den Mac-Laurinschen Lehrsatz gewonnen sind.

Fasst man die Gleichungen [1]):

$$(1)\qquad f_1(x) = \frac{2}{e^x + e^{-x}} = 1 - \alpha_1 \frac{x^2}{2!} + \alpha_2 \frac{x^4}{4!} - \alpha_3 \frac{x^6}{6!} \pm \cdots$$

$$(2)\qquad f_2(x) = \frac{e^x - e^{-x}}{e^x + e^{-x}} = \beta_1 x - \beta_2 \frac{x^3}{3!} + \beta_3 \frac{x^5}{5!} - \beta_4 \frac{x^7}{7!} \pm \cdots$$

$$(3)\qquad f_3(x) = \sec x \qquad = 1 + \alpha_1 \frac{x^2}{2!} + \alpha_2 \frac{x^4}{x!} + \alpha_3 \frac{x^6}{6!} + \cdots$$

$$(4)\qquad f_4(x) = \operatorname{tg} x \qquad = \beta_1 x + \beta_2 \frac{x^3}{3!} + \beta_3 \frac{x^5}{5!} + \beta_4 \frac{x^7}{7!} + \cdots$$

$$(5)\qquad f_5(x) = \operatorname{tg}\left(\frac{\pi}{4} + \frac{x}{2}\right) = 1 + \gamma_1 x + \gamma_2 \frac{x^2}{2!} + \gamma_3 \frac{x^3}{3!} + \cdots$$

ins Auge, vermöge deren die Functionen $f_1(x)$ u. s. w. nach Potenzen von x entwickelt sind, so erkennt man, dass die Entwickelung der Functionen $f_1(x)$ u. s. w. in die Mac-Laurinsche Reihe zu einer directen Darstellung der α und β führen muss, wenn es gelingt, die höheren Differentialquotienten von $f_1(x)$ u. s. w. (für $x = 0$) in unabhängiger Art zu erhalten. Dies ist für die Functionen $f_1(x)$ und $f_2(x)$ von Scherk [2]), für die Functionen $f_3(x)$, $f_4(x)$, $f_5(x)$ von Schlömilch [3]) durchgeführt worden.

Sei $y = e^x$ und Y eine Function von y, also auch mittelbar von x; wir stellen uns die Aufgabe $\frac{d^n Y}{dx^n}$ auszudrücken. [4]) Es ist:

$$y = e^x, \; \frac{d^k y}{dx^k} = y,$$

---

[1]) Die Gleichungen (3), (4), (5) sind identisch mit den Gleichungen (1), (2), (4) des § 4; die Richtigkeit der Gleichungen (1) und (2) erkennt man (falls man nicht in (3) und (4) ix statt x einsetzen mag), indem man mit dem Nenner der linken Seite heraufmultiplicirt, für e^x und e^{-x} die Reihen einsetzt, die Coefficienten von x^{2m}, bez. x^{2m+1} beiderseits vergleicht und sich von der Identität der entstehenden Recursionsformeln für die α und die β mit XIII, bez XIV (§ 4) überzeugt.

[2]) Math. Abhdl., Berlin 1825, erste Abhandlung (vgl. oben § 4). Schlömilch stellt die in Rede stehende Ableitung in kürzerer Art dar (J. für Math. Bd. 32 (1846), S. 360), citirt dabei aber irrthümlicher Weise statt der genannten Scherkschen Abhdl. diejenige desselben Verfassers im 4ten Bande des Journals für Mathematik.

[3]) Grunerts Archiv 16ter Bd. (1850), S. 411.

[4]) Vgl. Schlömilch, Compend. der höh. Analysis II, Abhandl. über die höheren Differentialquotienten.

folglich nach und nach:

$$\frac{dY}{dx} = y\,\frac{dY}{dy}$$

$$\frac{d^2Y}{dx^2} = y\,\frac{dY}{dy} + y^2\,\frac{d^2Y}{dy^2}$$

$$\frac{d^3Y}{dx^3} = y\,\frac{dY}{dy} + 3y^2\,\frac{d^2Y}{dy^2} + y^3\,\frac{d^3Y}{dy^3}$$

$$\frac{d^4Y}{dx^4} = y\,\frac{dY}{dy} + 7y^2\,\frac{d^2Y}{dy^2} + 6y^3\,\frac{d^3Y}{dy^3} + y^4\,\frac{d^4Y}{dy^4}$$

und in allgemeiner Form:

$$(6)\qquad \frac{d^pY}{dx^p} = \frac{\overset{p}{a}_1}{1}\,y\,\frac{dY}{dy} + \frac{\overset{p}{a}_2}{2!}\,y^2\,\frac{d^2Y}{dy^2} + \frac{\overset{p}{a}_3}{3!}\,y^3\,\frac{d^3Y}{dy^3} + \ldots + \frac{\overset{p}{a}_p}{p!}\,y^p\,\frac{d^pY}{dy^p}$$

so dass:

$$(7)\qquad \overset{1}{a}_1 = \overset{p}{a}_1 = 1,\ \overset{2}{a}_2 = 2,\ \overset{3}{a}_2 = 6,\ \overset{3}{a}_3 = 6 \text{ u. s. w. } \overset{p}{a}_{p+1} = 0$$

ist. Differentiirt man noch einmal nach x, so gelangt man leicht zu der Recursionsformel:

$$(8)\qquad \overset{p+1}{a}_k = k\,(\overset{p}{a}_k + \overset{p}{a}_{k-1});$$

dieselbe stimmt mit § 8, (17) überein, und da auch, wie dort $\overset{p}{a}_1 = 1$, $\overset{p}{a}_{p+1} = 0$, so sind die Zahlen $\overset{p}{a}_k$ hier und dort identisch und also durch die Recursionsformel (8) oder durch die Gleichung (§ 8, (16)):

$$(9)\qquad \overset{p}{a}_k = k^p - (k)_1\,(k-1)^p + (k)_2\,(k-2)^p \mp \ldots + (-1)^{k-1}\,(k)_{k-1}\,1^p$$

bestimmt. [1])

---

[1]) Scherk macht darauf aufmerksam, dass die Grössen $\overset{p}{a}_k$ sich auch in combinatorischer Weise gewinnen lassen. Versteht man nämlich unter $C_h\,(1, n)$ die Summe der Combinationen mit Wiederholungen der Elemente $1, 2, 3 \ldots n$ in der $h$ten Klasse, also z. B.

$$C_2\,(1, 3) = 1\,.\,1 + 1\,.\,2 + 1\,.\,3 + 2\,.\,2 + 2\,.\,3 + 3\,.\,3 = 25$$

so ist, wie leicht zu übersehen:

$$(\text{a})\qquad C_h\,(1, n) = C_h\,(1, n-1) + n\,C_{h-1}\,(1, n)$$

oder auch:

$$(\text{b})\qquad C_{p-k}\,(1, k+1) = C_{p-k}\,(1, k) + (k+1)\,C_{p-k-1}\,(1, k+1);$$

setzen wir nun:

$$(\text{c})\qquad C_{p-k}\,(1, k+1) = \overset{p}{c}_k,$$

Setzen wir nun zuerst:

(10) $$Y = f_1(x) = \frac{2}{e^x + e^{-x}} = \frac{2y}{1+y^2}$$

so haben wir, um (6) verwenden zu können, die Differentialquotienten von Y nach y zu bilden; doch brauchen wir ihre Werthe nur für $x = 0$ oder $y = 1$. Aus (10) erhält man durch fortgesetzte Differentiation:

(11) $$\begin{cases} (1+y^2)\,Y - 2y = 0 \\ (1+y^2)\dfrac{dY}{dy} + 2yY - 2 = 0 \\ (1+y^2)\dfrac{d^2Y}{dy^2} + 4y\dfrac{dY}{dy} + 2Y = 0 \\ (1+y^2)\dfrac{d^kY}{dy^k} + 2ky\dfrac{d^{k-1}Y}{dy^{k-1}} + k(k-1)\dfrac{d^{k-2}Y}{dy^{k-2}} = 0. \end{cases}$$

Setzt man in diesen Gleichungen $y = 1$, und bezeichnet der Kürze wegen:

$$\left[\frac{d^kY}{dy^k}\right]_{y=1} \text{ mit } Y_k,$$

so erhält man successive:

(12) $$Y_0 = 1,\ Y_1 = 0,\ Y_2 = -\frac{2!}{2},\ Y_3 = \frac{3!}{2},\ Y_4 = -\frac{4!}{2^2},$$

und aus der letzten (11)

(13) $$2Y_k + 2kY_{k-1} + k(k-1)\,Y_{k-2} = 0.$$

---

so geht Gleichung (b) in:

$$\overset{p}{c}_k = \overset{p-1}{c}_{k-1} + (k+1)\,\overset{p-1}{c}_k$$

d. i. in Gleichung § 8, (15) über, und da auch noch:

$$C_p(1, 1) = 1^p = 1,\ \overset{p}{c}_0 = 1$$

und wie aus (a) für $h = 1$ folgt:

$$C_0(1, n) = \frac{1}{n}\Big\{(1+2+3+\ldots+n) - (1+2+3+\ldots+\{n-1\})\Big\} = 1,\ \overset{p}{c}_p = 1$$

ist, so ist die Grösse $\overset{p}{c}_k$ der Gleichung (c) mit der dortigen identisch und daher nach Gleichung (19) des § 8:

(d) $$\overset{p}{a}_k = k!\,C_{p-k}(1, k)$$

B. $\overset{5}{a}_3 = 6\,C_2(1, 3) = 150.$

Die Werthe (12) lassen sich durch die Gleichung

$$Y_k = (-1)^k \frac{\cos\left(\frac{k+1}{4}\pi\right).k!}{2^{\frac{k-1}{2}}} \tag{14}$$

zusammenfassen, welche demnach für die Werthe $k = 1, 2, 3, 4$ (auch für $k = 0$) gilt. Nehmen wir an, sie gelte (kurz ausgedrückt) für die Werthe $k = 1, 2$ bis $k - 1$ einschliesslich und setzen wir diese Werthe in (13), so erhalten wir:

$$(-1)^k Y_k = k!\frac{\cos\left(\frac{k\pi}{4}\right)}{2^{\frac{k-2}{2}}} - k!\frac{\left(\cos\frac{k-1}{4}\pi\right)}{2.2^{\frac{k-3}{2}}} = \frac{k!}{2^{\frac{k-1}{2}}}\left(\sqrt{2}\cos\left(\frac{k\pi}{4}\right) - \cos\left(\frac{k-1}{4}\pi\right)\right)$$

da aber die Klammer, wie leicht darzuthun, soviel als $\cos\frac{(k+1)\pi}{4}$ ist, so ist die Allgemeingültigkeit der Gleichung (14) nachgewiesen.

Nun ist aus (1), wenn wir die Bedeutung $Y = f_1(x)$ festhalten:

$$\left[\frac{d^p Y}{dx^p}\right]_{x=0} = \begin{cases}(-1)^{\frac{p}{2}}\alpha_{\frac{p}{2}} & \dots\ p \text{ gerade} \\ 0 & \dots\dots\ p \text{ ungerade}\end{cases} \tag{15}$$

also für $p = 2m,\ 2m+1$:

LIII $$(-1)^{m-1}\alpha_m = \overset{2m}{a}_1\frac{\cos\frac{2\pi}{4}}{\sqrt{2}^{\,0}} - \overset{2m}{a}_2\frac{\cos\frac{3\pi}{4}}{\sqrt{2}} + \overset{2m}{a}_3\frac{\cos\frac{4\pi}{4}}{\sqrt{2}^{\,2}} - \overset{2m}{a}_4\frac{\cos\frac{5\pi}{4}}{\sqrt{2}^{\,3}} \pm \dots - \overset{2m}{a}_{2m}\frac{\cos\frac{(2m+1)}{4}\pi}{\sqrt{2}^{\,2m}};$$

LIII$_a$ $$0 = \overset{2m+1}{a}_1\frac{\cos\frac{2\pi}{4}}{\sqrt{2}^{\,0}} - \overset{2m+1}{a}_2\frac{\cos\frac{3\pi}{4}}{\sqrt{2}} + \overset{2m+1}{a}_3\frac{\cos\frac{4\pi}{4}}{\sqrt{2}^{\,2}} - \overset{2m+1}{a}_4\frac{\cos\frac{5\pi}{4}}{\sqrt{2}^{\,3}} \pm \dots + \overset{2m+1}{a}_{2m+1}\frac{\cos\frac{(2m+2)}{4}\pi}{\sqrt{2}^{\,2m}};$$

oder:

LIII' $$(-1)^{m-1}\alpha_m = \frac{\overset{2m}{a}_2}{2} - \frac{\overset{2m}{a}_3}{2} + \frac{\overset{2m}{a}_4}{4} - \frac{\overset{2m}{a}_6}{8} + \frac{\overset{2m}{a}_7}{8} \mp \dots$$

LIII'$_a$ $$0 = \frac{\overset{2m+1}{a}_2}{2} - \frac{\overset{2m+1}{a}_3}{2} + \frac{\overset{2m+1}{a}_4}{4} - \frac{\overset{2m+1}{a}_6}{8} + \frac{\overset{2m+1}{a}_7}{8} \mp \dots$$

Dies sind also unabhängige Darstellungen für die Eulerschen Zahlen.

Setzen wir nunmehr:

$$(16) \qquad Y = f_2(x) = \frac{e^x - e^{-x}}{e^x + e^{-x}} = 1 - \frac{2}{1+y^2},$$

so treten bei gleicher Art des Verfahrens an Stelle der Gleichungen (12), (13) und (14) folgende

$$(17) \qquad Y_0 = 0,\ Y_1 = 1,\ Y_2 = -1,\ Y_3 = 0,\ Y_4 = \frac{4!}{2^2},\ Y_5 = -\frac{5!}{2^2}$$

$$(18) \qquad 2Y_k + 2kY_{k-1} + k(k-1)\,Y_{k-2} = 0$$

und hiermit allgemein

$$(19) \qquad Y_k = (-1)^{k-1} \frac{\sin\left(\frac{k+1}{4}\pi\right) k!}{2^{\frac{k-1}{2}}}.$$

Nunmehr folgt aus (2):

$$(20) \qquad \left[\frac{d^pY}{dx^p}\right]_{x=0} = \begin{cases} (-1)^{\frac{p-1}{2}} \beta_{\frac{p+1}{2}} & \ldots\ p \text{ ungerade} \\ 0 & \ldots\ldots\ldots\ p \text{ gerade} \end{cases}$$

also ist nach (6) für $p = 2m - 1,\ 2m$:

$$\text{LIV} \quad (-1)^{m-1}\beta_m = \overset{2m-1}{a_1} \frac{\sin\frac{2\pi}{4}}{\sqrt{2}^0} - \overset{2m-1}{a_2} \frac{\sin\frac{3\pi}{4}}{\sqrt{2}} + \overset{2m-1}{a_3} \frac{\sin\frac{4\pi}{4}}{\sqrt{2}^2} - \overset{2m-1}{a_4} \frac{\sin\frac{5\pi}{4}}{\sqrt{2}^3} \pm \cdots + \overset{2m-1}{a_{2m-1}} \frac{\sin\frac{2m\pi}{4}}{\sqrt{2}^{2m-2}}.$$

$$\text{LIV}_a \quad 0 = \overset{2m}{a_1} \frac{\sin\frac{2\pi}{4}}{\sqrt{2}^0} - \overset{2m}{a_2} \frac{\sin\frac{3\pi}{4}}{\sqrt{2}} + \overset{2m}{a_3} \frac{\sin\frac{4\pi}{4}}{\sqrt{2}^2} - a_4 \frac{\sin\frac{5\pi}{4}}{\sqrt{2}^3} \pm \cdots - \overset{2m}{a_{2m}} \frac{\sin\frac{(2m+1)\pi}{4}}{\sqrt{2}^{2m-1}};$$

oder:

$$\text{LIV}' \quad (-1)^{m-1}\beta_m = \frac{\overset{2m-1}{a_1}}{1} - \frac{\overset{2m-1}{a_2}}{2} + \frac{\overset{2m-1}{a_4}}{4} - \frac{\overset{2m-1}{a_5}}{4} + \frac{\overset{2m-1}{a_6}}{8} - \frac{\overset{2m-1}{a_8}}{16} \pm \cdots$$

$$\text{LIV}'_a \quad 0 = \frac{\overset{2m}{a_1}}{1} - \frac{\overset{2m}{a_2}}{2} + \frac{\overset{2m}{a_4}}{4} - \frac{\overset{2m}{a_5}}{4} + \frac{\overset{2m}{a_6}}{8} - \frac{\overset{2m}{a_8}}{16} \pm \cdots$$

Ausser diesen Formeln enthält die Scherksche Abhandlung noch andere, welche aus LIII und LIV durch Trennung und anderweitige Zusammenfassung ihrer Glieder mit Benutzung von $\mathrm{LIII_a}$ und $\mathrm{LIV_a}$ (oder ähnlichen) hervorgehen und hier übergangen werden mögen.[1])

Die Entwickelungen von Schlömilch bedürfen der höheren Differentialquotienten von $\sin^k x$ für $x = 0$. Es ist nach bekannten Formeln

für ungerades k:

$$(21)\qquad (-1)^{\frac{k-1}{2}}\, 2^{k-1} \sin^k x = \sin kx - (k)_1 \sin (k-2)\, x + (k)_2 \sin (k-4)\, x \mp \ldots + (-1)^{\frac{k-1}{2}} (k)_{\frac{k-1}{2}} \sin x,$$

für gerades k:

$$(22)\qquad (-1)^{\frac{k}{2}}\, 2^{k-1} \sin^k x = \cos kx - (k)_1 \cos (k-2)\, x + (k)_2 \cos (k-4)\, x \mp \ldots + (-1)^{\frac{k}{2}-1} (k)_{\frac{k}{2}-1} \cos 2x + (-1)^{\frac{k}{2}} \tfrac{1}{2} (k)_{\frac{k}{2}};$$

ferner:

$$(23)\qquad \frac{d^p \sin ax}{dx^p} = \begin{cases} (-1)^{\frac{p-1}{2}} a^p \cos ax & \ldots\ p \text{ ungerade} \\ (-1)^{\frac{p}{2}} a^p \sin ax & \ldots\ p \text{ gerade} \end{cases}$$

und:

$$(24)\qquad \frac{d^p \cos ax}{dx^p} = \begin{cases} (-1)^{\frac{p+1}{2}} a^p \sin ax & \ldots\ p \text{ ungerade} \\ (-1)^{\frac{p}{2}} a^p \cos ax & \ldots\ p \text{ gerade.} \end{cases}$$

Differentiiren wir nun (21) und (22) p mal nach x und führen die Bezeichnung ein:

$$(25)\qquad \overset{p}{G}_k = k^p - (k)_1 (k-2)^p + (k)_2 (k-4)^p \mp \ldots + \begin{cases} (-1)^{\frac{k-1}{2}} (k)_{\frac{k-1}{2}} \cdot 1^p & \ldots\ k \text{ ungerade} \\ (-1)^{\frac{k-2}{2}} (k)_{\frac{k}{2}-1}\, 2^p & \ldots\ k \text{ gerade} \end{cases}$$

so folgt:

$$(26)\qquad \left[D_x^p \sin^k x\right]_{x=0} = \frac{(-1)^{\frac{p-k}{2}}}{2^{k-1}} \cdot \overset{p}{G}_k \quad \ldots\ p + k \text{ gerade,}$$

$$(27)\qquad \left[D_x^p \sin^k x\right]_{x=0} = 0 \quad \ldots\ldots\ldots\ p + k \text{ ungerade.}$$

---

[1]) Die Gleichungen LIII′, LIII′a, LIV′, LIV′a finden sich auch bei Worpitzky als form. (81), (82), (86), (87).

Die erste Formel gilt also, wenn p und k gleichartig (beide gerade oder beide ungerade), die 2te, wenn p und k ungleichartig sind, wobei noch bemerkt werden mag, dass $\overset{p}{G}_k$ für ungleichartige p und k nicht verschwindet, so dass die Formeln (28) und (29) nicht in eine zusammengezogen werden können. Weiter ist:

$$\sin^k x = x^k \left(1 - \frac{x^2}{3!} + \frac{x^4}{5!} \mp \ldots\right)^k \tag{28}$$

$$= x^k - \frac{k}{6} x^{k+2} + \left(\frac{k}{120} + \frac{k(k-1)}{72}\right) x^{k+4} + \ldots$$

daher:

$$\text{für } p < k \qquad \left[D_x^p \sin^k x\right]_{x=0} = 0. \tag{29}$$

Jetzt ist nach Gleichung (3):

$$\left[D_x^{2n} \sec x\right]_{x=0} = \alpha_n \tag{30}$$

und nach dem binomischen Lehrsatz:

$$\sec x = \frac{1}{\sqrt{1-\sin^2 x}} = 1 + \frac{1}{2}\sin^2 x + \frac{1.3}{2.4}\sin^4 x + \frac{1.3.5}{2.4.6}\sin^6 x + \ldots \tag{31}$$

daher nach (26) mit Rücksicht auf (30):

$$\text{LV} \qquad (-1)^{n-1}\alpha_n = \frac{1}{2}\cdot\frac{1}{2}\overset{2n}{G}_2 - \frac{1.3}{2.4}\cdot\frac{1}{2^3}\overset{2n}{G}_4 + \frac{1.3.5}{2.4.6}\,\frac{1}{2^5}\overset{2n}{G}_6 \mp \ldots$$

$$+ (-1)^{n-1}\frac{1.3..(2n-1)}{2.4..(2n)}\cdot\frac{1}{2^{2n-1}}\overset{2n}{G}_{2n}.$$

Ferner ist nach (4)

$$\left[D_x^{2n-1} \operatorname{tg} x\right]_{x=0} = \beta_n \tag{32}$$

und wieder nach dem binomischen Lehrsatz

$$\operatorname{tg} x = \frac{\sin x}{\sqrt{1-\sin^2 x}} = \sin x + \frac{1}{2}\sin^3 x + \frac{1.3}{2.4}\sin^5 x + \ldots$$

daher:

$$\text{LVI} \qquad (-1)^{n-1}\beta_n = \overset{2n-1}{G}_1 - \frac{1}{2}\cdot\frac{1}{2^2}\overset{2n-1}{G}_3 + \frac{1.3}{2.4}\,\frac{1}{2^4}\overset{2n-1}{G}_5 \mp \ldots$$

$$+ (-1)^{n-1}\frac{1.3..(2n-3)}{2.4..(2n-2)}\,\frac{1}{2^{2n-2}}\overset{2n-1}{G}_{2n-1}.$$

Endlich ist nach (5):

$$\left[D_x^p \operatorname{tg}\left(\frac{\pi}{4}+\frac{x}{2}\right)\right]_{x=0}=\gamma_p \tag{33}$$

und:

$$\operatorname{tg}\left(\frac{\pi}{4}+\frac{x}{2}\right)=\frac{\cos x}{1-\sin x}=\cos x+\sin x\cos x+\sin^2 x\cos x+\sin^3 x\cos x+\ldots$$

Nun ist:

$$D_x \sin^k x = k\sin^{k-1}x\cos x,\quad \sin^k x\cos x=\frac{1}{k+1}D_x\sin^{k+1}x \tag{34}$$

daher nach (33):

$$\gamma_p=\left[D_x^{p+1}\left(\frac{\sin x}{1}+\frac{\sin^2 x}{2}+\frac{\sin^3 x}{3}+\cdots\right)\right]_{x=0},$$

und, wenn wir gerades und ungerades p trennen, wobei nach den Gleichungen (5) des § 4: $\gamma_{2n}=\alpha_n$, $\gamma_{2n-1}=\beta_n$ ist, folgt:

$$\text{LVII}\quad (-1)^n\alpha_n=\overset{2n+1}{G_1}-\frac{1}{3}\frac{1}{2^2}\overset{2n+1}{G_3}+\frac{1}{5}\frac{1}{2^4}\overset{2n+1}{G_5}\mp\ldots+(-1)^n\frac{1}{2n+1}\frac{1}{2^{2n}}\overset{2n+1}{G_{2n+1}}$$

und

$$\text{LVIII}\quad (-1)^{n-1}\beta_n=\frac{1}{2}\frac{1}{2^1}\overset{2n}{G_2}-\frac{1}{4}\frac{1}{2^3}\overset{2n}{G_4}+\frac{1}{6}\frac{1}{2^5}\overset{2n}{G_6}\mp\ldots+(-1)^{n-1}\frac{1}{2n}\frac{1}{2^{2n-1}}\overset{2n}{G_{2n}}.$$

Diese beiden Formeln haben, wie man sieht, einfachere Coefficienten als LV und LVI und alle vier Formeln haben vor LIII und LIV (oder LIII′ und LIV′) den Umstand voraus, dass die letztgenannten Scherkschen etwa ein und einhalbmal so viele Glieder haben als die obigen von Schlömilch herrührenden, und dass überdies $\overset{p}{G_k}$[1]) etwa nur halb so viele Summanden besitzt als $\overset{p}{a_k}$.

§ 10.

Princip der Coefficientenvergleichung.

Aus ähnlichem Grundsatz wie die Formeln des vorigen Paragraphen ist die nachfolgende, von Scherk[2]) aufgestellte Formel, für die unabhängige Darstellung der B. Z. entstanden, an welche sich gleichzeitig eine Formel

---

[1]) Die Veröffentlichung einer eingehenderen Untersuchung über die Grössen $\overset{p}{G_k}$ behält sich Verf. vor und theilt hier nur aus derselben die Recursionsformel:

$$\overset{p+2}{G_k}=k\left\{k\overset{p}{G_k}+4(k-1)\overset{p}{G_{k-2}}\right\}$$

mit.

[2]) Über einen allgemeinen die B. Z. und die Coefficienten der Secantenreihe zugleich darstellenden Ausdruck. J. für Math. Bd. 4, S. 299 (1829).

für die unabhängige Darstellung der Secantencoefficienten anschliesst. Diese Formeln beruhen auf der Entwickelung der Function y:

$$y = \frac{p-1}{p-e^u} \tag{1}$$

nach Potenzen von u, die bereits von Euler und später von Laplace[1]) ausgeführt worden ist. Da wir sowohl p wie u, um nicht unnütz weitschweifig zu werden, imaginäre Werthe zu geben beabsichtigen, ist es hier unabweisbar, die Entwickelbarkeit von y und die Begrenzung derselben nach den Elementen der Functionenlehre zu untersuchen. Zunächst sehen wir, dass für $p = 1$ eine Entwickelung nach steigenden Potenzen von u nicht möglich ist, denn in diesem Falle wäre:

$$\frac{1}{1-e^u} = \frac{1}{u}\left(1 + \frac{u}{2!} + \frac{u^2}{3!} + \frac{u^3}{4!} + \dots\right)^{-1}$$

also $\frac{p-1}{p-e^u}$ für $u = 0$ unbestimmt, und sonst Null. Wir schliessen daher den Werth $p = 1$ im Folgenden aus. Dagegen bemerken wir späterer Anwendung wegen: wenn p sehr nahe an 1 und u sehr klein, so dass $\frac{u}{p-1}$ ein endlicher echter Bruch, aber $\frac{u^n}{p-1}$ $(n = 2, 3, \dots)$ verschwindend klein ist, so wird:

$$y = \frac{p-1}{p-1-u} = 1 + \frac{u}{p-1} + \left(\frac{u}{p-1}\right)^2 + \left(\frac{u}{p-1}\right)^3 + \dots \tag{2}$$

Im Allgemeinen, d. h. wenn p verschieden von 1, ist für $u = 0$ der Werth von y gleich der Einheit, also ist eine Entwickelung nach Potenzen von u möglich, und zwar so lange, als der Betrag von u, den wir wie üblich mit $|u|$ bezeichnen, unterhalb desjenigen Werthes bleibt, für welchen der Betrag von $p - e^u$ zum ersten Male verschwindet. Sei nun

$$p = r(\cos\alpha + i\sin\alpha) \tag{3}$$

gegeben, und sei:

$$u = U + i\vartheta, \tag{4}$$

wo U und ϑ reelle Grössen sind. Dann ist:

$$|u| = +\sqrt{U^2 + \vartheta^2}, \tag{5}$$

und

$$p - e^u = r\cos\alpha - e^U\cos\vartheta + i(r\sin\alpha - e^U\sin\vartheta),$$

---

[1]) Calc. diff. II, cap. VII, § 173 ff. — Lacroix, Traité des différences (t. III des Traité du calcul diff. etc.) p. 107 ff. — Beide Citate rühren von Scherk her.

also:

(6) $$|p - e^u| = R = \sqrt{r^2 + e^{2U} - 2re^U\cos(\alpha - \vartheta)}$$
$$= \sqrt{(r - e^U)^2 + 4re^U\sin^2\frac{\alpha - \vartheta}{2}}.$$

Solange also nicht gleichzeitig

(7) $$\begin{cases} e^U = r \\ \vartheta = \alpha \end{cases}$$

ist, bleibt R positiv und y nach Potenzen von u entwickelungsfähig. In dem ausgeschlossenen Falle wäre

$$U^2 + \vartheta^2 = (\lg r)^2 + \alpha^2$$

also muss nach (5):

(8) $$|u| < \sqrt{(\lg r)^2 + \alpha^2}$$

sein.[1])

Wir gehen nun zur Entwickelung selbst über. Da eine Function, wenn überhaupt, sich nur auf eine Art nach Potenzen ihres Arguments entwickeln lässt, so sind die zu Grunde gelegten Voraussetzungen, falls sie nicht etwa mit den Bedingungen der Entwickelbarkeit, also hier mit (8) in Widerspruch gerathen, ohne Einfluss auf die Coefficienten. Wir nehmen p und u reell und positiv, und $p < 1$ an; dann ist von selbst $e^u > p$, und die Bedingung (8) verlangt nur noch, dass

$$u < \lg\left(\frac{1}{p}\right)$$

sei, was jedenfalls möglich zu machen geht. Dann ist:

(9) $$y = \frac{1-p}{e^u(1 - pe^{-u})} = (1-p)(e^{-u} + pe^{-2u} + p^2e^{-3u} + p^3e^{-4u} + \ldots)$$
$$= (1-p)\left\{\begin{array}{l} 1 - u + \frac{u^2}{2!} - \frac{u^3}{3!} \pm \ldots \\ + p - 2pu + 2^2p\frac{u^2}{2!} - 2^3p\frac{u^3}{3!} \pm \ldots \\ + p^2 - 3p^2u + 3^2p^2\frac{u^2}{2!} - 3^3p^2\frac{u^3}{3!} \pm \ldots \\ + p^3 - 4p^3u + 4^2p^3\frac{u^2}{2!} - 4^3p^3\frac{u^3}{3!} \pm \ldots \\ + \text{u. s. w.} \end{array}\right\}$$

---

[1]) Ob auch $|u| = \sqrt{(\lg r)^2 + \alpha^2}$ sein darf, mit anderen Worten, wie es mit der Entwickelungsfähigkeit auf der Peripherie des Convergenzkreises selbst sich verhält, kann hier ausser Betracht bleiben.

also, vertical addirt, wenn

(10) $$C_n = 1 + 2^n p + 3^n p^2 + 4^n p^3 + \dots \text{ in inf.}$$

gesetzt wird:

(11) $$y = (1-p)\left(C_0 - C_1 \frac{u}{1} + C_2 \frac{u^2}{2!} - C_3 \frac{u^3}{3!} \pm \dots\right).$$

Wir können nun statt der unendlichen Reihen C_n endliche Reihen uns verschaffen, wenn wir das Product $(1-p)^{n+1} C_n$ bilden. Multipliciren wir C_n mit:

$$(1-p)^{n+1} = 1 - (n+1)_1\, p + (n+1)_2\, p^2 \mp \dots \pm p^{n+1}$$

so ist der Coefficient $\overset{n}{A}_k$ von p^{k-1}:

(12) $$\overset{n}{A}_k = k^n - (n+1)_1\, (k-1)^n + (n+1)_2\, (k-2)^n \mp \dots \pm (n+1)_{k-1}\, 1^n.$$

Dies ist aber genau die Grösse, die schon in der Laplaceschen Formel (§ 8) gebraucht wird und (daselbst Gleichung (32)) ebenfalls mit $\overset{n}{A}_k$ bezeichnet wurde. Nach dem Arndtschen Satze ist:

$$\overset{n}{A}_k = 0 \text{ für } k > n$$

und somit:

(13) $$(1-p)^{n+1}\, C_n = \overset{n}{A}_1 + \overset{n}{A}_2 p + \overset{n}{A}_3 p^2 + \dots + \overset{n}{A}_n p^{n-1},$$

folglich:

(14) $$(-1)^n (1-p) \frac{C_n}{n!} = \frac{\overset{n}{A}_1 + \overset{n}{A}_2 p + \overset{n}{A}_3 p^2 + \dots + \overset{n}{A}_n p^{n-1}}{n!\,(p-1)^n} = A_n,$$

wenn wir die Abkürzung A_n einführen. Daher ist nach (11):

(15) $$\frac{p-1}{p-e^u} = 1 + A_1 u + A_2 u^2 + A_3 u^3 + \dots = 1 + \sum_1^{\infty} A_n\, u^n.$$

Aus den Gleichungen (35), (37) und (40) des § 8 wissen wir von den $\overset{n}{A}_k$, dass

(16) $$\overset{n}{A}_1 = \overset{n}{A}_n = 1$$

(17) $$\overset{n}{A}_{n+1-k} = \overset{n}{A}_k;$$

und ferner ist:

(18) $$\overset{n}{A}_1 + \overset{n}{A}_2 + \dots + \overset{n}{A}_n = n!$$

Nehmen wir nämlich p sehr wenig verschieden von 1 an, so unterscheidet sich der Zähler von A_n sehr wenig von $\sum_{k=1}^{n} \overset{n}{A}_k$, folglich ist dann nach (15):

$$y = 1 + \frac{\overset{1}{A}_1}{1} \cdot \frac{u}{p-1} + \frac{\overset{2}{A}_1 + \overset{2}{A}_2}{2!} \left(\frac{u}{p-1}\right)^2 + \sum_1^3 \frac{\overset{3}{A}_k}{3!} \left(\frac{u}{p-1}\right)^3 + \ldots,$$

und für ein sehr kleines u, wie es dann durch die Bedingung $u < \lg(1:p)$ geboten ist, zeigt der Vergleich mit (2), dass

$$\sum_1^n \frac{\overset{n}{A}_k}{n!} = 1$$

sein muss, wodurch (18) bewiesen ist.[1])

---

[1]) Dies lässt sich übrigens auch leicht aus der Definition der $\overset{n}{A}_k$ beweisen. — Die Gleichung (13) lässt sich auch in anderer Art als richtig erkennen, wobei das Auftreten der $\overset{n}{A}_k$ weniger auffallend erscheinen wird. Setzt man in Gleichung (7) des § 8 n statt p, $v = -p$ und versteht unter p wie oben im Text einen positiven echten Bruch, und nimmt y als ∞ an, so geht die linke Seite in C_n über; auf der rechten Seite fällt aber der erste Summand wegen des Factors v^y d. i. $(-p)^y$ fort, und wir erhalten die Gleichung:

(a) $$C_n = \nabla^{n-1} \varphi(-p).$$

Nun folgt aus (38) des § 8

$$\overset{n}{C}_k v^k = \overset{n+1}{A}_{k+1} p^k \qquad \left(k \leqq \frac{n}{2}\right)$$

und aus (39) desselben Paragraphen:

$$(-1)^n \overset{n}{C}_{n-h} v^h = \overset{n+1}{A}_{h+1} p^h; \qquad \left(h > \frac{n}{2}\right)$$

setzt man diese Werthe in die Gleichungen (20) des § 8 ein und $2k$ bez. $2k+1 = n$, so gelangt man zu der einen Gleichung:

$$\nabla^n \varphi(-p) = \frac{\overset{n+1}{A}_1 + \overset{n+1}{A}_2 p + \overset{n+1}{A}_3 p^2 + \ldots + \overset{n+1}{A}_{n+1} p^n}{(1-p)^{n+2}}$$

also mit $n-1$ statt n nach (a):

$$C_n = \frac{\overset{n}{A}_1 + \overset{n}{A}_2 p + \ldots + \overset{n}{A}_n p^{n-1}}{(1-p)^{n+1}}$$

und dies ist Gleichung (13) des Textes. —

Bei der Annahme $p > 1$, $p = 1:q$, wofür bei positivem u aus (8):

$$u < \lg p,\ e^u < p,\ e^{-u} > q$$

folgt, ist zunächst:

$$\frac{p-1}{p-e^u} = 1 - q + q \cdot \frac{q-1}{q-e^{-u}}$$

und lässt sich sodann $(q-1):(q-e^{-u})$ nach der im Texte für $(p-1):(p-e^u)$ angewandten Methode entwickeln, man erhält somit (wenn q zuletzt wieder

Wir wenden nun die Gleichung (15) an. Wir setzen:

(19) $$p = i,\ u = ix,$$

wobei x positiv sein möge, dann ist nach (3) und (4):

$$r = 1,\ \alpha = \frac{\pi}{2},\ U = 0,\ \vartheta = x,\ |u| = x$$

und es muss also nach (8):

(20) $$x < \frac{\pi}{2}$$

angenommen werden. Wir bilden zuerst A_n und nehmen darin die beiden Glieder:

(21) $$\overset{n}{A}_k\, p^{k-1} + \overset{n}{A}_{n+1-k}\, p^{n-k} = \overset{n}{A}_k\,(p^k + p^{n+1-k}) \cdot \frac{1}{p}$$

zusammen. Es ist:

$$p^k + p^{n+1-k} = \left\{\cos\left(\frac{k\pi}{2}\right) + \cos\left(\frac{(n+1-k)\pi}{2}\right)\right\} + i\left\{\sin\left(\frac{k\pi}{2}\right) + \sin\left(\frac{(n+1-k)\pi}{2}\right)\right\}$$

d. i. nach bekannten Formeln:

$$= 2\left\{\cos\left(\frac{n+1}{4}\pi\right) + i\sin\left(\frac{n+1}{4}\pi\right)\right\}\cos\left(\frac{n+1-2k}{4}\pi\right),$$

ferner:

$$p - 1 = i - 1 = \sqrt{2}\left(\cos\frac{3\pi}{4} + i\sin\frac{3\pi}{4}\right)$$

$$(p-1)^{-n} = \frac{1}{2^{\frac{n}{2}}}\left(\cos\frac{3n\pi}{4} - i\sin\frac{3n\pi}{4}\right)$$

und

$$i^{n-1} = \cos\frac{(n-1)\pi}{2} + i\sin\frac{(n-1)\pi}{2},$$

also:

(22) $$\frac{\overset{n}{A}_k\, p^{k-1} + \overset{n}{A}_{n+1-k}\, p^{n-k}}{(p-1)^n}\, u^n = 2\,\overset{n}{A}_k \frac{\cos\frac{\pi}{4} - i\sin\frac{\pi}{4}}{2^{\frac{n}{2}}} \cos(n+1-2k)\frac{\pi}{4} \cdot x^n$$

$$= 2\,\overset{n}{A}_k \frac{1-i}{2^{\frac{n+1}{2}}} \cos(n+1-2k)\frac{\pi}{4} \cdot x^n.$$

$= 1:p$ gesetzt wird) eine andere Form der Entwickelung für $(p-1):(p-e^u)$ und aus dem Vergleich der beiden Darstellungen, die realiter übereinstimmen müssen, erschliesst Scherk ohne vorangehende Kenntniss der $\overset{n}{A}_k$ die Richtigkeit der Gleichung (17):

$$\overset{n}{A}_{n+1-k} = \overset{n}{A}_k.$$

Ist n gerade $= 2m$, so ist hierin $k = 1, 2 \ldots m$ zu setzen und es ist dann:

$$\cos(2m+1-2k)\frac{\pi}{4} = +\sqrt{\tfrac{1}{2}}, \text{ wenn } 2m+1-2k \text{ von der Form } 8h \pm 1 \text{ ist,}$$

$$\cos(2m+1-2k)\frac{\pi}{4} = -\sqrt{\tfrac{1}{2}}, \quad „ \quad „ \quad „ \quad „ \quad „ \quad 8h \pm 3 \text{ „.}$$

Daher ist, wenn $A_n\, i^n$ in (15) mit E_n bezeichnet, also:

$$\frac{p-1}{p-e^u} = 1 + \sum_1^\infty E_n\, x^n \tag{23}$$

gesetzt wird:

$$E_{2m} = \frac{1-i}{2^m (2m)!}\left(\overset{2m}{A}_m - \overset{2m}{A}_{m-1} - \overset{2m}{A}_{m-2} + \overset{2m}{A}_{m-3} + - - + \text{etc.} \pm \overset{2m}{A}_1\right). \tag{24}$$

Ist hingegen n ungerade $= 2m - 1$, so hat man wieder in (22) $k = 1, 2, \ldots m$ zu setzen und die Gleichungen zu addiren, aber von dem letzten Summanden nur die Hälfte zu nehmen. Dabei ist:

$$\cos(2m - 2k)\frac{\pi}{4} = (-1)^{\frac{m-k}{2}}, \text{ wenn } m - k \text{ gerade ist,}$$

$$\cos(2m - 2k)\frac{\pi}{4} = 0, \qquad \text{ wenn } m - k \text{ ungerade ist.}$$

Daher der Coefficient von x^{2m-1} in (23):

$$E_{2m-1} = \frac{1-i}{2^{m-1}(2m-1)!}\left(\tfrac{1}{2}\overset{2m-1}{A}_m - \overset{2m-1}{A}_{m-2} + \overset{2m-1}{A}_{m-4} - \overset{2m-1}{A}_{m-6} \pm \ldots \pm \begin{Bmatrix} \overset{2m-1}{A}_1 \\ \overset{2m-1}{A}_2 \end{Bmatrix}\right). \tag{25}$$

Nun ist für die Werthe (19):

$$\frac{p-1}{p-e^u} = \frac{i-1}{i - \cos x - i \sin x} = \frac{1-i}{2}(\sec x + \operatorname{tg} x + i),$$

also (nach den Bezeichnungen in (1) und (2) des § 4):

$$\frac{p-1}{p-e^u} = 1 + \frac{1-i}{2}\left(\sum_1^\infty \alpha_m \frac{x^{2m}}{(2m)!} + \sum_1^\infty \beta_m \frac{x^{2m-1}}{(2m-1)!}\right). \tag{26}$$

Der Vergleich der rechten Seiten von (23) und (26) liefert nun mittels (24) und (25) die Gleichungen:

$$\text{LIX} \qquad \alpha_m = \frac{1}{2^{m-1}}\left(\overset{2m}{A}_m - \overset{2m}{A}_{m-1} - \overset{2m}{A}_{m-2} + \overset{2m}{A}_{m-3} + - - + \text{etc.} \pm \overset{2m}{A}_1\right)$$

$$\text{LX} \qquad \beta_m = \frac{1}{2^{m-2}}\Bigg(\tfrac{1}{2}\overset{2m-1}{A}_m - \overset{2m-1}{A}_{m-2} + \overset{2m-1}{A}_{m-4} - \overset{2m-1}{A}_{m-6} \pm \ldots$$

$$+ \begin{cases} (-1)^{\frac{m-1}{2}}\, \overset{2m-1}{A}_1 \;.\;.\;. & m \text{ ungerade} \\ (-1)^{\frac{m-2}{2}}\, \overset{2m-1}{A}_2 \;.\;.\;. & m \text{ gerade.} \end{cases}\Bigg)$$

Die Formel LX ist wohl überhaupt die einfachste bisher für die unabhängige Darstellungsweise der Tangentencoefficienten (oder der B. Z.) aufgestellte, sie hat für β_m $\frac{m}{2}$ Summanden, während die Schlömilchsche LVIII m Summanden hat. Wenn man allerdings annimmt, dass die Zahlen $\overset{n}{A}_k$ bez. $\overset{n}{G}_k$ zum vorliegenden Zwecke erst berechnet werden müssen, so stehen sich diese beiden Formeln ziemlich gleich, denn wie der Vergleich der Gleichungen (12) und § 9, (25) zeigt, hat $\overset{2m-1}{A_k}$ k Summanden, $\overset{2m}{G_k}$ nur die Hälfte davon. Hingegen hat die Laplacesche LII m Glieder, die Scherksche LIV etwa $\frac{3m}{2}$, die Eytelweinsche LI $2m-1$ Glieder.

Auch die Gleichung LIX für α_m lässt sich, wie Worpitzky bemerkt, mittels der Gleichung (18), die sich auch für $n = 2m$ schreiben lässt:

$$(27)\qquad \overset{2m}{A_1} + \overset{2m}{A_2} + \ldots + \overset{2m}{A_m} = \tfrac{1}{2}\,.\,(2m)!$$

durch Addition oder Subtraction auf etwa die Hälfte der Glieder bringen[1]):

$$\text{LXI}\qquad \alpha_m + \frac{(2m)!}{2^m} = \frac{1}{2^{m-2}}\left(\overset{2m}{A_m} + \overset{2m}{A_{m-3}} + \overset{2m}{A_{m-4}} + \overset{2m}{A_{m-7}} + \overset{2m}{A_{m-8}} + \text{etc.}\right),$$

$$\text{LXII}\qquad \alpha_m - \frac{(2m)!}{2^m} = \frac{-1}{2^{m-2}}\left(\overset{2m}{A_{m-1}} + \overset{2m}{A_{m-2}} + \overset{2m}{A_{m-5}} + \overset{2m}{A_{m-6}} + \overset{2m}{A_{m-9}} + \overset{2m}{A_{m-10}} + \text{etc.}\right).$$

Mittels der recurrirenden Beziehung zwischen den A_r:

$$(28)\qquad A_n\,(1-p) + \frac{A_{n-1}}{1} + \frac{A_{n-2}}{2!} + \frac{A_{n-3}}{3!} + \ldots + \frac{A_1}{(n-1)!} + \frac{1}{n!} = 0,$$

welche sich aus (15) durch Multiplication mit dem Nenner und Reihenentwicklung von e^u leicht ableiten lässt, folgt noch eine Anzahl von Recursionsformeln für α_m und β_m, die theils von Scherk selbst, theils von Stern aufgefunden und von uns der Hauptsache nach in § 4 angegeben worden sind. — Die Substitution

$$p = -1,\; u = ix$$

in (15) führt zu der Laplaceschen Formel.

---

1) Siehe bei Worpitzky form. (84). — Die Scherksche Formel findet sich daselbst als form. (88).

§ 11.

Formeln, die mit Differenzenreihen im Zusammenhang stehen.

Bezeichnen wir die Glieder einer arithmetischen Reihe p^{ten} Grades mit $u, u_1, u_2, \ldots u_x$ und die Anfangsglieder der Differenzenreihen wie in § 5 mit $\triangle u, \triangle^2 u \ldots \triangle^p u$, so ist (s. daselbst Gleichung (8)):

(1) $$\triangle^k u = u_k - (k)_1\, u_{k-1} + (k)_2\, u_{k-2} \mp \ldots \pm (k)_k u \qquad k = 1, \ldots p$$

für $k > p$ aber: $\triangle^k u = 0$, ferner die Summe S_x der ersten x Glieder:

(2) $$S_x = (x)_1\, u + (x)_2\, \triangle u + (x)_3\, \triangle^2 u + \ldots + (x)_{p+1}\, \triangle^p u$$

und der Coefficient C_1 von x auf der rechten Seite dieser Gleichung:

(3) $$C_1 = u - \frac{\triangle u}{2} + \frac{\triangle^2 u}{3} \mp \ldots \pm \frac{\triangle^p u}{p+1}.$$

Sei nun die arithmetische Reihe p^{ten} Grades folgende:

$$1^p,\ 2^p,\ 3^p \ldots x^p;$$

dann ist:

$$u = 1^p,\ \triangle u = 2^p - 1^p = -(1^p - 2^p),\ \triangle^2 u = 3^p - 2 \,.\, 2^p + 1^p$$
$$= 1^p - 2 \,.\, 2^p + 3^p$$

und überhaupt:

$$\triangle^k u = (-1)^k \left(1^p - (k)_1\, 2^p + (k)_2\, 3^p \mp \ldots \pm (k)_k\, (k+1)^p\right)$$

oder wenn:

(4) $$\overset{p}{N}_k = \left(1^p - (k)_1\, 2^p + (k)_2\, 3^p \mp \ldots \pm (k)_k\, (k+1)^p\right)$$

gesetzt wird:

(5) $$\triangle^k u = (-1)^k\, \overset{p}{N}_k$$

und daraus nach (3) der Coefficient von x in der nach Potenzen von x entwickelten Summe $1^p + 2^p + \ldots + x^p$:

$$C_1 = 1 + \frac{\overset{p}{N}_1}{2} + \frac{\overset{p}{N}_2}{3} + \ldots + \frac{\overset{p}{N}_p}{p+1},$$

worin noch

(6) $$\overset{p}{N}_p = (-1)^p\, p!$$

gesetzt werden kann, weil $\triangle^p (x^p) = p!$ ist, während

(7) $$\overset{p}{N}_k = 0 \qquad k > p.$$

Andererseits ist nach den Gleichungen § 1 (14), (15), (16) der Coefficient von x in dem Summenausdruck für $1^p + 2^p + \dots + x^p$:

$$\text{für ein gerades } p \text{ gleich } (-1)^{\frac{p}{2}+1} B_{\frac{p}{2}}$$
$$\text{für ein ungerades } p \text{ gleich } 0.$$

Demnach ist, wenn $p = 2m$ gesetzt wird:

LXIII $$(-1)^{m+1} B_m = 1 + \frac{\overset{2m}{N_1}}{2} + \frac{\overset{2m}{N_2}}{3} + \dots + \frac{\overset{2m}{N_{2m}}}{2m+1}$$

LXIII$_a$ $$0 = 1 + \frac{\overset{2m-1}{N_1}}{2} + \frac{\overset{2m-1}{N_2}}{3} + \dots + \frac{\overset{2m-1}{N_{2m-1}}}{2m}.$$

Die erste dieser Gleichungen giebt eine independente Darstellung für B_m an, welche noch vereinfacht werden kann. Zu dem Zweck drücken wir zuerst die Grössen $\overset{p}{N}_k$ durch die uns schon bekannten $\overset{p}{a}_k$ aus. Der Vergleich der Definitionsgleichungen (4) und § 8 (16):

$$\overset{p}{N}_k = 1^p - (k)_1\, 2^p + (k)_2\, 3^p \mp \dots \pm (k)_k\, (k+1)^p$$
$$\overset{p}{a}_k = (-1)^{k-1} \left\{ (k)_1\, 1^p - (k)_2\, 2^p + (k)_3\, 3^p \mp \dots \mp (k)_k\, k^p \right\}$$
$$= (-1)^{k-1} k \left\{ 1^{p-1} - (k-1)_1\, 2^{p-1} + (k-1)_2\, 3^{p-1} \mp \dots \mp (k-1)_{k-1} k^{p-1} \right\}$$

ergiebt sofort:

(8)$_a$ $$\overset{p}{a}_k = (-1)^{k-1}\, k\, \overset{p-1}{N}_{k-1}$$

oder:

(8)$_b$ $$\overset{p}{N}_k = (-1)^k\, \frac{\overset{p+1}{a}_{k+1}}{k+1}.$$

Hierdurch nehmen die obigen Gleichungen die Form an[1]):

LXIII′ $$(-1)^{m+1} B_m = \frac{\overset{2m+1}{a_1}}{1^2} - \frac{\overset{2m+1}{a_2}}{2^2} + \frac{\overset{2m+1}{a_3}}{3^2} \mp \dots + \frac{\overset{2m+1}{a_{2m+1}}}{(2m+1)^2}$$

LXIII′$_a$ $$0 = \frac{\overset{2m}{a_1}}{1^2} - \frac{\overset{2m}{a_2}}{2^2} + \frac{\overset{2m}{a_3}}{3^2} \mp \dots - \frac{\overset{2m}{a_{2m}}}{(2m)!}.$$

---

[1]) Die erste dieser beiden Gleichungen findet sich bei Worpitzky als form. (61).

Schreibt man nun die Gleichung (17) des § 8 in der Form:

$$\frac{\overset{p+1}{a}_k}{k} = \overset{p}{a}_{k-1} + \overset{p}{a}_k,$$

setzt darin $k = 1, 2, \ldots p+1$ und multiplicirt die entstehenden Gleichungen erstens abwechselnd mit $+1$ und -1, so erhält man:

$$\overset{p+1}{a}_1 - \frac{\overset{p+1}{a}_2}{2} + \frac{\overset{p+1}{a}_3}{3} \mp \ldots \pm \frac{\overset{p+1}{a}_{p+1}}{p+1} = 0$$

also auch:

$$(9) \qquad \frac{\overset{p}{a}_1}{1} - \frac{\overset{p}{a}_2}{2} + \frac{\overset{p}{a}_3}{3} \mp \ldots + (-1)^{p+1} \frac{\overset{p}{a}_p}{p} = 0$$

und zweitens bez. mit $1, -\frac{1}{2}, \frac{1}{3}, -\frac{1}{4}, \ldots \frac{(-1)^p}{p+1}$, so erhält man mit Rücksicht auf die eben gefundene (9):

$$(10) \qquad \frac{\overset{p+1}{a}_1}{1^2} - \frac{\overset{p+1}{a}_2}{2^2} + \frac{\overset{p+1}{a}_3}{3^2} \mp \ldots + (-1)^p \frac{\overset{p+1}{a}_{p+1}}{(p+1)^2}$$

$$= -\frac{\overset{p}{a}_1}{2} + \frac{\overset{p}{a}_2}{3} - \frac{\overset{p}{a}_3}{4} \pm \ldots + (-1)^p \frac{\overset{p}{a}_p}{p+1}$$

oder auch:

$$(11) \qquad = \frac{\overset{p}{a}_1}{1.2} - \frac{\overset{p}{a}_2}{2.3} \pm \ldots + (-1)^{p+1} \frac{\overset{p}{a}_p}{p(p+1)}.$$

Hierdurch gehen aus den Gleichungen LXIII' und LXIII'_a folgende hervor:

$$\text{LXIV} \qquad (-1)^m B_m = \frac{\overset{2m}{a}_1}{2} - \frac{\overset{2m}{a}_2}{3} + \frac{\overset{2m}{a}_3}{4} \mp \ldots - \frac{\overset{2m}{a}_{2m}}{2m+1}$$

$$\text{LXIV}_a \qquad 0 = \frac{\overset{2m-1}{a}_1}{2} - \frac{\overset{2m-1}{a}_2}{3} + \frac{\overset{2m-1}{a}_3}{4} \mp \ldots + \frac{\overset{2m-1}{a}_{2m-1}}{2m}$$

oder:

$$\text{LXV} \qquad (-1)^{m+1} B_m = \frac{\overset{2m}{a}_1}{1.2} - \frac{\overset{2m}{a}_2}{2.3} + \frac{\overset{2m}{a}_3}{3.4} \mp \ldots - \frac{\overset{2m}{a}_{2m}}{2m(2m+1)}$$

$$\text{LXV}_a \qquad 0 = \frac{\overset{2m-1}{a}_1}{1.2} - \frac{\overset{2m-1}{a}_2}{2.3} + \frac{\overset{2m-1}{a}_3}{3.4} \mp \ldots + \frac{\overset{2m-1}{a}_{2m-1}}{(2m-1)2m}.$$

Ehe wir weiter gehen, mögen noch diese Gleichungen auf eine andere mehr directe Art abgeleitet werden.

Setzen wir mit Cauchy[1])

$$(12)\qquad x^p = \overset{p}{a}_1\,(x)_1 + \overset{p}{a}_2\,(x)_2 + \ldots + \overset{p}{a}_p\,(x)_p,$$

so müssen sich durch Vergleich der Coefficienten von x^1 bis x^p auf beiden Seiten der Gleichung (12) die Coefficienten $\overset{p}{a}_1, \overset{p}{a}_2 \ldots \overset{p}{a}_p$ bestimmen lassen. Dies erreichen wir in geschickterer Art, indem wir für x nach einander die Werthe $1, 2, 3 \ldots p$ setzen. Dadurch erhalten wir folgende Gleichungen:

$$(13)\qquad \begin{cases} 1^p = \overset{p}{a}_1 \\ 2^p = (2)_1\,\overset{p}{a}_1 + \overset{p}{a}_2 \\ 3^p = (3)_1\,\overset{p}{a}_1 + (3)_2\,\overset{p}{a}_2 + \overset{p}{a}_3 \\ \cdot\;\cdot\;\cdot\;\cdot\;\cdot\;\cdot\;\cdot\;\cdot\;\cdot\;\cdot\;\cdot\;\cdot \\ k^p = (k)_1\,\overset{p}{a}_1 + (k)_2\,\overset{p}{a}_2 + (k)_3\,\overset{p}{a}_3 + \ldots + (k)_k\,\overset{p}{a}_k. \end{cases}$$

Multipliciren wir nun diese letzte Gleichung mit 1, die vorletzte mit $-(k)_1$, die drittletzte mit $+(k)_2$ u. s. w., die 3te, 2te, 1te mit bez. $(-1)^{k-3}\,(k)_{k-3}$, $(-1)^{k-2}\,(k)_{k-2}$, $(-1)^{k-1}\,(k)_{k-1}$, so ist der Coefficient von $\overset{p}{a}_k$ die Einheit und von irgend einem andern, etwa von $\overset{p}{a}_h$ $(h < k)$:

$$C_h = (k)_h - (k)_1\,(k-1)_h + (k)_2\,(k-2)_h \mp \ldots \pm (k)_{k-h}\,(h)_h$$

oder auch mit Hinzufügung der nichts geltenden Glieder mit den Factoren $(h-1)_h$, $(h-2)_h$ u. s. w.

$$C_h = (k)_h - (k)_1\,(k-1)_h + (k)_2\,(k-2)_h \mp \ldots \pm (k)_{k-1}\,(1)_h \mp (k)_k\,(0)_h;$$

dies ist aber, da $h < k$ ist, nach dem Arndtschen Satze Null, da die Grössen $(k)_h$, $(k-1)_h$ u. s. w. eine arithmetische Reihe vom h^{ten}, also von einem geringeren als dem k^{ten} Grade bilden, folglich ist:

$$(14)\qquad \overset{p}{a}_k = k^p - (k)_1\,(k-1)^p + (k)_2\,(k-2)^p \mp \ldots \pm (k)_{k-1}\,1^p$$

d. h. die uns wohlbekannte durch (16) des § 8 bestimmte Grösse. Summiren wir nun die Gleichung (12) nach x, so ist, wenn man sich der Gleichung

$$(k)_k + (k+1)_k + (k+2)_k + \ldots + (r)_k = (r+1)_{k+1}$$

erinnert[2]):

---

[1]) Résumés analytiques, Turin 1833, p. 33 ff.
[2]) Vergl. Cauchy a. a. O. p. 70.

$$(15)\qquad 1^p + 2^p + \ldots + x^p = \overset{p}{a}_1 (x+1)_2 + \overset{p}{a}_2 (x+1)_3 + \ldots + \overset{p}{a}_p (x+1)_{p+1}$$

und der Coefficient von x auf der rechten Seite:

$$(16)\qquad = \frac{\overset{p}{a}_1}{1.2} - \frac{\overset{p}{a}_2}{2.3} + \frac{\overset{p}{a}_3}{3.4} \mp \ldots \pm \frac{\overset{p}{a}_p}{p(p+1)}.$$

Andererseits ist, wenn die linke Seite von (15) durch die B. Z. ausgedrückt wird, der Coefficient von x für gerades p von $B_{\frac{p}{2}}$ abhängig, für ein ungerades p Null. Daher ist (für $p = 2m,\ 2m-1$):

$$(-1)^{m+1} B_m = \frac{\overset{2m}{a}_1}{1.2} - \frac{\overset{2m}{a}_2}{2.3} + \frac{\overset{2m}{a}_3}{3.4} \mp \ldots - \frac{\overset{2m}{a}_{2m}}{2m(2m+1)}$$

$$0 = \frac{\overset{2m-1}{a}_1}{1.2} - \frac{\overset{2m-1}{a}_2}{2.3} + \frac{\overset{2m-1}{a}_3}{3.4} \mp \ldots + \frac{\overset{2m-1}{a}_{2m-1}}{(2m-1)2m},$$

welche Gleichungen mit LXV und LXV_a übereinstimmen.[1])

[1]) Diese Formeln rühren von Bauer her, der sie (nebst einigen anderen verwandten Charakters) durch Vergleich einer besonderen Entwickelung der Gamma-Functionen mit der Stirlingschen Reihe gewonnen (J. für Math. Bd. 57 (1860), p. 256) und daran einige andere Darstellungen der B. Z. angeknüpft hat (J. für Math. Bd. 58 (1861), p. 292), welche im Wesentlichen hier oben im Text reproducirt werden sollen. — Die Gleichungen LXIV und LXV finden sich auch bei Worpitzky als (36) und (60), dem auch die zweite Methode der Hauptsache nach entstammt. Aus diesen Gleichungen lassen sich noch leicht andere ableiten. Wendet man die Gleichung (17) des § 8:

$$\overset{p}{a}_k = k\left(\overset{p-1}{a}_{k-1} + \overset{p-1}{a}_k\right)$$

auf LXV an und addirt LXV_a, so erhält man:

$$(-1)^{m+1} B_m = 2\left\{\frac{\overset{2m-1}{a}_1}{1.3} - \frac{\overset{2m-1}{a}_2}{2.4} + \frac{\overset{2m-1}{a}_3}{3.5} \mp \ldots + \frac{\overset{2m-1}{a}_{2m-1}}{(2m-1)(2m+1)}\right\}$$

und wendet man hierauf die genannte Gleichung noch einmal an, so entsteht die Worpitzkysche Gleichung (37):

$$(-1)^{m+1} B_m = 2\left\{\frac{\overset{2m-2}{a}_1}{3.4} - \frac{\overset{2m-2}{a}_2}{4.5} + \frac{\overset{2m-2}{a}_3}{5.6} \mp \ldots - \frac{\overset{2m-2}{a}_{2m-2}}{2m(2m+1)}\right\},$$

welche von den bisherigen Gleichungen dieses Paragraphen insofern die einfachste ist, als bei der Berechnung der $\overset{p}{a}_k$ die Zahlen 1, 2, 3 ... auf die niedrigste Potenz zu erheben oder die obige Recursionsformel am wenigsten oft anzuwenden ist.

Wir wollen nunmehr auf Grund der Gleichungen LXIV und LXIV_a eine merkwürdige Beziehung entwickeln, welche zwischen den B. Z. und der harmonischen Reihe besteht.[1])

Nach der Erklärung von $\triangle u_h$ in § 5 (Gleichung (1) mit $h = 1$, $r = h$) ist, wenn:

$$u_h = f(h) \tag{17}$$

gesetzt wird:

$$\triangle f(h) = f(h+1) - f(h) \tag{18}$$

ebenso:

$$\triangle \varphi(h) = \varphi(h+1) - \varphi(h) \tag{19}$$

und demnach:

$$\begin{aligned}\triangle\big(\varphi(h) f(h)\big) &= \varphi(h+1) f(h+1) - \varphi(h) f(h)\\ &= \varphi(h+1) f(h+1) - \varphi(h+1) f(h) + \varphi(h+1) f(h) - \varphi(h) f(h)\end{aligned}$$

d. i.

$$\triangle\big(\varphi(h) f(h)\big) = \varphi(h+1) \triangle f(h) + f(h) \triangle \varphi(h). \tag{20}$$

Setzen wir hierin $\varphi(h) = h + 1$, so ist:

$$\triangle\big((h+1) f(h)\big) = (h+2) \triangle f(h) + f(h)$$

und mit $\triangle f(h)$ statt $f(h)$:

$$\triangle\big((h+1) \triangle f(h)\big) = (h+2) \triangle^2 f(h) + \triangle f(h), \tag{21}$$

multipliciren wir diesen Ausdruck mit $h + 1$ und nehmen wieder die Differenz, so erhalten wir:

$$\begin{aligned}\triangle\Big\{(h+1) \triangle\big((h+1) \triangle f(h)\big)\Big\} &= (h+2)(h+3) \triangle^3 f(h)\\ &\quad + 3(h+2) \triangle^2 f(h) + \triangle f(h).\end{aligned} \tag{22}$$

Die linken Seiten der Gleichungen (21) und (22) bezeichnen wir mit $D^2 f(h)$, bez. $D^3 f(h)$ und ebenso allgemein:

$$D^p f(h) = \triangle\Big(_{p-1}(h+1) \triangle\Big(_{p-2}(h+1) \triangle \ldots \triangle\Big(_1 (h+1) \triangle f(h)\Big)_1 \ldots\Big)_{p-2}\Big)_{p-1} \tag{23}$$

---

[1]) Die Reihe $1, \frac{1}{2}, \frac{1}{3}, \ldots \frac{1}{m-1}, \frac{1}{m}, \frac{1}{m+1}, \ldots$ wird die harmonische genannt, weil, wenn man auf einer geraden Linie von einem Punkte A aus nach derselben Seite die Strecken $AD = \frac{1}{m-1}$, $AC = \frac{1}{m}$, $AB = \frac{1}{m+1}$ aufträgt, die Punkte $ABCD$ (besser gesprochen A mit C und B mit D) vier harmonische bilden.

während:

(24) $$Df(h) = \triangle f(h)$$

ist. Dann ist, da:

(25) $$\triangle (h+1)(h+2)\dots(h+k) = k(h+2)(h+3)\dots(h+k)$$

ist:

$$D^4 f(h) = (h+2)(h+3)(h+4)\triangle^4 f(h) + 6(h+2)(h+3)\triangle^3 f(h) + 7(h+2)\triangle^2 f(h) + \triangle f(h)$$

oder:

$$D^4 f(h) = \overset{3}{c}_3 (h+2)(h+3)(h+4)\triangle^4 f(h) + \overset{3}{c}_2 (h+2)(h+3)\triangle^3 f(h) + \overset{3}{c}_1 (h+2)\triangle^2 f(h) + \overset{3}{c}_0 \triangle f(h)$$

wenn $\overset{3}{c}_0 = 1$, $\overset{3}{c}_1 = 7$, $\overset{3}{c}_2 = 6$, $\overset{3}{c}_3 = 1$ sind. Hieraus erschliessen wir die allgemeine Form von $D^p f(h)$, wenn vorübergehend $(h+2)(h+3)\dots(h+r)$ mit $[h+r]$ bezeichnet wird:

(26) $$D^p f(h) = \overset{p-1}{c}_{p-1}[h+p]\triangle^p f(h) + \overset{p-1}{c}_{p-2}[h+p-1]\triangle^{p-1} f(h) + \overset{p-1}{c}_{p-3}[h+p-2]\triangle^{p-2} f(h) + \dots + \overset{p-1}{c}_1 [h+2]\triangle^2 f(h) + \overset{p-1}{c}_0 \triangle f(h),$$

worin die $\overset{p-1}{c}_k$ constante Zahlen sind, von denen, wie sofort zu übersehen, $\overset{p-1}{c}_{p-1}$ und $\overset{p-1}{c}_0$ den Werth 1 besitzen. Um ihre Werthe zu erhalten, machen wir nochmals dieselbe Operation, bilden also die Gleichung:

$$\triangle\left((h+1)\,D^p f(h)\right) = D^{p+1} f(h),$$

und gelangen so unschwer zu der Recursionsformel:

$$\overset{p}{c}_{p-h} = (p+1-h)\,\overset{p-1}{c}_{p-h} + \overset{p-1}{c}_{p-h-1}$$

oder mit $p-h=k$:

(27) $$\overset{p}{c}_k = (k+1)\,\overset{p-1}{c}_k + \overset{p-1}{c}_{k-1}.$$

Diese Formel ist aber identisch mit § 8, (15) (mit $p-1$ statt p) und da auch die ersten Werthe der jetzigen $\overset{p}{c}_k$ ($\overset{2}{c}_1 = 3$, $\overset{3}{c}_1 = 7$, $\overset{3}{c}_2 = 6$, $\overset{1}{c}_0 = \overset{1}{c}_1 = \overset{2}{c}_0 = \overset{2}{c}_2 = \overset{3}{c}_0 = \overset{3}{c}_3 = 1$) mit den dortigen übereinstimmen, so sind es überhaupt dieselben Grössen, d. h. wir haben aus § 8, (19):

$$\overset{p}{c}_k = \frac{\overset{p+1}{a}_{k+1}}{(k+1)!}$$

und demnach wird aus (26):

$$(28)\qquad D^p f(h) = \frac{\overset{p}{a}_1}{1} \triangle f(h) + \frac{\overset{p}{a}_2\,[h+2]}{1.2} \triangle^2 f(h) + \frac{\overset{p}{a}_3\,[h+3]}{1.2.3} \triangle^3 f(h) + \ldots + \frac{\overset{p}{a}_p\,[h+p]}{1.2\ldots p} \triangle^p f(h).$$

Nehmen wir nun hierin den speciellen Werth:

$$(29)\qquad f(h) = \frac{1}{1+h}$$

an, so ist:

$$(30)\qquad \begin{cases} \triangle f(h) = \dfrac{1}{h+2} - \dfrac{1}{h+1} = -\dfrac{1}{(h+1)(h+2)} \\ \triangle^2 f(h) = \dfrac{-1}{(h+2)(h+3)} + \dfrac{1}{(h+1)(h+2)} = \dfrac{1.2}{(h+1)(h+2)(h+3)} \\ \cdots\cdots\cdots\cdots\cdots\cdots \\ \triangle^p f(h) = \dfrac{(-1)^p\,p!}{(h+1)\ldots(h+p+1)} = \dfrac{(-1)^p\,p!}{(h+1)(h+p+1)\,[h+p]}, \end{cases}$$

folglich nach (28):

$$(31)\qquad D^p\left(\frac{1}{1+h}\right) = -\frac{1}{h+1}\left\{\frac{\overset{p}{a}_1}{h+2} - \frac{\overset{p}{a}_2}{h+3} + \frac{\overset{p}{a}_3}{h+4} \mp \ldots \pm \frac{\overset{p}{a}_p}{h+p+1}\right\}$$

daher ist für $h = 0$ und $p = 2m$ und $2m - 1$, wie der Vergleich mit LXIV und LXIV_a zeigt:

$$(32)\qquad \begin{cases} \left[D^{2m}\left(\dfrac{1}{1+h}\right)\right]_{h=0} = (-1)^{m+1} B_m \\ \left[D^{2m-1}\left(\dfrac{1}{1+h}\right)\right]_{h=0} = 0. \end{cases}$$

Diese Formeln, deren Aehnlichkeit mit § 8 (12) der Leser wohl schon selbst mit Interesse wahrgenommen hat, verdanken wir, wie gesagt, Bauer[1]) und sie sagen also aus:

Wenn von der Reihe 1, $\frac{1}{2}$, $\frac{1}{3}$ ... die Differenzreihe gebildet wird, wenn deren Glieder bez. mit den Zahlen 1, 2, 3 ... multiplicirt werden und wieder die Differenzreihe gebildet wird, wenn deren Glieder wiederum mit den Zahlen 1, 2, 3 ... multiplicirt werden und abermals die Differenz-

[1]) J. für Math. Bd. 58 (1861) p. 292. Bauer gebraucht übrigens die Grössen $\overset{p}{N}_k$, welche mit $\overset{p}{a}_k$ durch die Gleichungen $(8)_a$ und $(8)_b$ zusammenhängen; auch haben bei Bauer die Zeichen $\triangle$ und D eine etwas andere Bedeutung als bei uns.

reihe gebildet wird, und so fort, dann sind die Anfangsglieder dieser Differenzreihen von der zweiten an:

$$B_1,\ 0,\ -B_2,\ 0,\ B_3,\ 0,\ -B_4,\ 0 \text{ u. s. w.}$$

Z. B.

	1	$\frac{1}{2}$	$\frac{1}{3}$	$\frac{1}{4}$	$\frac{1}{5}$	$\frac{1}{6}$	$\frac{1}{7}$	$\frac{1}{8}$
I		$-\frac{1}{2}$	$-\frac{1}{6}$	$-\frac{1}{12}$	$-\frac{1}{20}$	$-\frac{1}{30}$	$-\frac{1}{42}$	$-\frac{1}{56}$
		$-\frac{1}{2}$	$-\frac{1}{3}$	$-\frac{1}{4}$	$-\frac{1}{5}$	$-\frac{1}{6}$	$-\frac{1}{7}$	$-\frac{1}{8}$
II			$\frac{1}{6}=B_1$	$\frac{1}{12}$	$\frac{1}{20}$	$\frac{1}{30}$	$\frac{1}{42}$	$\frac{1}{56}$
			$\frac{1}{6}$	$\frac{1}{6}$	$\frac{3}{20}$	$\frac{4}{30}$	$\frac{5}{42}$	$\frac{3}{28}$
III				0	$-\frac{1}{60}$	$-\frac{1}{60}$	$-\frac{1}{70}$	$-\frac{1}{84}$
				0	$-\frac{1}{30}$	$-\frac{1}{20}$	$-\frac{2}{35}$	$-\frac{5}{84}$
IV					$-\frac{1}{30}=-B_2$	$-\frac{1}{60}$	$-\frac{1}{140}$	$-\frac{1}{420}$
					$-\frac{1}{30}$	$-\frac{1}{30}$	$-\frac{3}{140}$	$-\frac{1}{105}$
V						0	$\frac{1}{84}$	$\frac{1}{84}$
						0	$\frac{1}{42}$	$\frac{1}{28}$
VI							$\frac{1}{42}=B_3$	$\frac{1}{84}$
							$\frac{1}{42}$	$\frac{1}{42}$
VII								0

Wie man sieht, sind auch die 2ten Glieder der Differenz- und der Zwischenreihen $\pm B_m$ oder $\pm \frac{1}{2} B_m$, doch wollen wir den einfachen Beweis dafür übergehen. Hingegen lässt sich hier am leichtesten der Beweis einiger von Bauer angegebenen Recursionsformeln anschliessen, die jedoch schon etwa dreizehn Jahre zuvor von Schlömilch[1]) aufgefunden sind. Es ist (siehe (23)):

$$D^p f(h) = \triangle\left((h+1)\, D^{p-1} f(h)\right) = (h+2) \triangle D^{p-1} f(h) + D^{p-1} f(h)$$
$$= (h+2) \quad D^{p-1} f(h+1) - (h+1)\, D^{p-1} f(h)$$

oder wenn z. A.:

(33) $$\left[D^p f(h)\right]_{h=m} = \underset{m}{D^p}$$

gesetzt und $p+1$ statt p geschrieben wird:

(34) $$(h+2) \underset{h+1}{D^p} = (h+1) \underset{h}{D^p} + \underset{h}{D^{p+1}}$$

---

[1]) Grunerts Archiv, 9. Bd. (1847) S. 333: Relationen zwischen den Facultätencoefficienten. — Die im Text angegebene Form rührt von Schlömilch her, während Bauer die Combinationen der Brüche 1, $\frac{1}{2}$, $\frac{1}{3}$, ... $\frac{1}{m}$ verwendet.

hieraus für $h = 0, 1, 2, \ldots$

$$2\underset{1}{D^p} = \underset{0}{D^p} + \underset{0}{D^{p+1}}$$

$$3\underset{2}{D^p} = 2\underset{1}{D^p} + \underset{1}{D^{p+1}} = \underset{0}{D^p} + (1+\tfrac{1}{2})\underset{0}{D^{p+1}} + \tfrac{1}{2}\underset{0}{D^{p+2}}$$

$$4\underset{3}{D^p} = 3\underset{2}{D^p} + \underset{2}{D^{p+1}} = \underset{0}{D^p} + (1+\tfrac{1}{2}+\tfrac{1}{3})\underset{0}{D^{p+1}}$$

$$+ (1.\tfrac{1}{2}+1.\tfrac{1}{3}+\tfrac{1}{2}.\tfrac{1}{3})\underset{0}{D^{p+2}} + \frac{1}{1.2.3}\underset{0}{D^{p+3}}$$

u. s. w.

oder, wenn $\overset{m}{C_k}$ die Summe der Combinationen ohne Wiederholungen der Zahlen 1, 2, 3 ... m in der k^{ten} Klasse bezeichnet:

$$(35) \qquad (m+1)!\,\underset{m}{D^p} = \overset{m}{C_m}\underset{0}{D^p} + \overset{m}{C}_{m-1}\underset{0}{D^{p+1}} + \ldots + \overset{m}{C_0}\underset{0}{D^{p+m}},$$

wobei $\overset{m}{C_m} = m!$, $\overset{m}{C_0} = 1$ ist. Setzen wir nun wieder:

$f(h) = \frac{1}{h+1}$ und $p = 1$, so ist nach den Gleichungen (30):

$$\underset{m}{D^1} = -\frac{1}{(m+1)(m+2)}, \quad \underset{0}{D^1} = -\tfrac{1}{2},$$

während $\underset{0}{D^2}, \underset{0}{D^3}, \underset{0}{D^4} \ldots$ durch die Gleichungen (32) gegeben sind; man erhält demnach die Formel:

$$\frac{m\,.\,m!}{2(m+2)} = \overset{m}{C}_{m-1}B_1 - \overset{m}{C}_{m-3}B_2 \pm \ldots$$

$$+ \begin{cases} (-1)^{\frac{m-1}{2}} B_{\frac{m+1}{2}} \ \ldots\ldots\ldots & m \text{ ungerade} \\ (-1)^{\frac{m-2}{2}} \dfrac{m(m+1)}{2} B_{\frac{m}{2}} \ \ldots\ldots & m \text{ gerade} \end{cases}$$

oder getrennt (und mit m statt $\frac{m+1}{2}$, bez. $\frac{m}{2}$):

$$\text{LXVI} \quad \frac{(2m-1)(2m-1)!}{2(2m+1)} = \overset{2m-1}{C}_{2m-2}B_1 - \overset{2m-1}{C}_{2m-4}B_2 \pm \ldots + (-1)^{m-1}B_m$$

$$\text{LXVII} \quad \frac{m(2m)!}{2(m+1)} = \overset{2m}{C}_{2m-1}B_1 - \overset{2m}{C}_{2m-3}B_2 \pm \ldots + (-1)^{m-1}m(2m+1)B_m.$$

Für $p = 2$ erhält man andere Formeln, die auch aus den Operationen: LXVII — $2m$. LXVI und LXVI — $(2m - 1)$ LXVII$_{(m-1)}$ hervorgehen.

Dieses sind die am Ende des § 6 erwähnten Gleichungen.

§ 12.

Independente Darstellungen mittels der Bernoullischen Functionen.

Es wird in der neueren Mathematik mit Recht nicht nur auf die Ergebnisse einer Untersuchung Gewicht gelegt, sondern auch auf die Methode, durch welche sie gewonnen worden sind, und dabei diejenige bevorzugt, welche sich durch Einheitlichkeit der Gesichtspunkte, durch Ableitung aller Resultate aus derselben Quelle auszeichnet. In diesem Sinne ist eine Abhandlung des Herrn Worpitzky[1]) beachtenswerth, in welcher alle Ergebnisse aus dem einen Princip der Umformung der Bernoullischen Functionen hervorgehen. Der materielle Gewinn der Abhandlung ist allerdings nicht in demselben Maasse bedeutsam, denn eine grössere Anzahl von Formeln ist bereits früher auf anderem Wege entwickelt oder gleichsam nur zufällig noch nicht aufgestellt worden, wie wir dies im Einzelnen erkennen werden.

Die rechte Seite der Gleichungen § 1, (14) und (15) nach Aenderung des Vorzeichens ihres 2ten Gliedes ist von Raabe unter Aufhebung der Beschränkung von x auf positive ganze Zahlen als Bernoullische Function[2]) bezeichnet worden. Nach dem Vorgang des Herrn Schlömilch erklärt Herr Worpitzky den $(2n+1)$-fachen, bez. $(2n+2)$-fachen Werth derselben als Bernoullische Function und wir folgen dieser Benennung und setzen:

$$(1) \qquad \varphi(x, p) = x^p - \tfrac{p}{2} x^{p-1} + (p)_2 B_1 x^{p-2} - (p)_4 B_2 x^{p-4} \pm \cdots$$
$$+ \begin{cases} (-1)^{\frac{p+1}{2}} (p)_{p-1} B_{\frac{p-1}{2}} x & \ldots\; p \text{ ungerade} \\ (-1)^{\frac{p}{2}} (p)_{p-2} B_{\frac{p}{2}-1} x^2 & \ldots\; p \text{ gerade,} \end{cases}$$

---

[1]) Studien über die Bernoullischen und Eulerschen Zahlen. J. für Math. Bd. 94 (1883) S. 203.

[2]) „Die Jacob-Bernoullische Function", Zürich 1848 und J. für Math. Bd. 42 (1851) S. 348. Ziemlich gleichzeitig hat auch Malmstén (J. für Math. Bd. 35 (1847) S. 55) einige Hauptsätze über diese Function entwickelt (vgl. später § 21). Später ist es Herrn Schlömilch gelungen, die ganze Discussion durch Darstellung der Bernoullischen Function als Differentialquotient sehr wesentlich zu vereinfachen. (Zeitschr. für Math. und Physik, Bd. 1 (1856) S. 193 und Comp. der höh. Analysis, II[ter] Bd. an betreffender Stelle.) Auch Hermite ist auf dieselbe in einem Briefe an Borchardt nochmals zurückgekommen (J. f. Math. Bd. 79 (1875) S. 339). — Wir beabsichtigen nicht eine nähere Discussion über die Bernoullischen Functionen zu geben, sondern wir werden, ohne dadurch Lücken entstehen zu lassen oder besonders umständlich zu sein, das Erforderliche darüber an betreffender Stelle aus unseren Formeln ableiten.

so dass für ein ganzes positives x:

$$(2) \qquad 1^{p-1} + 2^{p-1} + \ldots + (x-1)^{p-1} = \frac{1}{p}\,\varphi(x, p)$$

ist.

Der Erklärung (1) zufolge ist $\varphi(x, p)$ eine ganze rationale Function p^{ten} Grades von x. Gelingt es nun, irgend einen andern Ausdruck für die linke Seite von (2), etwa:

$$(3) \qquad 1^{p-1} + 2^{p-1} + \ldots + (x-1)^{p-1} = \psi(x)$$

zu finden, so dass $\psi(x)$ ebenfalls eine ganze rationale Function p^{ten} Grades für x ist, so stimmen $\varphi(x, p)$ und $p\psi(x)$ in beliebig vielen positiven ganzen Werthen von x überein, sind also einander identisch gleich; man darf folglich sowohl die Coefficienten irgend welcher gleichen Potenzen von x einander gleich setzen, als auch die Functionen selbst für beliebige Werthe von x.

1. Man setzt (vgl. § 11, (15))

$$(4) \qquad \Sigma x^p = \overset{p}{a}_1 (x+1)_2 + \overset{p}{a}_2 (x+1)_3 + \ldots + \overset{p}{a}_p (x+1)_{p+1};$$

wobei sich (vgl. § 11, (14)):

$$(5) \qquad \overset{p}{a}_k = k^p - (k)_1 (k-1)^p + (k)_2 (k-2)^p \mp \ldots \pm (k)_{k-1} 1^p$$

ergab. Die durch Vergleich mit $\dfrac{\varphi(x+1,\ p+1)}{p+1}$ entstehenden Formeln coincidiren entweder mit den Bauerschen oder sind aus diesen ohne Mühe abzuleiten. Wir haben sie bereits in § 11 angegeben.

2. Man setzt:

$$(6) \qquad x^p = \overset{p}{A}_p (x)_p + \overset{p}{A}_{p-1} (x+1)_p + \overset{p}{A}_{p-2} (x+2)_p + \ldots + \overset{p}{A}_1 (x+p-1)_p.$$

Die rechte Seite ist, wie die linke, eine Function p^{ten} Grades von x, in welcher der Coefficient von x^0 verschwindet, was man beiderseits durch die Annahme $x = 0$ erkennt, also lassen sich durch Vergleich der Coefficienten der 1ten bis p^{ten} Potenz von x auf beiden Seiten von (6) die Werthe von $\overset{p}{A}_1$ bis $\overset{p}{A}_p$ bestimmen. Bequemer verfährt man in folgender Art: man setzt $x = 1, 2, 3, \ldots k, \ldots r$, u. s. w.; dann erhält man folgendes System Gleichungen:

$$
\begin{aligned}
1^p &= \overset{p}{A}_1 \\
2^p &= \overset{p}{A}_1 (p+1)_p + \overset{p}{A}_2 \\
3^p &= \overset{p}{A}_1 (p+2)_p + \overset{p}{A}_2 (p+1)_p + \overset{p}{A}_3 \\
&\ldots\ldots\ldots\ldots \\
k^p &= \overset{p}{A}_1 (p+k-1)_p + \ldots\ldots + \overset{p}{A}_k \\
(k+1)^p &= \overset{p}{A}_1 (p+k)_p + \ldots\ldots + \overset{p}{A}_k (p+1)_p \\
&\ldots\ldots\ldots\ldots \\
(r-1)^p &= \overset{p}{A}_1 (p+r-2)_p + \ldots\ldots + \overset{p}{A}_k (p+r-k-1)_p + \ldots \\
r^p &= \overset{p}{A}_1 (p+r-1)_p + \ldots\ldots + \overset{p}{A}_p (p+r-k)_p + \ldots + \overset{p}{A}_r.
\end{aligned}
$$

Multipliciren wir diese Gleichungen von der untersten beginnend mit bez. $1, -(p+1)_1, +(p+1)_2, \ldots \pm (p+1)_{r-k-1}, \mp (p+1)_{r-k} \ldots,$ so ist der Coefficient von $\overset{p}{A}_k$ nach Hinzufügung einiger verschwindender Glieder:

$$
\begin{aligned}
(7) \quad & (p+r-k)_p - (p+r-k-1)_p (p+1)_1 \pm \ldots \pm (p+1)_p (p+1)_{r-k-1} \\
& \mp (p)_p (p+1)_{r-k} \pm (p-1)_p (p+1)_{r-k+1} + \ldots \pm (r-k)_p (p+1)_p \\
& \qquad \mp (r-k-1)_p (p+1)_{p+1}.
\end{aligned}
$$

Alle Glieder mit den Factoren $(p-1)_p, (p-2)_p \ldots (r-k-1)_p$ verschwinden, weil ihre Argumente kleiner als p, aber, auch einschliesslich der letzten, nicht negativ sind. Multipliciren wir die Summe (7) mit $p!$ und bezeichnen, wie auch sonst üblich, den Zähler von $(m)_p$ mit $[m]_p$, so bilden die Zahlen $[p+r-k]_p, [p+r-k-1]_p, \ldots [r-k-1]_p$ eine arithmetische Reihe p^{ten} Grades, also ist die Summe (7) Null, solange $k < r$ ist; der Coefficient von $\overset{p}{A}_r$ ist aber 1, folglich:

$$
\begin{aligned}
(8) \qquad \overset{p}{A}_r = r^p - (p+1)_1 (r-1)^p + (p+1)_2 (r-2)^p \mp \ldots \\
+ (-1)^{p-1} (p+1)_{r-1} 1^p;
\end{aligned}
$$

wir sehen also, dass $\overset{p}{A}_r$ identisch ist mit dem durch (32) in § 8 (für $k=r$) definirten, es ist also u. A. nach § 8, (40):

$$
(9) \qquad \overset{p}{A}_{p+1-r} = \overset{p}{A}_r,
$$

was auch aus (6) abgeleitet werden kann, aus welcher Gleichung besonders leicht durch Vergleich der Coefficienten von x^p

$$(10)\qquad \overset{p}{A}_1 + \overset{p}{A}_2 + \dots + \overset{p}{A}_p = p!$$

folgt. Man kann nun statt (6) auch schreiben:

$$(11)\qquad x^p = \overset{p}{A}_1 (x)_p + \overset{p}{A}_2 (x+1)_p + \dots + \overset{p}{A}_p (x+p-1)_p.$$

Summirt man diese Gleichung für x von 1 bis x, so erhält man:

$$(12)\qquad \Sigma x^p = \overset{p}{A}_1 (x+1)_{p+1} + \overset{p}{A}_2 (x+2)_{p+1} + \dots + \overset{p}{A}_p (x+p)_{p+1}.$$

Der Coefficient von x auf der rechten Seite ist:

$$(13)\qquad (-1)^{p-1} \frac{1!\,(p-1)!}{(p+1)!} \overset{p}{A}_1 + (-1)^{p-2} \frac{2!\,(p-2)!}{(p+1)!} \overset{p}{A}_2 + \dots - \frac{(p-1)!\,1!}{(p+1)!} \overset{p}{A}_{p-1} + \frac{p!}{(p+1)!} \overset{p}{A}_p$$

worin für $\frac{k!\,(p-k)!}{(p+1)!}$ auch $\frac{1}{(p+1)\,(p)_k}$ geschrieben werden kann. Vergleicht man den Ausdruck (13) mit den Coefficienten von x auf der rechten Seite der Gleichungen § **1**, (14) und (15) und berücksichtigt (9), so erhält man[1]) für $p = 2m$:

$$\text{LXVIII}\qquad (-1)^{m+1} B_m = \frac{1}{2m\,(2m+1)} \left\{ \frac{2m-1}{(2m-1)_0} \overset{2m}{A}_1 - \frac{2m-3}{(2m-1)_1} \overset{2m}{A}_2 + \frac{2m-5}{(2m-1)_2} \overset{2m}{A}_3 \mp \dots + (-1)^{m-2} \frac{3}{(2m-1)_{m-2}} \overset{2m}{A}_{m-1} + (-1)^{m-1} \frac{1}{(2m-1)_{m-1}} \overset{2m}{A}_m \right\}$$

und für $p = 2m+1$:

$$\text{LXVIII}_a\qquad 0 = \frac{\overset{2m+1}{A}_1}{(2m)_0} - \frac{\overset{2m+1}{A}_2}{(2m)_1} + \frac{\overset{2m+1}{A}_3}{(2m)_2} \mp \dots + (-1)^{m-1} \frac{\overset{2m+1}{A}_m}{(2m)_{m-1}} + (-1)^m \tfrac{1}{2} \frac{\overset{2m+1}{A}_{m+1}}{(2m)_m}.$$

3. Nach Gleichung (1) ist:

$$\varphi(\tfrac{1}{2}, 2n) = \frac{1-2n}{2^{2n}} + (2n)_2 \frac{B_1}{2^{2n-2}} - (2n)_4 \frac{B_2}{2^{2n-4}} \pm \dots + (-1)^n (2n)_{2n-2} \frac{B_{n-1}}{2^2}$$

[1]) Diese Gleichungen sowie auch (6) oder (11) und die folgenden LXIX sind Herrn Worpitzky eigenthümlich (a. a. O. form. (58), (62) u. s. w.).

d. i. nach VIII (§ 2):

$$\varphi\left(\tfrac{1}{2}, 2n\right) = (-1)^n \frac{2^{2n}-1}{2^{2n-1}} B_n \tag{14}$$

und in gleicher Art:

$$\varphi\left(\tfrac{1}{2}, 2n+1\right) = 0. \tag{15}$$

Nun ist nach (2) und (12) für positive ganze x:

$$\Sigma(x-1)^{p-1} = \overset{p-1}{A}_1 (x)_p + \overset{p-1}{A}_2 (x+1)_p + \ldots + \overset{p-1}{A}_{p-1} (x+p-2)_p \tag{16}$$
$$= \frac{1}{p} \varphi(x, p)$$

also muss der 2te Theil dieser Gleichung auch für beliebige x richtig sein. Setzen wir nun $p = 2n$, $x = \frac{1}{2}$ und bedenken, dass für jeden beliebigen Werth von α:

$$(\alpha)_p = (-1)^p (p - \alpha - 1)_p \tag{17}$$

also:

$$\left(\tfrac{1}{2}\right)_{2n} = \left(2n - \tfrac{3}{2}\right)_{2n}, \quad \left(\tfrac{3}{2}\right)_{2n} = \left(2n - \tfrac{5}{2}\right)_{2n} \text{ u. s. w.}$$

und auch:

$$\overset{2n-1}{A}_1 = \overset{2n-1}{A}_{2n-1}, \quad \overset{2n-1}{A}_2 = \overset{2n-1}{A}_{2n-2}, \ \ldots \ \overset{2n-1}{A}_{n-1} = \overset{2n-1}{A}_{n+1}$$

ist, so erhalten wir:

$$\text{LXIX} \qquad (-1)^n \frac{2^{2n}-1}{2^{2n-1}} \cdot \frac{B_n}{2n} = 2\left\{\overset{2n-1}{A}_1 \left(\tfrac{1}{2}\right)_{2n} + \ldots + \overset{2n-1}{A}_{n-1} \left(n - \tfrac{3}{2}\right)_{2n}\right\}$$
$$+ \overset{2n-1}{A}_n \left(n - \tfrac{1}{2}\right)_{2n}$$

oder auch:

$$\text{LXIX}_a \quad \beta_n = (-1)^n 2^{4n-1} \left\{2 \overset{2n-1}{A}_1 \left(\tfrac{1}{2}\right)_{2n} + 2 \overset{2n-1}{A}_2 \left(\tfrac{3}{2}\right)_{2n} + \ldots + 2 \overset{2n-1}{A}_{n-1} \left(n - \tfrac{3}{2}\right)_{2n}\right.$$
$$\left. + \overset{2n-1}{A}_n \left(n - \tfrac{1}{2}\right)_{2n}\right\}.$$

(Statt der Gleichung (16) kann auch die minder einfache aus (4) folgende:

$$\overset{p-1}{a}_1 (x)_2 + \overset{p-1}{a}_2 (x)_3 + \ldots + \overset{p-1}{a}_{p-1} (x)_p = \frac{1}{p} \varphi(x, p) \tag{18}$$

benutzt werden.)

4. Nach Gleichung (1) ist:

$$\varphi\left(\tfrac{1}{4}, 2n\right) = \left(\tfrac{1}{4}\right)^{2n} - \frac{2n}{2} \left(\tfrac{1}{4}\right)^{2n-1} + (2n)_2 B_1 \left(\tfrac{1}{4}\right)^{2n-2} \mp \ldots \tag{19}$$
$$+ (-1)^n (2n)_{2n-2} B_{n-1} \left(\tfrac{1}{4}\right)^2$$

$$= \frac{1}{4^{2n}} \left\{1 - 4n + (-1)^n Y\right\} \tag{20}$$

wobei Y dieselbe Bedeutung wie in § 7, Gleichungen (21) hat. Benutzt man nun die Gleichung (25) desselben Paragraphen, so gelangt man leicht zu:

$$(21) \qquad \beta_n = \frac{2^{2n}(2^{2n}-1)}{2n} B_n = (-1)^n \frac{2^{6n-2}}{n(2^{2n-1}+1)} \cdot \varphi(\tfrac{1}{4}, 2n)$$

und kann mittels der Ausdrücke (19) oder (18) oder (16) für $\varphi(\frac{1}{4}, 2n)$ Gleichungen für β_n bilden.

Entsprechend ist:

$$(22) \qquad \varphi(\tfrac{1}{4}, 2n+1) = \frac{1}{4^{2n+1}} \left\{1 - \frac{2n+1}{2} \cdot 2^2 + Z\right\},$$

wobei Z die Bedeutung hat:

$$(23) \qquad Z = (2n+1)_2 B_1 2^4 - (2n+1)_4 B_2 2^8 \pm \ldots \\ + (-1)^{n+1}(2n+1)_{2n} B_n 2^{4n}.$$

Zieht man hiervon die unmittelbar aus V folgende Gleichung:

$$2n = (2n+1)_2 B_1 2^2 - (2n+1)_4 B_2 2^4 \pm \ldots + (-1)^{n+1}(2n+1)_{2n} B_n 2^{2n}$$

ab, so folgt nach leichter Umformung gemäss XV:

$$(24) \qquad Z - 2n = (2n+1)\left\{(-1)^{n+1} \alpha_m + 1\right\}$$

und demnach aus (22):

$$(25) \qquad \varphi(\tfrac{1}{4}, 2n+1) = (-1)^{n+1} \frac{(2n+1)\alpha_n}{2^{4n+2}}$$

und es können somit für α_n aus (1) (oder (22)) (16) und (18) Ausdrücke gewonnen werden. Der erstere ist[1]):

$$\text{LXX} \qquad (-1)^n \alpha_n = \frac{1}{2n+1}\left\{4n+1-(2n+1)_2 B_1 2^4 + (2n+1)_4 B_2 2^8 \mp \ldots \\ + (-1)^n (2n+1)_{2n} B_n 2^{4n}\right\}.$$

5. Bildet man die Bernoullische Function nach der Methode von Schlömilch und wendet gewisse Reihenentwickelungen an, so gelangt man zur Laplaceschen Formel und den Formeln, welche Scherk in seinen beiden Abhandlungen über diesen Gegenstand aufgestellt hat und mit denen wir uns in den §§ 8—10 beschäftigt haben.

Herr Worpitzky führt noch eine mit $\overset{p}{a}_k$ nahe zusammenhängende Zahl $\overset{p}{\mathfrak{a}}_k$ ein, wodurch er einigen Formeln ein geschickteres Aussehen ver-

[1]) Worpitzky form. (66).

leiht. Auch leitet er nach seinem Princip Recursionsformeln ab, zu denen eigentlich auch die obige LXX gehört. In beiderlei Beziehung verweisen wir auf die Abhandlung selbst.

§ 13.

Formeln minder einfachen Baues. (Combinatorische Ausdrücke. Formeln, welche Potenzsummen enthalten. Zusammenhang der Bernoullischen Zahlen mit den Einheitswurzeln.)

1. Wenn eine Gleichung von der Form:

$$(1)\qquad \lg(1 + A_1 u + A_2 u^2 + A_3 u^3 + \ldots) = a_1 u + a_2 u^2 + a_3 u^3 + \ldots$$

existirt, so besteht, wie wir in § 4 gesehen haben, zwischen den Grössen A und a eine Recursionsformel (s. daselbst (16)); es lassen sich aber auch die a_k in combinatorischer Art durch die A_k ausdrücken, und umgekehrt. Ist nämlich der Absolutwerth:

$$|A_1 u + A_2 u^2 + A_3 u^3 + \ldots| < 1,$$

so ist:

$$(2)\qquad \lg(1+A_1 u+A_2 u^2+\ldots)=(A_1 u+A_2 u^2+\ldots)-\tfrac{1}{2}(A_1 u+A_2 u^2+\ldots)^2 + \tfrac{1}{3}(A_1 u+A_2 u^2+\ldots)^3 \mp \ldots$$

Auf der rechten Seite kommt u^m in den ersten m Klammern vor; in der m^{ten} ist A_1^m der Coefficient davon, und wenn $r < m$ ist, so giebt der polynomische Lehrsatz den Coefficienten von u^m in $(A_1 u + A_2 u^2 + \ldots)^r$. Bezeichnen wir denselben mit $\overset{m}{C}_r\,(A_1, A_2, \ldots A_\mu)$, wobei μ eine Abkürzung für $m - r + 1$ sein soll, so ist:

$$(3)\qquad \overset{m}{C}_r\,(A_1, A_2, \ldots A_\mu) = \Sigma\, \frac{r!}{p_1!\, p_2! \ldots p_\mu!}\, A_1^{p_1} A_2^{p_2} \ldots A_\mu^{p_\mu}$$

wobei die $p_1\ p_2 \ldots p_\mu$ auf alle mögliche Arten so als ganze, nicht negative Zahlen zu wählen sind, dass die beiden Gleichungen:

$$(4)\qquad \begin{cases} p_1 + p_2 + \ldots + p_\mu = r \\ p_1 + 2p_2 + \ldots + \mu p_\mu = m \end{cases}$$

durch sie befriedigt werden.[1] Nunmehr folgt durch Vergleich der rechten Seiten von (2) und (1):

---

[1]) Der studirende Leser suche zu beweisen, dass die Anzahl der von Null verschiedenen p, die den Gleichungen:

$$\begin{cases} p_1 + p_2 + p_3 + \ldots = r \\ p_1 + 2p_2 + 3p_3 + \ldots = m \end{cases}$$

$$(5) \quad a_m = \overset{m}{C_1}(A_1, \ldots A_m) - \tfrac{1}{2}\overset{m}{C_2}(A_1, \ldots A_{m-1}) + \tfrac{1}{3}\overset{m}{C_3}(A_1, \ldots A_{m-2}) \mp \ldots \pm \frac{1}{m}\overset{m}{C_m}(A_1),$$

wobei übrigens $\overset{m}{C_1}(A_1, \ldots A_m) = A_m$, $\overset{m}{C_m}(A_1) = A_1^m$ ist.

Betrachtet man beide Seiten von (1) als Exponenten von e, so kommt man leicht zu folgender Gleichung:

$$(6) \qquad A_m = \overset{m}{C_1}(a_1, \ldots a_m) + \frac{1}{2!}\overset{m}{C_2}(a_1, \ldots a_{m-1}) + \ldots + \frac{1}{m!}\overset{m}{C_m}(a_1).$$

Diese beiden Gleichungen lassen sich noch in eine bequemere Form bringen. Da nämlich r nach einander die Werthe 1, 2, 3 ... m annimmt, kann man von der ersten Gleichung (4) als Bedingungsgleichung absehen und den Ausdruck in anderer Art, nach abnehmenden p ordnen, d. h. so dass, wenn man sich $p_1\, p_2\, p_3 \ldots p_m$ als Zahl in dem System mit der Grundzahl m (oder $> m$, aber dann nur als m-stellige Zahl) hingeschrieben denkt, diese Zahlen immer kleiner werden. Der Coefficient von $A_1^{p_1} A_2^{p_2} \ldots$ ist dann: $(-1)^{r-1} \dfrac{(r-1)!}{p_1!\, p_2!\, p_3! \ldots}$ und also:

$$(7) \quad a_m = \sum_{p_1, p_2, \ldots} (-1)^{r-1} \frac{(r-1)!}{p_1!\, p_2!\, p_3! \ldots} A_1^{p_1} A_2^{p_2} A_3^{p_3} \ldots, \qquad (0! = 1)$$

wobei die Gleichung:

$$(8) \qquad p_1 + 2p_2 + 3p_3 + \ldots + mp_m = m$$

erfüllt sein muss, und r als Abkürzung für $p_1 + p_2 + \ldots + p_m$ beibehalten ist.

Noch einfacher wird die Gleichung (6), nämlich:

$$(9) \qquad A_m = \sum_{p_1, p_2, \ldots} \frac{a_1^{p_1} a_2^{p_2} a_3^{p_3} \ldots}{p_1!\, p_2!\, p_3! \ldots}, \qquad (0! = 1)$$

wieder unter Voraussetzung von (8).

---

genügen, höchstens die kleinere der beiden Zahlen:

$$r \text{ und } s = \left[\frac{\sqrt{1+8(m-r)}+1}{2}\right]$$

und überhaupt nie grösser als $\left[\dfrac{\sqrt{8m+1}-1}{2}\right]$ ist. (Das Zeichen $[a]$ bedeutet die grösste in a enthaltene ganze Zahl.)

Die Gleichung (7) giebt noch zu einer anderen Bemerkung Veranlassung. Zwischen den Coefficienten einer algebraischen Gleichung:

$$x^n - C_1 x^{n-1} + C_2 x^{n-2} \mp \ldots \pm C_n = 0$$

und den Potenzsummen ihrer Wurzeln $S_1, S_2, \ldots S_m$ bestehen bekanntlich die Newtonschen Beziehungen von folgender Form (wobei $m \gtreqless n$ vorausgesetzt wird):

$$(10) \qquad S_m - C_1 S_{m-1} + C_2 S_{m-2} \mp \ldots \pm C_{m-1} S_1 \mp m C_m = 0;$$

die independente Auflösung derselben ist von Waring[1]) gegeben und lautet:

$$S_m = C_1^m - m C_1^{m-2} C_2 + \sum_3^m k \Big(\sum_{\alpha, \beta, \gamma \ldots} P_{\alpha, \beta, \gamma \ldots} C_2^\alpha C_3^\beta C_4^\gamma \ldots \Big) C_1^{m-k}$$

$$P_{\alpha, \beta, \gamma \ldots} = (-1)^{s+k} m . \frac{(m-k+1)(m-k+2)\ldots(m-k+s-1)}{\alpha! \beta! \gamma! \ldots},$$

wobei

$$2\alpha + 3\beta + 4\gamma + \ldots = m - k$$

sein muss und

$$\alpha + \beta + \gamma + \ldots = s$$

gesetzt ist. Dies ist aber in wenig geänderter Form:

$$(11) \quad \left\{ \begin{aligned} S_m &= (-1)^m m \sum_{p_1, p_2 \ldots} (-1)^r \frac{(r-1)!}{p_1! \, p_2! \, p_3! \ldots} C_1^{p_1} C_2^{p_2} C_3^{p_3} \ldots \\ & p_1 + 2p_2 + 3p_3 + \ldots = m \\ & r = p_1 + p_2 + p_3 + \ldots \end{aligned} \right.$$

Vergleicht man hiermit die Gleichung (7), so sieht man, dass man sie nur mit $(-1)^{m-1} m$ zu multipliciren hat, um als rechte Seite genau die Waringsche Form (mit A_h statt C_h) benutzen zu können. Dies darf aber auch nicht weiter auffallen, denn setzt man in (10): $S_m = (-1)^{m-1} m a_m$ und überhaupt $S_k = (-1)^{k-1} k a_k$, so geht daraus nach Forthebung von $(-1)^{m-1}$ eine Gleichung hervor, die sich als identisch mit § 4, (16) erweist.

Wenden wir (7) auf die Gleichungen (22) des § 2 an, so gelangen wir, indem für $\frac{\sin x}{x}$ und $\cos x$ die Reihen genommen werden und $-x^2$ als u bezeichnet wird, zu folgenden, inhaltlich von Stern[2]) aufgestellten Formeln:

---

[1]) Meditationes algebraicae, 3. Aufl. Cambridge 1782, S. 1.

[2]) J. für Math. Bd. 26 (1843) S. 88. — Stern, von dem auch die weiterhin folgenden Gleichungen LXXII bis LXXV herrühren, wendet dabei die ursprünglichen Formen (5) und (6) an.

$$\text{LXXI}\left\{\begin{aligned}(-1)^{m+1}\frac{2^{2m-1}B_m}{m.(2m)!}&=\sum_{p_1,p_2,\ldots}(-1)^{r-1}\frac{(r-1)!}{p_1!p_2!\ldots}\left(\frac{1}{3!}\right)^{p_1}\left(\frac{1}{5!}\right)^{p_2}\cdots\left(\frac{1}{2m+1!}\right)^{p_m}\\(-1)^{m+1}\frac{\beta_m}{(2m)!}&=\sum_{p_1,p_2\ldots}(-1)^{r-1}\frac{(r-1)!}{p_1!p_2!\ldots}\left(\frac{1}{2!}\right)^{p_1}\left(\frac{1}{4!}\right)^{p_2}\cdots\left(\frac{1}{(2m)!}\right)^{p_m}.\end{aligned}\right.$$

Erinnert man sich der Eulerschen Methode, die reciproken Potenzsummen zu bestimmen, welche an die oben erwähnten Newtonschen Gleichungen anknüpft, so erkennt man, dass sich auch im Anschluss daran die vorstehenden Formeln beweisen lassen.

Aus der Gleichung (§ 4, (18)):

$$\lg\left(1+\frac{\alpha_1}{2!}x^2+\frac{\alpha_2}{4!}x^4+\ldots\right)=\frac{\beta_1}{2!}x^2+\frac{\beta_2}{4!}x^4+\ldots$$

folgen nach (7) und (9) die beiden:

$$\text{LXXII}\qquad\frac{\beta_m}{(2m)!}=\sum_{p_1,p_2,\ldots}(-1)^{r-1}\frac{(r-1)!}{p_1!p_2!\ldots}\left(\frac{\alpha_1}{2!}\right)^{p_1}\left(\frac{\alpha_2}{4!}\right)^{p_2}\cdots\left(\frac{\alpha_m}{(2m)!}\right)^{p_m},$$

$$\text{LXXIII}\qquad\frac{\alpha_m}{(2m)!}=\sum_{p_1,p_2\ldots}\frac{1}{p_1!p_2!\ldots}\left(\frac{\beta_1}{2!}\right)^{p_1}\left(\frac{\beta_2}{4!}\right)^{p_2}\cdots\left(\frac{\beta_m}{(2m)!}\right)^{p_m}.$$

Benutzen wir endlich die Gleichung (14) des § 4, so ist mit Rücksicht auf (10), (15) und (5) desselben Paragraphen:

$$\text{LXXIV}\left\{\begin{aligned}&\frac{\alpha_m}{2^{2m+2}(2m+1)!}=\sum_{p_1,p_2\ldots}(-1)^{r-1}\frac{(r-1)!}{p_1!p_2!\ldots}A_1^{p_1}A_2^{p_2}\ldots A_{2m+1}^{p_{2m+1}},\\&\qquad p_1+2p_2+\ldots+(2m+1)p_{2m+1}=2m+1\\&\qquad r=p_1+p_2+\ldots+p_{2m+1}\end{aligned}\right.$$

$$\text{LXXV}\left\{\begin{aligned}&-\frac{\beta_m}{2^{2m+1}(2m)!}=\sum_{p_1,p_2\ldots}(-1)^{r-1}\frac{(r-1)!}{p_1!p_2!\ldots}A_1^{p_1}A_2^{p_2}\ldots A_{2m}^{p_{2m}},\\&\qquad p_1+2p_2+\ldots+2mp_{2m}=2m\\&\qquad r=p_1+p_2+\ldots+p_{2m}\end{aligned}\right.$$

worin

$$A_k=\left\{\begin{aligned}&\frac{(-1)^{\frac{k-1}{2}}}{2^{2k}k!}\quad\ldots\ldots\quad k\text{ ungerade}\\&\frac{(-1)^{\frac{k}{2}}}{2^{2k}k!}\quad\ldots\ldots\quad k\text{ gerade,}\end{aligned}\right.$$

von welchen Gleichungen LXXIV die einzige dieses Paragraphen ist, welche explicite α_m durch bekannte Grössen, allerdings in höchst complicirter Weise ausdrückt.

Einige Recursionsformeln zwischen den B. Z. und zwischen den Tangentencoefficienten lassen sich auch direct mit Gleichung (10) in Zusammenhang bringen, z. B. II, welche sich nach Multiplication mit $2:(2m+2)!$ in der Form darstellt:

$$\frac{B_m}{(2m)!} - \frac{2}{4!}\frac{B_{m-1}}{(2m-2)!} + \frac{2}{6!}\frac{B_{m-2}}{(2m-4)!} \mp \ldots + (-1)^{m-1}\frac{2}{(2m)!}\frac{B_1}{2!} + (-1)^m m \cdot \frac{2}{(2m+2)!} = 0.$$

Diese Gleichung entsteht nun aus (10), indem man:

$$S_k = \frac{B_k}{(2k)!}, \quad C_h = \frac{2}{(2h+2)!}$$

setzt, also hat man nach (11):

$$\text{LXXVI} \qquad (-1)^{m-1}\frac{B_m}{m\,(2m)!} = \sum_{p_1, p_2 \ldots} (-1)^{r-1}\left(\frac{2}{4!}\right)^{p_1}\left(\frac{2}{6!}\right)^{p_2}\cdots\left(\frac{2}{(2m+2)!}\right)^{p_m}$$

welche mit der ersten LXXI zu vergleichen ist.[1])

2. Eine andere independente Darstellung der B. Z. hat Kronecker[2]) aus der Interpolationsformel von Lagrange abgeleitet. Ist u eine von x abhängige Grösse und sind $u_0\ u_1\ u_2 \ldots u_n$ die Werthe, welche dieselbe bezüglich für $x = x_0, x_1, x_2, \ldots x_n$ annimmt, so lautet die Formel[3]):

$$(12) \quad u = \frac{(x-x_1)(x-x_2)\ldots(x-x_n)}{(x_0-x_1)(x_0-x_2)\ldots(x_0-x_n)}u_0 + \frac{(x-x_0)(x-x_2)\ldots(x-x_n)}{(x_1-x_0)(x_1-x_2)\ldots(x_1-x_n)}u_1 + \ldots + \frac{(x-x_0)(x-x_1)\ldots(x-x_{n-1})}{(x_n-x_0)(x_n-x_1)\ldots(x_n-x_{n-1})}u_n;$$

diese Gleichung gilt streng, wenn u eine ganze rationale Function n^{ten} Grades von x ist. Setzen wir darin $x_k = k$, so wird sie:

$$(13) \quad u = (-1)^n\left\{\frac{(x-1)(x-2)\ldots(x-n)}{n!}u_0 - \frac{x(x-2)\ldots(x-n)}{1!(n-1)!}u_1 + \frac{x(x-1)(x-3)\ldots(x-n)}{2!(n-2)!}u_2 \mp \ldots + (-1)^n\frac{x(x-1)(x-2)\ldots(x-n+1)}{n!}u_n\right\}.$$

---

1) Für die Eulerschen Zahlen giebt es keine Gleichung der Art wie LXXI und LXXVI (wo auf der rechten Seite der höchste Index von p gleich dem Index auf der linken Seite ist), weil die Secante für keinen reellen oder complexen endlichen Werth von x verschwindet.

2) Bemerkungen zu der [in demselben Heft enthaltenen] Abhandlung des Herrn Worpitzky, J. für Math. Bd. 94 (1883), S. 268.

3) Siehe Cauchy, Algebr. Analysis Cap. 3 und Note V.

Wir setzen jetzt:

$$(14)\qquad u = 1^{n-1} + 2^{n-1} + 3^{n-1} + \ldots + (x-1)^{n-1}$$

also nach § 1, (14) bis (16):

$$(15)\qquad u = \frac{x^n}{n} - \frac{x^{n-1}}{2} + (n)_1 \frac{B_1}{2} x^{n-2} \mp \ldots$$

$$+ \begin{cases} (-1)^{\frac{n+1}{2}} B_{\frac{n-1}{2}}\, x \quad \ldots\ldots \quad n \text{ ungerade} \\ (-1)^{\frac{n}{2}} \frac{n-1}{2} B_{\frac{n}{2}-1}\, x^2 \quad \ldots \quad n \text{ gerade,} \end{cases}$$

hieraus folgt, dass u eine ganze rationale Function n^{ten} Grades von x ist; für $x = 0$ folgt aus (15): $u_0 = 0$, für $x = 1$ aus (14) oder aus den Gleichungen I, II, je nachdem $\frac{n-1}{2}$ oder $\frac{n}{2}-1$ gleich m gesetzt wird: $u_1 = 0$. Die übrigen Werthe:

$$u_2 = 1^{n-1},\ u_3 = 1^{n-1} + 2^{n-1}, \ldots u_n = 1^{n-1} + 2^{n-1} + \ldots + (n-1)^{n-1}$$

ergeben sich aus (14). Setzen wir nun in (13) für u den obigen Werth (15) ein, nehmen n ungerade $= 2m+1$ an, und vergleichen beiderseits die Coefficienten von x, so erhalten wir die Gleichung:

$$\text{LXXVII}\qquad (-1)^m B_m = \frac{(2m+1)_2}{2} 1^{2m} - \frac{(2m+1)_3}{3}(1^{2m}+2^{2m})$$

$$+ \frac{(2m+1)_4}{4}(1^{2m}+2^{2m}+3^{2m}) \mp \ldots - \frac{(2m+1)_{2m+1}}{2m+1}\left(1^{2m}+2^{2m}+3^{2m}+\ldots+(2m)^{2m}\right).$$

Dies ist die Kroneckersche Formel für B_m, an welche sich unmittelbar für $n = 2m+2$ die folgende anschliesst:

$$\text{LXXVII}_a\qquad 0 = \frac{(2m+2)_2}{2} 1^{2m+1} - \frac{(2m+2)_3}{3}(1^{2m+1} + 2^{2m+1}) \pm \ldots$$

$$+ \frac{(2m+2)_{2m+2}}{2m+2}\left(1^{2m+1} + 2^{2m+1} + \ldots + (2m+1)^{2m+1}\right).$$

Diese Formeln können mit den Bauerschen (§ 11) LXIV und LXIV_a (letztere mit $2m+1$ statt $2m-1$) in einen gewissen Zusammenhang gebracht werden. Ordnet man nämlich die Formeln nach den Potenzen $1^{2m}, 2^{2m}, 3^{2m}\ldots$ bezüglich $1^{2m+1}, 2^{2m+1}, 3^{2m+1}\ldots$, so sind die Coefficienten von k^{2m} in LXXVII und LXIV, sowie von k^{2m+1} in LXXVII_a und LXIV_a einander gleich.

Der Coefficient von k^{2m} in der ersteren Gleichung sei $(-1)^{k-1}\,\Gamma_k$, in der letzteren $(-1)^{k-1}\,C_k$. Dann ist:

$$\Gamma_k = \frac{(2m+1)_{k+1}}{k+1} - \frac{(2m+1)_{k+2}}{k+2} \pm \ldots \pm \frac{(2m+1)_{2m+1}}{2m+1} \tag{16}$$

und wie aus der Bedeutung von $\overset{p}{a_k}$ (§ 8, (16)) leicht abzuleiten:

$$C_k = \frac{1}{k+1} + \frac{(k+1)_1}{k+2} + \frac{(k+2)_2}{k+3} + \ldots + \frac{(2m)_{2m-k}}{2m+1}. \tag{17}$$

Sei nun:

$$\varphi(n, h) = \frac{(n)_h}{h} - \frac{(n)_{h+1}}{h+1} + \frac{(n)_{h+2}}{h+2} \mp \ldots + (-1)^{n-h}\frac{(n)_n}{n}; \tag{18}$$

multipliciren wir dann die Gleichungen:

$$\begin{aligned}
(n)_h &= (n-1)_{h-1} + (n-1)_h \\
(n)_{h+1} &= (n-1)_h + (n-1)_{h+1} \\
(n)_{h+2} &= (n-1)_{h+1} + (n-1)_{h+2} \\
&\ldots\ldots\ldots\ldots\ldots \\
(n)_n &= (n-1)_{n-1}
\end{aligned}$$

bezüglich mit den Factoren $\frac{1}{h}, -\frac{1}{h+1}, +\frac{1}{h+2}, \ldots \pm \frac{1}{n}$ und addiren, so erhalten wir mit Rücksicht auf die leicht erweisliche Gleichung:

$$\frac{(n-1)_{h-1}}{h} - \frac{(n-1)_h}{h+1} + \frac{(n-1)_{h+1}}{h+2} \mp \ldots + (-1)^{n-h}\frac{(n-1)_{n-1}}{n} = \frac{(n-1)_{h-1}}{n} \tag{19}$$

folgende Beziehung:

$$\varphi(n, h) = \frac{(n-1)_{h-1}}{n} + \varphi(n-1, h);$$

ebenso ist:

$$\begin{aligned}
\varphi(n-1, h) &= \frac{(n-2)_{h-1}}{n-1} + \varphi(n-2, h) \\
\varphi(n-2, h) &= \frac{(n-3)_{h-1}}{n-2} + \varphi(n-3, h) \\
&\ldots\ldots\ldots\ldots\ldots \\
\varphi(h, h) &= \frac{(h-1)_{h-1}}{h}.
\end{aligned}$$

Die Addition dieser Gleichungen giebt den Werth von $\varphi(n, h)$ und der Vergleich mit (18) die Identität:

$$\begin{aligned}
&\frac{(n)_h}{h} - \frac{(n)_{h+1}}{h+1} + \frac{(n)_{h+2}}{h+2} \mp \ldots \pm \frac{(n)_n}{n} \\
&= \frac{(n-1)_{h-1}}{n} + \frac{(n-2)_{h-1}}{n-1} + \frac{(n-3)_{h-1}}{n-2} + \ldots + \frac{(h)_{h-1}}{h+1} + \frac{(h-1)_{h-1}}{h}.
\end{aligned} \tag{20}$$

Substituirt man hierin $n = 2m + 1$, $h = k + 1$, so ergiebt sich die Gleichheit von Γ_k und C_k [1]).

3. Setzt man in (14) des § 1 $x = 1, 2, 3 \ldots m$, so kann man aus dem entstehenden Gleichungssystem $B_1, B_2 \ldots B_m$ berechnen; auf diese Weise gelangt man zu folgender Formel, deren speciellere Ableitung hier übergangen werden soll:

LXXVIII
$$\left\{\begin{aligned} &(-1)^{m-1} B_m = \frac{2}{1}\frac{(m)_1}{(m+1)_1} \cdot \overset{m}{P_1} - \frac{2}{2}\frac{(m)_2}{(m+2)_2}\overset{m}{P_2} + \frac{2}{3}\frac{(m)_3}{(m+3)_3}\overset{m}{P_3} \mp \ldots \\ &\qquad + (-1)^{m-1}\frac{2}{m}\frac{(m)_m}{(2m)_m}\overset{m}{P_m} \\ &\text{worin:} \\ &\overset{m}{P_k} = 1^{2m} + 2^{2m} + \ldots + k^{2m} - \frac{2m+1+2k}{2(2m+1)} \cdot k^{2m} \\ &\overset{m}{P_1} = \frac{2m-1}{2(2m+1)}. \end{aligned}\right.$$

Diese Formel ist der obigen Kroneckerschen, an deren Bau sie erinnert, insofern vorzuziehen, als sie nur halb so viel Glieder hat, als jene, ohne sich jedoch deshalb durch besondere Einfachheit auszuzeichnen. Sie steht übrigens mit der Worpitzkyschen Formel LXVIII in ähnlichem Zusammenhang, wie die Kroneckersche mit der Bauerschen. Ordnet man nämlich die beiden Formeln LXXVIII und LXVIII nach den Grössen $1^{2m}, 2^{2m}, \ldots m^{2m}$ (wozu für die Worpitzkysche die Gleichung § 12, (8) für die $\overset{p}{A_k}$ benutzt werden muss), so findet sich, dass wieder die Coefficienten von k^{2m} übereinstimmen; aber auch dafür soll der, nicht ganz einfache, Beweis an dieser Stelle unterdrückt werden.

4. Ein eigenthümlicher Zusammenhang zwischen den B. Z. und den Wurzeln der Einheit ist von Kronecker aufgefunden worden.[2]) Es gelingt ihm nämlich im Allgemeinen, zwei gewisse symmetrische Functionen der willkürlich anzunehmenden Grössen $a, b, c, \ldots$ durch Potenzsummen derselben und durch die B. Z. auszudrücken, woraus bei besonderer Annahme von $a, b, c, \ldots$ Formeln für die B. Z. sich ergeben.

Seien P_k und R_k folgende symmetrische Functionen der n Grössen $a, b, c, \ldots$

---

[1]) Nimmt man $h = 1$ an, so entsteht die nette Gleichung:

$$\frac{(n)_1}{1} - \frac{(n)_2}{2} + \frac{(n)_3}{3} \mp \ldots \pm \frac{(n)_n}{n} = 1 + \frac{1}{2} + \frac{1}{3} + \ldots + \frac{1}{n}.$$

[2]) Sur quelques fonctions symétriques et sur les nombres de Bernoulli. Liouville J., II. Série, t. I (1856) p. 385.

$$P_k = \Sigma(\pm a \pm b \pm c \pm \ldots)^k, \tag{21}$$

$$R_k = \Sigma \pm (\pm a \pm b \pm c \pm \ldots)^k, \tag{22}$$

wobei alle möglichen Combinationen der vor a, b, $c, \ldots$ stehenden Zeichen zu nehmen und die k^{ten} Potenzen (k positive ganze Zahl) der Klammern für P_k zu addiren, für R_k mit dem Vorzeichen, welches gleich dem Product der Zeichen in der Klammer ist, zu versehen und dann zu addiren sind; die Anzahl der Klammern ist dabei als Anzahl der Variationen von zwei Elementen in der n^{ten} Klasse mit Wiederholungen gleich 2^n.

Z. B. ist für $n = 2$:

$$P_k = (a+b)^k + (a-b)^k + (-a+b)^k + (-a-b)^k$$
$$R_k = (a+b)^k - (a-b)^k - (-a+b)^k + (-a-b)^k.$$

Aus der Definition folgt sofort, dass:

$$\begin{cases} \text{für ein ungerades } k\text{:} & P_k = 0 \\ \text{für ein gerades } k\text{:} & P_k = 2\Sigma(+a \pm b \pm c \pm \ldots)^k \end{cases} \tag{23}$$

ist. Für R_k, dem wir mitunter, um uns kürzer ausdrücken zu können, noch den oberen Index n geben, gelten folgende Sätze:

$$\begin{cases} \overset{n}{R}_k = 0, \text{ wenn } k < n \\ \overset{n}{R}_k = 0, \text{ wenn } n + k \text{ ungerade} \\ \overset{n}{R}_n = 2^n n!\, a\, b\, c \ldots \end{cases} \tag{24}$$

Dieselben lassen sich direct beweisen, ergeben sich aber noch leichter aus dem Folgenden.

Sei nun:

$$F(x) = (e^{ax} + e^{-ax})(e^{bx} + e^{-bx})(e^{cx} + e^{-cx}) \ldots \tag{25}$$

so ist auch:

$$\begin{aligned} F(x) &= e^{(a+b+c+\ldots)x} + e^{(-a+b+c+\ldots)x} + \ldots \\ &= 1 + (a+b+c+\ldots)x + (a+b+c+\ldots)^2 \frac{x^2}{2!} + \ldots \\ &\quad + 1 + (-a+b+c+\ldots)x + (-a+b+c+\ldots)^2 \frac{x^2}{2!} + \ldots \\ &\quad + \text{etc.} \\ &= 2^n + P_1 x + P_2 \frac{x^2}{2!} + P_3 \frac{x^3}{3!} + \ldots \end{aligned}$$

oder nach (23):

$$F(x) = 2^n + P_2 \frac{x^2}{2!} + P_4 \frac{x^4}{4!} + \ldots \tag{26}$$

Differentiiren wir (25), nachdem beiderseits Logarithmen genommen worden, so erhalten wir:

$$\frac{F'(x)}{F(x)} = a\,\frac{e^{ax}-e^{-ax}}{e^{ax}+e^{-ax}} + b\,\frac{e^{bx}-e^{-bx}}{e^{bx}+e^{-bx}} + \ldots$$

oder nach § 9, (2):

$$\frac{F'x}{Fx} = a\left(\beta_1\,ax - \beta_2\,\frac{a^3x^3}{3!} \pm \ldots\right) + b\left(\beta_1\,bx - \beta_2\,\frac{b^3x^3}{3!} \pm \ldots\right) + \text{u. s. w.}$$

also, wenn wir die Bezeichnung:

(27) $$S_m = a^m + b^m + c^m + \ldots$$

einführen:

$$\frac{F'(x)}{F(x)} = S_2\,\beta_1\,x - S_4\,\beta_2\,\frac{x^3}{3!} + S_6\,\beta_3\,\frac{x^5}{5!} \mp \ldots$$

Multipliciren wir diese Gleichung mit $F(x)$, setzen für $F(x)$ den Ausdruck aus (26) und für $F'(x)$ dessen Differentialquotienten, so erhalten wir die Gleichung:

(28) $$\sum_1^\infty{}_k\, P_{2k}\,\frac{x^{2k-1}}{(2k-1)!} = \left(2^n + \sum_1^\infty{}_k\, P_{2k}\,\frac{x^{2k}}{(2k)!}\right)\cdot\sum_1^\infty{}_k\,(-1)^{k+1}\,\frac{\beta_k}{(2k-1)!}\,S_{2k}\,x^{2k-1}.$$

Mittels der Abkürzungen:

(29) $$\frac{\beta_k\,S_{2k}}{(2k-1)!} = s_{2k},\quad (-1)^k\,\frac{P_{2k}}{2^n\,(2k)!} = p_{2k}$$

wird diese Gleichung:

(30) $$\sum_1^\infty{}_k\,(-1)^k\,2k\,p_{2k}\,x^{2k-1} - \left(1+\sum_1^\infty{}_k\,(-1)^k\,p_{2k}\,x^{2k}\right)\sum_1^\infty{}_k\,(-1)^{k+1}\,s_{2k}\,x^{2k-1} = 0;$$

und wenn der Coefficient von x^{2m-1} gleich Null gesetzt wird, so giebt dies:

(31) $$s_{2m} + p_2\,s_{2m-2} + p_4\,s_{2m-4} + \ldots + p_{2m-2}\,s_2 + 2m\,p_{2m} = 0.$$

Vermittelst dieser Gleichung, in welcher die Anzahl n der Grössen $a, b, c, \ldots$ unabhängig von m ist, kann man, wenn man die B. Z. als bekannt annimmt (mit Benutzung von (29)), successive $p_2, p_4 \ldots p_{2m}$ und hieraus P_{2m} durch die Potenzsummen $S_2, S_4, \ldots S_{2m}$ und bekannte Grössen ausdrücken, aber dies kann auch in combinatorischer Art direct für p_{2m} geschehen, denn, setzt man:

(32) $$s_{2k} = 2\sigma_k,\quad p_{2k} = (-1)^k\,q_k$$

wodurch obige (31) in:

(33) $$\sigma_m - q_1\,\sigma_{m-1} + q_2\,\sigma_{m-2} \mp \ldots \pm q_{m-1}\,\sigma_1 \mp m q_m = 0$$

übergeht, so sind die σ_k die Summen der k^{ten} Potenzen der Wurzeln der Gleichung:

(34) $$y^n - q_1\,y^{n-1} + q_2\,y^{n-2} \mp \ldots = 0 \qquad m \gtreqless n$$

und s_{2k} die Summe der $(2k)^{\text{ten}}$ Potenzen der Wurzeln der Gleichung:

(35) $$z^{2n} - q_1\,z^{2n-2} + q_2\,z^{2n-4} \mp \ldots = 0$$

und nun kann man die Gleichung (33), die als Newtonsche Formel sich erweist (wenn man darin nach einander $m = 1, 2, 3, \ldots m$ gesetzt denkt), für die q_k auflösen und erhält[1]):

$$q_m = \Sigma G_{\alpha,\beta,\gamma,\delta\ldots}\,\sigma_1^\alpha\,\sigma_2^\beta\,\sigma_3^\gamma\,\sigma_4^\delta\ldots$$

wobei:

$$\alpha + 2\beta + 3\gamma + 4\delta + \ldots = m$$

$$G_{\alpha,\beta,\gamma,\delta\ldots} = (-1)^{\beta+\delta+\ldots}\left\{\alpha!\;2^\beta\beta!\;3^\gamma\gamma!\;4^\delta\delta!\ldots\right\}^{-1}.$$

Aus q_m findet man dann p_m und P_m.

Man kann aber auch, was für uns das Wichtigere ist, die Gleichung (31) oder (33) zur Bestimmung der Tangentencoefficienten, und somit der B. Z. benutzen, indem man für die $a, b, \ldots$ geeignete Substitutionen anwendet. Diese kann man so wählen, dass die p_k entweder möglichst einfach werden, oder in möglichst geringer Zahl auftreten. Die zweite Modalität findet sich bei Kronecker verwendet, doch mögen auch der ersten einige Zeilen gewidmet werden. Setzen wir:

(36) $$a = 1,\; b = c = \ldots = 0,\; n = 1,$$

so wird:

$$P_{2k} = 2,\; S_k = 1,$$

und die Gleichung (33) wird zu XIV. — Setzen wir:

(37) $$a = 1,\; b = 1,\; c = \ldots = 0,\; n = 2,$$

so wird:

$$P_{2k} = 2\,.\,2^{2k} = 2^{2k+1},\; S_{2k} = 2$$

und die Gleichung (33) geht in folgende über:

LXXIX $$\beta_m - (2m-1)_2\,2\beta_{m-1} + (2m-1)_4\,2^3\beta_{m-2} \mp \ldots$$
$$+ (-1)^{m-1}(2m-1)_{2m-2}\,2^{2m-3}\,\beta_1 + (-1)^m\,2^{2m-2} = 0,$$

---

[1]) Siehe Serret, Höhere Algebra (deutsch von Wertheim) 1. Bd. § 201.

woraus mittels der Waringschen Formel (11) diese:

$$\text{LXXX} \qquad \frac{(-1)^{m-1}\beta_m}{m(2m-1)!} = \sum_{\lambda_1\lambda_2,\dots} (-1)^{r-1} \frac{(r-1)!}{\lambda_1!\,\lambda_2!\dots} \left(\frac{2^3}{4!}\right)^{\lambda_2} \dots \left(\frac{2^{2m-1}}{(2m)!}\right)^{\lambda_m}$$

entfliesst[1]). Und in dieser Art können durch andere Substitutionen aus (33) beliebig viele Recursionsformeln und dann durch (11) gleichzeitig die zugehörige independente Darstellung für die Tangentencoefficienten gebildet werden.

Kronecker nimmt die Grössen a, b, c u. s. w. als die $2m$ Wurzeln der Gleichung:

$$(38) \qquad x^{2m} - 1 = 0$$

also $n = 2m$ an. Setzt man in (10) μ statt m, so lautet die Gleichung für $\mu \leqq 2m$:

$$(39) \qquad \begin{cases} S_\mu = 0 & \mu < 2m \\ S_{2m} - 2m = 0 & \mu = 2m \end{cases}$$

also wird aus (31):

$$s_{2m} + 2m\,p_{2m} = 0$$

und dann nach (29) und weil $S_{2m} = 2m$ ist:

$$\text{LXXXI} \qquad \left\{ \begin{aligned} &\beta_m = (-1)^{m+1} \frac{P_{2m}}{2^{2m}\,2m} \\ \text{oder:} \\ &B_m = (-1)^{m+1} \frac{\Sigma(\pm a \pm b \pm c \pm \dots)^{2m}}{2^{4m}(2^{2m}-1)}, \end{aligned} \right.$$

worin die $2m$ Grössen a, b, c, ... die $(2m)^{\text{ten}}$ Wurzeln der Einheit sind.

So ist z. B. für $m = 2$:

$$a = 1,\ b = -1,\ c = i,\ d = -i$$

demnach:

$$P_4 = 2\left\{0 + (2i)^4 + (-2i)^4 + 0 + 2^4 + (2+2i)^4 + (2-2i)^4 + 2^4\right\} = -128$$

und hiermit:

$$\beta_2 = \frac{128}{16 \cdot 4} = 2.$$

---

[1]) Die Gleichung LXXIX entsteht auch aus XVII, wenn man darin für α_{m-1}, α_{m-2} u. s. w. die Gleichung XV verwendet, und ebenso entsteht aus XV mittels XVIII_a eine für die Secantencoefficienten. Verfasser bemerkt noch persönlich, dass er durch die Resultate der obigen Substitutionen (36) und (37) auf die Anwendung der Newtonschen Formeln und das, was damit zusammenhängt, in Nr. 1 dieses Paragraphen geführt wurde.

Trotz des geringen praktischen Nutzens der Gleichungen LXXXI erscheint doch der durch sie klargelegte Zusammenhang der B. Z. mit den Einheitswurzeln dem Verfasser von hohem Interesse.

Ueber den zweiten Theil dieser Abhandlung können wir nunmehr, ohne unverständlich zu werden, kürzer referiren. Sei

$$\Phi(x) = (e^{ax} - e^{-ax})(e^{bx} - e^{-bx})(e^{cx} - e^{-cx})\ldots, \tag{40}$$

so ist auch

$$\Phi(x) = \Sigma \pm e^{(\pm a \pm b \pm c \pm \ldots)x}, \tag{41}$$

wo das Zeichen vor e gleich dem Product der Zeichen im Exponenten zu nehmen ist. Also wird:

$$\Phi(x) = \sum_1^\infty{}_k \frac{\overset{n}{R}_k}{k!} x^k. \tag{42}$$

Nun beginnen die Klammern in (40) mit bez. $2ax$, $2bx$, $2cx$ u. s. w., also $\Phi(x)$ mit $2^n abc\ldots x^n$, daher ist $\overset{n}{R}_n = 2^n n!\, abc\ldots$ und $\overset{n}{R}_k = 0$ für $k < n$; ferner enthält jede Klammer nur ungerade Potenzen von x, also $\Phi(x)$ für gerades n nur gerade, für ungerades n nur ungerade, somit muss $\overset{n}{R}_k = 0$ sein, wenn k und n verschiedenartig sind; hiermit sind die Sätze (24) bewiesen. Es ist also:

$$\Phi(x) = \sum_0^\infty{}_k \overset{n}{R}_{n+2k} \frac{x^{n+2k}}{(n+2k)!}. \tag{43}$$

Wird nun wieder die Gleichung (40) logarithmisch differentiirt, so entsteht bei Benutzung der Gleichung § 2, (5):

$$\frac{\Phi'(x)}{\Phi(x)} = \frac{n}{x} + \sum_1^\infty{}_k (-1)^{k-1} \frac{2^{2k} B_k S_{2k}}{(2k)!} x^{2k-1}.$$

Die weitere Behandlung ist ganz analog derjenigen des ersten Theiles und führt bei Anwendung der Abkürzungen:

$$\begin{cases} \dfrac{\overset{n}{R}_{n+2k}}{\overset{n}{R}_n} \dfrac{n!}{(n+2k)!} = \omega_{2k} \\ (-1)^k \dfrac{2^{2k} B_k S_{2k}}{(2k)!} = t_{2k} \end{cases} \tag{44}$$

zur Gleichung:

$$t_{2m} + \omega_2 t_{2m-2} + \omega_4 t_{2m-4} + \ldots + \omega_{2m-2} t_2 + 2m\omega_{2m} = 0 \tag{45}$$

und schliesslich zur Formel:

$$\text{LXXXII} \quad B_m = (-1)^m \frac{\overset{2m}{R_{4m}}}{2^{4m}(2m+1)\ldots(4m)} = (-1)^m \cdot \frac{\Sigma \pm (\pm a \pm b \pm c \pm \ldots)^{4m}}{2^{4m}(2m+1)(2m+2)(2m+3)\ldots(4m)},$$

wenn a, b, c, ... wie oben die Wurzeln der Gleichung (38) sind.

Für $m = 2$ ist z. B. wieder:

$$a = 1,\ b = -1,\ c = i,\ d = -i,$$

$$R_8 = 2\left\{0 - (2i)^8 - (-2i)^8 + 0 - 2^8 + (2+2i)^8 + (2-2i)^8 - 2^8\right\}$$

$$= 2 \,.\, 2^8 \,.\, 28 = 2^{11} \,.\, 7$$

und hieraus:

$$B_2 = \frac{2^{11} \,.\, 7}{2^8 \,.\, 5 \,.\, 6 \,.\, 7 \,.\, 8} = \tfrac{1}{30},$$

wie es sein soll.

§ 14.

Darstellung durch bestimmte Integrale.

Wenn es nur darauf ankäme, Näherungswerthe für die B. Z. oder die Eulerschen Zahlen zu finden — und dabei kämen nur die weiter hinaus gelegenen in Betracht —, so wäre es am einfachsten, für die B. Z. die Gleichung § 2, (12) und für die Eulerschen Zahlen die 2te Gleichung (12) des § 4 anzuwenden, indem sich S_{2m} bez. U_{2m+1} sehr bald durch 1 ersetzen liessen. Weit complicirter ist die Berechnung eines bestimmten Integrals, das sich durch keinen geschlossenen Ausdruck darstellen lässt; das ist aber bei den folgenden nicht angänglich, und so wäre es sehr unzweckmässig, mittels dieser bestimmten Integrale die Bernoullischen oder Eulerschen Zahlen berechnen zu wollen, zumal das Interesse sich meistens an den genauen Werth derselben heftet. Wir haben daher die Ueberschrift dieses Paragraphen so zu verstehen, dass wir einerseits werden in den Stand gesetzt werden, gewisse bestimmte Integrale durch die als bekannt vorauszusetzenden Eulerschen und Bernoullischen Zahlen auszudrücken, und dass wir andererseits ein neues Beweismittel für die Beziehungen zwischen den genannten Zahlen erhalten.

Die Ersten, welche die B. Z. mit bestimmten Integralen in Zusammenhang brachten, scheinen Plana und Abel[1]) gewesen zu sein. Unabhängig von ihnen hat Schlömilch bestimmte Integrale für die B. Z. sowie für

[1]) Plana, wie Catalan angiebt in den Mém. de l'Académie de Turin 1820, Abel, Oeuvres complètes t. II. Abhandl. XVIII, 2 (p. 235). Beide haben dasselbe, im Text als LXXXIV bezeichnete, Integral angegeben.

die Tangenten- und Secantencoefficienten aufgefunden[1]) und später Catalan diesen noch einige von anderer Art hinzugefügt.

Herr Schlömilch geht von den beiden Gleichungen (mit leichter Aenderung im 2ten Integral):

$$(1)\qquad J_1 = \int_0^\infty \frac{\cos(x\Theta)\, d\Theta}{e^{\frac{\pi}{2}\Theta} + e^{-\frac{\pi}{2}\Theta}} = \frac{1}{e^x + e^{-x}}$$

$$(2)\qquad J_2 = \int_0^\infty \frac{\sin(x\Theta)\, d\Theta}{e^{\frac{\pi}{2}\Theta} - e^{-\frac{\pi}{2}\Theta}} = \frac{1}{2}\,\frac{e^x - e^{-x}}{e^x + e^{-x}}$$

aus, deren Richtigkeit sich in folgender Art beweisen lässt. Sei:

$$(3)\qquad \int_0^\infty e^{-\alpha\Theta} \cos(x\Theta)\, d\Theta = U, \quad \int_0^\infty e^{-\alpha\Theta} \sin(x\Theta)\, d\Theta = V,$$

so folgt durch partielle Integration (unter Voraussetzung eines positiven α):

$$U = \frac{1}{\alpha} - \frac{x}{\alpha} V$$

$$V = \frac{x}{\alpha} U$$

und hieraus:

$$(4)\qquad U = \frac{\alpha}{\alpha^2 + x^2}, \quad V = \frac{x}{\alpha^2 + x^2}.$$

Nun ist:

$$(5)\qquad J_1 = \int_0^\infty \cos(x\Theta)\left(e^{-\frac{\pi}{2}\Theta} - e^{-\frac{3\pi}{2}\Theta} + e^{-\frac{5\pi}{2}\Theta} \mp \ldots\right) d\Theta,$$

$$(6)\qquad J_2 = \int_0^\infty \sin(x\Theta)\left(e^{-\frac{\pi}{2}\Theta} + e^{-\frac{3\pi}{2}\Theta} + e^{-\frac{5\pi}{2}\Theta} + \ldots\right) d\Theta,$$

es sind also in U und V für α nacheinander $\frac{\pi}{2}, \frac{3\pi}{2}, \frac{5\pi}{2}$ u. s. w. zu setzen, und die entstehenden Ausdrücke mit abwechselnden, bez. gleichen Zeichen zu summiren; setzt man ferner in den Partialbruch-Entwickelungen für $\sec x$ und $\operatorname{tg} x$, um am leichtesten zum Resultat zu gelangen ix statt x, so kommt man zu folgenden bekannten Gleichungen:

$$\frac{1}{e^x + e^{-x}} = 2\pi\left(\frac{1}{\pi^2 + 4x^2} - \frac{3}{(3\pi)^2 + 4x^2} + \frac{5}{(5\pi)^2 + 4x^2} \mp \ldots\right)$$

$$\frac{e^x - e^{-x}}{e^x + e^{-x}} = 8x\left(\frac{1}{\pi^2 + 4x^2} + \frac{1}{(3\pi)^2 + 4x^2} + \frac{1}{(5\pi)^2 + 4x^2} + \ldots\right).$$

---

1) Grunerts Archiv 1. Bd. (1841) S. 360 und 3. Bd. (1843) S. 9.

Die Anwendung derselben bei der Summation führt unmittelbar zu den Gleichungen (1) und (2). Entwickelt man deren beide Seiten nach Potenzen von x und benutzt dabei für die rechten Seiten die Gleichungen (1) und (2) des § 9, so erhält man durch Vergleichung die Formeln:

$$\text{LXXXIII} \qquad \int_0^\infty \frac{\Theta^{2m}\, d\Theta}{e^{\frac{\pi\Theta}{2}} + e^{-\frac{\pi\Theta}{2}}} = \tfrac{1}{2}\,\alpha_m$$

$$\text{LXXXIV} \qquad \int_0^\infty \frac{\Theta^{2m-1}\, d\Theta}{e^{\frac{\pi\Theta}{2}} - e^{-\frac{\pi\Theta}{2}}} = \tfrac{1}{2}\,\beta_m.$$

Das 2te Integral lässt sich noch in bemerkenswerther Art umformen. Setzt man links 2Θ statt Θ und dividirt beide Seiten durch 2^{2m}, so wird mit Benutzung des Werthes § 4, (3) für β_m:

$$(7) \qquad \int_0^\infty \frac{\Theta^{2m-1}\, d\Theta}{e^{\pi\Theta} - e^{-\pi\Theta}} = \frac{(2^{2m}-1)\, B_m}{4m}$$

und hieraus:

$$(8) \qquad \int_0^\infty \frac{\Theta^{2m-1}\, d\Theta}{e^{\pi\Theta} + 1} + \int_0^\infty \frac{\Theta^{2m-1}\, d\Theta}{e^{\pi\Theta} - 1} = \frac{(2^{2m}-1)\, B_m}{2m};$$

zieht man diese Gleichung von der auf die Form:

$$\int_0^\infty \frac{e^{\frac{\pi\Theta}{2}}\, \Theta^{2m-1}\, d\Theta}{e^{\pi\Theta} - 1} = \frac{2^{2m}(2^{2m}-1)\, B_m}{4m}$$

gebrachten (7) ab, so erhält man:

$$-\int_0^\infty \frac{\Theta^{2m-1}\, d\Theta}{e^{\pi\Theta} + 1} + \int_0^\infty \frac{\Theta^{2m-1}\, d\Theta}{e^{\frac{\pi\Theta}{2}} + 1} = \frac{(2^{2m}-1)\,(2^{2m-1}-1)\, B_m}{2m}$$

oder, wenn man im 2ten Integral 2Θ statt Θ setzt und die Gleichung durch $2^{2m}-1$ dividirt:

$$\text{LXXXV} \qquad \int_0^\infty \frac{\Theta^{2m-1}\, d\Theta}{e^{\pi\Theta} + 1} = \frac{(2^{2m-1}-1)\, B_m}{2m}.$$

Zieht man diese Gleichung wiederum von (7) ab, so entsteht:

$$\text{LXXXVI} \qquad \int_0^\infty \frac{\Theta^{2m-1}\, d\Theta}{e^{2\pi\Theta} - 1} = \frac{B_m}{4m}.$$

Aus diesen Gleichungen[1]) leitet Schlömilch einige Recursionsformeln, wie z. B. XIV (oder VII) in folgender Art ab: aus der leicht beweisbaren Gleichung:

$$(9)\qquad e^{\alpha x}\sin(\Theta x) = \sum_1^\infty \Big((n)_1\,\alpha^{n-1}\,\Theta - (n)_3\,\alpha^{n-3}\,\Theta^3 + (n)_5\,\alpha^{n-5}\,\Theta^5 \mp \ldots\Big)\frac{x^n}{n!}$$

ergiebt sich als Coefficient von $x^{2m-1} : (2m-1)!$ in der Entwickelung von $(e^x + e^{-x})\sin(\Theta x)$ dieser:

$$(10)\qquad 2\Big\{(2m-1)_1\,\Theta - (2m-1)_3\,\Theta^3 \pm \ldots \pm (2m-1)_{2m-1}\,\Theta^{2m-1}\Big\}.$$

Multipliciren wir nun Gleichung (2) mit $e^x + e^{-x}$, suchen beiderseits den Coefficienten von $x^{2m-1} : (2m-1)!$ auf, welcher rechts $= 1$ ist und links aus (10) hervorgeht, und wenden zur Integration die Gleichung LXXXIV an, so erhalten wir die Gleichung:

$$(2m-1)_1\,\beta_1 - (2m-1)_3\,\beta_2 \pm \ldots + (-1)^{m-1}(2m-1)_{2m-1}\,\beta_m = 1,$$

welche von XIV nicht verschieden ist.

Ferner liefern die Gleichungen LXXXIII bis LXXXVI, wie Schlömilch bemerkt, neue einfache Beweise für die Gleichungen § 2, (12) und § 4 (12). Entwickelt man z. B. LXXXIII in der Art:

$$\tfrac{1}{2}\,\alpha_m = \int_0^\infty \Theta^{2m}\Big(e^{-\frac{\pi\Theta}{2}} - e^{-\frac{3\pi\Theta}{2}} + e^{-\frac{5\pi\Theta}{2}} \mp \ldots\Big)\,d\Theta$$

und benutzt die bekannte Gleichung

$$(11)\qquad \int_0^\infty e^{-\mu\Theta}\,\Theta^{2m}\,d\Theta = \frac{\Gamma(2m+1)}{\mu^{2m+1}} = \frac{(2m)!}{\mu^{2m+1}},$$

so erhält man:

$$(12)\qquad \tfrac{1}{2}\,\alpha_m = (2m)!\left(\frac{2}{\pi}\right)^{2m+1}\left\{1 - \frac{1}{3^{2m+1}} + \frac{1}{5^{2m+1}} \mp \ldots\right\}$$

übereinstimmend mit § 4, (12).[2])

Wie G. F. Meyer in seiner Doctor-Dissertation (S. 51) näher ausführt, sind die Arndtschen Integrale[3]) nur formal von den Schlömilchschen verschieden; so folgt z. B. aus LXXXIII durch die Substitution:

$$\frac{\pi}{2}\,\Theta = \lg\operatorname{tg}\varphi$$

---

[1]) Die Gleichungen LXXXIV bis LXXXVI werden in dem zweiten Aufsatz (a. a. O. 3. Bd.) auf anderem interessantem Wege entwickelt.

[2]) Abel benutzt umgekehrt die Gleichung § 2, (12) zur Auffindung des Integrals LXXXIV, so dass die Ableitung Schlömilchs, als von einfacheren Voraussetzungen ausgehend, vorzuziehen ist.

[3]) Grunerts Archiv Bd. 6, S. 438.

die Gleichung:

$$(13) \qquad \int_0^{\frac{\pi}{2}} (\lg \operatorname{tg} \varphi)^{2m}\, d\varphi = \left(\frac{\pi}{2}\right)^{2m+1} \alpha_m.$$

Wir kommen nun noch zu einigen von Catalan angegebenen Integralen. [1])

[1]) Dieser schätzbare belgische Mathematiker hat einen Theil seiner Arbeiten und darunter diejenigen, die sich auf die B. Z. und die Eulerschen Zahlen beziehen und zwischen 1855 und 1867 zum ersten Mal veröffentlicht wurden, in einem Mémoire gesammelt, welches in den Mémoires de la Société Royale des Sciences de Liège, 2. Série, t. XII (1885) erschienen ist (darin über die B. Z. u. s. w. p. 81—119). Die Arbeiten sind anscheinend ohne Rücksicht auf die Abhandlungen der deutschen Mathematiker gemacht (nur an einer Stelle wird der Aufsatz Schlömilchs im 16. Bd. von Grunerts Archiv erwähnt) und stimmen in ihren Resultaten vielfach mit den letzteren überein. Die hauptsächlichsten Ergebnisse sind ausser den im Text zu behandelnden Integralen, nach unserer Bezeichnung und mit Angabe der Zeit der Veröffentlichung, folgende:

1855. $\Sigma x^p = \overset{p}{a}_1 (x+1)_2 + \overset{p}{a}_2 (x+1)_3 + \ldots + \overset{p}{a}_p (x+1)_{p+1}$

d. i. § 11, (15) mit Hinweis auf Lacroix, Puiseux und Pépin (aber nicht auf Cauchy).

1859. Mittels Differenzenreihen (§ 5, (8) mit $u_m = (m+1)^p$) die Bauerschen Formeln LXV und LXV_a, sowie LXIII und LXIII_a.

1862. Recursionsformel V und einige bestimmte Integrale, unter anderen:

$$\int_0^{\frac{\pi}{2}} \frac{\sin(2m\omega)}{e^{2\pi\cot\omega}-1} \frac{d\omega}{\sin^{2m+2}\omega} = (-1)^{m-1} \frac{2m-1}{4(2m+1)}$$

$$\int_0^{\frac{\pi}{2}} \frac{\sin(2m\omega)}{e^{\pi\cot\omega}-1} \frac{d\omega}{\sin^{2m+2}\omega} = (-1)^{m-1} \frac{m}{2m+1},$$

deren Beweis nach Analogie der im Text behandelten auszuführen geht.

1864. Recursionsformel, identisch mit (V — I): $(2m+1)$; Beweis, dass die Grössen $\tau_m = 2(2^{2m}-1)\, B_m$ ungerade ganze Zahlen sind, die sich durch alle ungeraden Theiler von m heben lassen (siehe § 15, Nr. 1) nebst einigen anderen zahlentheoretischen Bemerkungen.

1867. Aufstellung der Gleichungen XVIII, XXI, XXIII und der Formel:

$$\frac{\gamma_n}{(n-1)!} - \frac{\gamma_{n-1}}{(n-2)!\,1!} + \frac{\gamma_{n-3}}{(n-4)!\,3!} \mp \ldots \pm \begin{cases} \dfrac{\gamma_2}{1!\,(n-2)!} \ldots n \text{ ungerade} \\ \dfrac{\gamma_1}{(n-1)!} \ldots\ldots n \text{ gerade} \end{cases} = 0,$$

welche für ungerades und gerades n in die beiden Formeln XVIII_b und XVI zerfällt und sich sehr einfach beweisen lässt, indem man nämlich die Gleichung (§ 4, (4)):

$$\sec x + \operatorname{tg} x = 1 + \gamma_1 x + \gamma_2 \frac{x^2}{2!} + \cdots$$

nach x differentiirt und beide Seiten mit $1 - \sin x$ multiplicirt.

Wir schicken zwei Gleichungen voraus. Es ist $(i = \sqrt{-1})$:

$$(v+i)^n + (v-i)^n = 2\left\{v^n - (n)_2 v^{n-2} + (n)_4 v^{n-4} \mp \dots\right\},$$

$$(v+i)^n - (v-i)^n = 2\left\{(n)_1 v^{n-1} - (n)_3 v^{n-3} + (n)_5 v^{n-5} \mp \dots\right\} i;$$

andererseits ist, wenn $v = \cot\omega$ gesetzt wird, nach dem Moivreschen Lehrsatz:

$$(v+i)^n + (v-i)^n = \frac{2\cos n\omega}{\sin^n\omega}$$

$$(v+i)^n - (v-i)^n = \frac{2\sin n\omega}{\sin^n\omega}\, i,$$

also ist:

$$(14) \quad \left\{\begin{aligned} v^n - (n)_2 v^{n-2} + (n)_4 v^{n-4} \mp \dots &= \frac{\cos n\omega}{\sin^n\omega} \\ (n)_1 v^{n-1} - (n)_3 v^{n-3} + (n)_5 v^{n-5} \mp \dots &= \frac{\sin n\omega}{\sin^n\omega} \\ v &= \cot\omega. \end{aligned}\right.$$

Setzen wir nun in Gleichung XVIII_a, d. i.:

$$\beta_m = \alpha_m - (2m-1)_2\, \alpha_{m-1} \pm \dots \pm (2m-1)_{2m-2}\, \alpha_1$$

für $\alpha_1, \alpha_2, \dots \alpha_m$ die Integrale gemäss LXXXIII, so wird:

$$\tfrac{1}{2}\beta_m = \int_0^\infty \frac{(\Theta^{2m-1} - (2m-1)_2\, \Theta^{2m-3} + (2m-1)_4\, \Theta^{2m-5} \mp \dots)\, \Theta\, d\Theta}{e^{\frac{\pi\Theta}{2}} + e^{-\frac{\pi\Theta}{2}}}$$

und, wenn wir $\Theta = \cot\omega$ setzen, nach (14):

$$\text{LXXXVII} \qquad \int_0^{\frac{\pi}{2}} \frac{\cos\omega\cos(\overline{2m-1}\,\omega)}{e^{\frac{\pi}{2}\cot\omega} + e^{-\frac{\pi}{2}\cot\omega}}\, \frac{d\omega}{\sin^{2m+2}\omega} = \tfrac{1}{2}\beta_m.$$

In gleicher Art folgt aus XVI:

$$\text{LXXXVIII} \qquad \int_0^{\frac{\pi}{2}} \frac{\cos\omega\sin(\overline{2m-1}\,\omega)}{e^{\frac{\pi}{2}\cot\omega} - e^{-\frac{\pi}{2}\cot\omega}}\, \frac{d\omega}{\sin^{2m+2}\omega} = \tfrac{1}{2}\alpha_m.$$

Setzen wir in XIII, d. i.

$$\alpha_m - (2m)_2\, \alpha_{m-1} + (2m)_4\, \alpha_{m-2} \mp \dots \pm \alpha_0 = 0 \qquad (\alpha_0 = 1)$$

für $\alpha_0, \alpha_1, \ldots \alpha_m$ die Integralausdrücke aus Gleichung LXXXIII, welche auch für $m = 0$ gilt, so kommen wir zu der interessanten Gleichung:

$$(15) \qquad \int_0^{\frac{\pi}{2}} \frac{\cos 2m\,\omega}{e^{\frac{\pi}{2}\cot\omega} + e^{-\frac{\pi}{2}\cot\omega}} \frac{d\omega}{\sin^{2m+2}\omega} = 0,$$

in Folge deren statt LXXXVII auch:

$$\text{LXXXVII}' \qquad \int_0^{\frac{\pi}{2}} \frac{\sin\omega \sin(\overline{2m-1}\,\omega)}{e^{\frac{\pi}{2}\cot\omega} + e^{-\frac{\pi}{2}\cot\omega}} \frac{d\omega}{\sin^{2m+2}\omega} = \tfrac{1}{2}\beta_m$$

geschrieben werden kann.

Bilden wir endlich V—I:

$$(2m+1)_1 (2^{2m}-1) B_m - (2m+1)_3 (2^{2m-2}-1) B_{m-1} \pm \ldots \pm \frac{2m+1}{2} = 0$$

und hieraus:

$$(2m)_1 (2^{2m}-1) \frac{B_m}{4m} - (2m)_3 (2^{2m-2}-1) \frac{B_{m-1}}{4(m-1)} \pm \ldots + (-1)^m \cdot \tfrac{1}{4} = 0$$

und setzen darin für $\frac{(2^{2m}-1) B_m}{4m}$ u. s. w. die Integralwerthe aus (7) ein, so erhalten wir:

$$(16) \qquad \int_0^{\frac{\pi}{2}} \frac{\sin(2m\,\omega)}{e^{\pi\cot\omega} - e^{-\pi\cot\omega}} \frac{d\omega}{\sin^{2m+2}\omega} = (-1)^{m-1} \cdot \tfrac{1}{4}.$$

Schliesslich folgen aus den Gleichungen (1) und (2) des § 4, nämlich:

$$\sec x = 1 + \alpha_1 \frac{x^2}{2!} + \alpha_2 \frac{x^4}{4!} + \ldots, \quad \operatorname{tg} x = \beta_1 x + \beta_2 \frac{x^3}{3!} + \beta_3 \frac{x^5}{5!} + \ldots$$

in Verbindung mit LXXXIII, bez. LXXXIV diese:

$$(17) \qquad \sec x = \int_0^{\infty} \frac{e^{xt} + e^{-xt}}{e^{\frac{\pi}{2}t} + e^{-\frac{\pi}{2}t}}\, dt, \quad \operatorname{tg} x = \int_0^{\infty} \frac{e^{xt} - e^{-xt}}{e^{\frac{\pi}{2}t} - e^{-\frac{\pi}{2}t}}\, dt,$$

wogegen Catalan in gleicher Art aus diesen von Poisson[1]) gefundenen Integralen die Gleichungen LXXXIII und LXXXIV ableitet.

---

[1]) Nach Angabe Catalan's in Cah. XVIII des Journal de l'École Polytechnique.

Dritter Abschnitt.

Zahlentheoretische Untersuchungen.

§ 15.

Factoren, deren Product mit den Bernoullischen Zahlen ganzzahlig ist; Hülfssätze aus der Zahlenlehre.

Im vorliegenden Abschnitt sollen die sehr merkwürdigen zahlentheoretischen Eigenschaften der B. Z. entwickelt werden, und wir beginnen damit, numerische Factoren aufzusuchen, welche, wenn man sie mit den B. Z. multiplicirt, ganzzahlige Producte geben.

1. Setzen wir, wie in § 2, (24):

$$\operatorname{tg}\frac{x}{2} = \tau_1 \frac{x}{2!} + \tau_2 \frac{x^3}{4!} + \tau_3 \frac{x^5}{6!} + \dots \tag{1}$$

so dass also (ib. (25)):

$$\tau_m = 2\,(2^{2m} - 1)\, B_m \tag{2}$$

ist, so war es schon Euler bekannt, dass die τ_m ganze ungerade Zahlen sind, wofür jedoch ein Beweis sich bei ihm nicht findet. Derselbe lässt sich mittels der Gleichungen § 2, (26):

$$(2m-1)\,\tau_m = (2m)_2\,\tau_1\,\tau_{2m-1} + (2m)_4\,\tau_2\,\tau_{2m-2} + \dots + \begin{cases} (2m)_{m-1}\,\tau_{\frac{m-1}{2}}\,\tau_{\frac{m+1}{2}} & \dots\ m \text{ ungerade} \\ \frac{1}{2}\,(2m)_m\,\tau_{\frac{m}{2}}\,\tau_{\frac{m}{2}} & \dots\dots\ m \text{ gerade} \end{cases} \tag{3}$$

und VI in folgender Art führen. Seien die Zahlen $\tau_1\ \tau_2 \dots \tau_{m-1}$ als ganze ungerade erkannt (die ersten sind: 1, 1, 3, 17, 155), so sind auch die Producte $\tau_1\ \tau_{m-1}$, $\tau_2\ \tau_{m-2}, \dots \tau_{\frac{m-1}{2}}\ \tau_{\frac{m+1}{2}}$ bez. $\tau_{\frac{m}{2}}\ \tau_{\frac{m}{2}}$ ungerade Zahlen; ferner ist, wie bekannt:

$$1 + (2m)_1 + (2m)_2 + \ldots + (2m)_{2m} = 2^{2m}$$

$$1 - (2m)_1 + (2m)_2 \mp \ldots + (2m)_{2m} = 0$$

also:

$$1 + (2m)_2 + \ldots + (2m)_{2m-2} + 1 = 2^{2m-1}$$

und daher:

$$(2m)_2 + (2m)_4 + \ldots + \begin{cases} (2m)_{m-1} \;\ldots\; m \text{ ungerade} \\ \frac{1}{2}(2m)_m \;\ldots\; m \text{ gerade} \end{cases} = 2^{2m-2} - 1,$$

folglich muss von den Zahlen $(2m)_2$, $(2m)_4$, $\ldots$ $(2m)_{m-1}$ bez. $\frac{1}{2}(2m)_m$ [1]) eine ungerade Anzahl unpaar sein; dasselbe gilt von ihren Producten mit τ_1 τ_{m-1} u. s. w., und daher ist deren Summe, d. h. (nach (3)) $(2m-1)\tau_m$ eine ganze ungerade Zahl, also etwa:

(4) $$\tau_m = \frac{C_m}{2m-1},$$

wo C_m eine ganze ungerade Zahl ist. Multipliciren wir nun Gleichung VI mit 2, so lautet sie mit Benutzung von Gleichung (2):

(5) $$2\tau_m - (2m)_2\tau_{m-1} + (2m)_4\tau_{m-2} \mp \ldots + (-1)^{m-1}(2m)_{2m-2}\tau_1 + (-1)^m \cdot 2m = 0,$$

also ist $2\tau_m$ und daher $\frac{2C_m}{2m-1}$ eine ganze Zahl; da aber 2 und $2m-1$ keinen Factor gemeinsam haben, muss $2m-1$ in C_m aufgehen, also ist nach (4):

(6) $$\tau_m = 2(2^{2m}-1)B_m = \text{einer ganzen ungeraden Zahl.}$$

Daraus folgt, dass B_m immer den Factor 2, aber stets nur e i n f a c h im Nenner enthalten muss.

Weiter ist, wie aus XIV hervorgeht, β_m eine ganze Zahl, also (nach § 4 (3)):

(7) $$\beta_m = \frac{2^{2m-1}(2^{2m}-1)B_m}{m} = \text{ganzer Zahl.}$$

Der Vergleich der Ausdrücke für τ_m und β_m liefert:

$$\beta_m = \frac{2^{2m-2}\tau_m}{m}$$

oder wenn $m = 2^r \cdot m'$ gesetzt wird, wobei m' das Product aller ungeraden Factoren von m ist:

$$\beta_m = \frac{2^{2m-2-r} \cdot \tau_m}{m'};$$

---

[1]) Es ist $\frac{1}{2}(2m)_m = \frac{1}{2}((2m-1)_{m-1} + (2m-1)_m) = (2m-1)_{m-1}$, also eine ganze Zahl.

da nun m' prim gegen 2^{2m-2-r} ist, so folgt:

erstens, dass τ_m durch alle ungeraden Factoren von m theilbar ist,

zweitens, dass β_m den Factor 2^{2m-2-r} besitzt, aber durch keine höhere Potenz von 2 theilbar ist.

2. Eine Verallgemeinerung der Gleichung (7) ist von Lipschitz[1]) in folgender Art ermittelt worden.

Setzen wir in § 2, (5) ax statt x und ziehen von der entstehenden Gleichung die erstere selbst ab, so erhalten wir nach Fortlassung des Factors x auf beiden Seiten:

$$(8)\quad \tfrac{1}{2}\left(a\frac{e^{ax}+1}{e^{ax}-1}-\frac{e^x+1}{e^x-1}\right)=\frac{B_1}{2!}(a^2-1)\,x-\frac{B_2}{4!}(a^4-1)x^3+\frac{B_3}{6!}(a^6-1)\,x^5\mp\ldots$$

Die Klammer auf der linken Seite können wir, wie leicht zu übersehen, in der Form darstellen:

$$2\frac{d}{dx}\lg\frac{e^{ax}-1}{e^x-1}-(a-1),$$

so dass wir erhalten:

$$(9)\qquad \frac{d}{dx}\lg\frac{e^{ax}-1}{e^x-1}=\frac{a-1}{2}+\frac{B_1}{2!}(a^2-1)\,x-\frac{B_2}{4!}(a^4-1)\,x^3\pm\ldots$$

Verstehen wir nun unter a eine positive ganze Zahl und dividiren e^x-1 in $e^{ax}-1$, so erhalten wir:

$$(10)\qquad \frac{d}{dx}\lg\frac{e^{ax}-1}{e^x-1}=\frac{e^x+2e^{2x}+\ldots+(a-1)\,e^{(a-1)x}}{1+e^x+e^{2x}+\ldots+e^{(a-1)x}}=\frac{f(x)}{\varphi(x)},$$

wobei $f(x)$ und $\varphi(x)$ zur Bezeichnung von Zähler und Nenner dienen. Für $x=0$ sind Zähler und Nenner ganze positive Zahlen, und zwar ist:

$$(11)\qquad \varphi(0)=a.$$

Differentiiren wir (10) weiter, so erhalten wir:

$$\frac{d}{dx}\frac{f(x)}{\varphi(x)}=\frac{\varphi(x)f'(x)-f(x)\varphi'(x)}{(\varphi(x))^2}$$

und allgemein der Form nach:

$$(12)\qquad \frac{d^{k-1}}{dx^{k-1}}\frac{f(x)}{\varphi(x)}=\frac{d^k}{dx^k}\lg\frac{e^{ax}-1}{e^x-1}=\frac{F(x)}{(\varphi(x))^k},$$

worin $F(x)$ eine ganze rationale Function von e^x mit ganzen Coefficienten

[1]) J. für Math. Bd. 96, p. 1; Nr. 1 der Abhandlung.

und daher für $x = 0$ eine ganze Zahl ist. Differentiiren wir daher Gleichung (9) $2m-1$ mal und setzen dann $x = 0$, so erhalten wir:

$$\frac{G(a)}{a^{2m}} = \frac{B_m(a^{2m}-1)}{2m}$$

oder:

$$(13) \qquad \frac{a^{2m}(a^{2m}-1)}{2m} B_m = G(a),$$

worin $G(a)$ eine ganze (von a abhängige) Zahl ist. Diese Gleichung ist eine Erweiterung von (7).

Setzen wir jetzt in (9) bx statt x, multipliciren mit b, und ziehen von der so entstehenden Gleichung die ursprüngliche (9) ab, so erhalten wir:

$$(14) \quad \frac{d}{dx} \lg \frac{(e^{abx}-1)(e^x-1)}{(e^{ax}-1)(e^{bx}-1)} = \frac{(a-1)(b-1)}{2} + \frac{B_1}{2!}(a^2-1)(b^2-1)x$$
$$- \frac{B_2}{4!}(a^4-1)(b^4-1)x^3 \pm \ldots$$

Wir nehmen jetzt b ebenfalls als ganze positive Zahl und prim zu a an, dann ist $\frac{(e^{abx}-1)(e^x-1)}{(e^{ax}-1)(e^{bx}-1)}$ eine ganze Function von e^x, denn wenn e^x vorübergehend mit y bezeichnet wird, so gehen y^a-1 sowie y^b-1 in $y^{ab}-1$ auf, haben aber den Factor $y-1$ und, da a gegen b prim ist, nur diesen gemeinsam, so dass nach Hinzufügung dieses Factors zu $y^{ab}-1$, dies Product durch dasjenige von y^a-1 und y^b-1 theilbar wird. Für $x = 0$ oder $y = 1$ wird dieser Ausdruck 1, denn:

$$\left[\frac{(y^b)^a-1}{y^b-1}\right]_{y^b=1} = a, \quad \left[\frac{y-1}{y^a-1}\right]_{y=1} = \frac{1}{a}.$$

Bezeichnen wir den allgemeinen Ausdruck mit $\psi(x)$, so ist also:

$$(15) \qquad \psi(x) = \frac{(e^{abx}-1)(e^x-1)}{(e^{ax}-1)(e^{bx}-1)} = 1 + Ae^x + Be^{2x} + \ldots + Ke^{(a-1)(b-1)x}$$

worin $A, B \ldots K$ ganze Zahlen sind, deren Summe gleich Null sein muss, da $\psi(0) = 1$ ist. Dann ist:

$$\frac{d \lg \psi(x)}{dx} = \frac{Ae^x + 2Be^{2x} + \ldots + (a-1)(b-1)Ke^{(a-1)(b-1)x}}{\psi(x)}$$

und bei mehrfacher Differentiation:

$$\frac{d^k \lg \psi(x)}{dx^k} = \frac{\Psi(x)}{(\psi(x))^k}$$

worin $\Psi(x)$ eine ganze Function von e^x und für $x = 0$ eine ganze Zahl und daher der Bruch $\Psi(x) : (\psi(x))^k$ für $x = 0$ dieselbe ganze Zahl ist.

Differentiiren wir nun (14) $2m-1$ mal, und setzen dann $x=0$, so erhalten wir:

$$\frac{(a^{2m}-1)(b^{2m}-1)}{2m} B_m = G(a,b), \tag{16}$$

wenn $G(a, b)$ eine ganze (von a und b abhängige) Zahl bedeutet und wobei vorausgesetzt ist, dass die positiven ganzen Zahlen a und b prim gegeneinander sind.

Um noch einige weitere Folgerungen machen zu können, schieben wir an dieser Stelle einige Sätze aus der Zahlenlehre mit möglichst einfachen Beweisen ein, auf welche wir auch später wiederholentlich werden recurriren müssen.

3. Sätze aus der Zahlenlehre.

I. Der Fermatsche Lehrsatz.

Wenn die ganze Zahl a durch die Primzahl p nicht theilbar ist, so ist die Differenz $a^{p-1}-1$ durch p theilbar oder in Zeichen:

$$a^{p-1}-1 \equiv 0 \pmod{p}. \tag{17}$$

Beweis.[1]) Seien u und v beliebige ganze Zahlen, so ist:

$$(u+v)^p = u^p + (p)_1 u^{p-1} v + \dots + (p)_{p-1} u v^{p-1} + v^p,$$

darin sind alle Coefficienten $(p)_1, (p)_2, \dots (p)_{p-1}$ durch p theilbar, weil p eine Primzahl und sämmtliche Factoren der Nenner kleiner als p sind. Daher ist:

$$(u+v)^p \equiv u^p + v^p \pmod{p}.$$

Sind nun $g_1, g_2, \dots g_a$ positive ganze Zahlen, so folgen hieraus die Congruenzen:

$$\left.\begin{aligned}
(g_1+g_2+\dots+g_a)^p &\equiv g_1^p + (g_2+\dots+g_a)^p \\
(g_2+g_3+\dots+g_a)^p &\equiv g_2^p + (g_3+\dots+g_a)^p \\
(g_3+g_4+\dots+g_a)^p &\equiv g_3^p + (g_4+\dots+g_a)^p \\
\dots\dots\dots\dots & \dots\dots\dots\dots \\
(g_{a-1}+g_a)^p &\equiv g_{a-1}^p + g_a^p
\end{aligned}\right\} \pmod{p}$$

---

[1]) Das Symbol (Congruenz):

$$a \equiv b \pmod{m}, \text{ oder } a-b \equiv 0 \pmod{m}$$

(in Worten: a congruent b nach dem Modul m, bez.: $a-b$ congruent 0 nach dem Modul m) bedeutet, dass a und b durch m dividirt denselben Rest lassen, oder dass die Differenz $a-b$ durch m ohne Rest theilbar ist.

also addirt[1]):

(18) $$(g_1 + g_2 + \dots + g_a)^p \equiv g_1^p + g_2^p + \dots + g_a^p \pmod{p}.$$

Setzt man hierin $g_1 = g_2 = \dots = g_a = 1$, so hat man

$$a^p \equiv a \pmod{p}$$

oder:

$$a\,(a^{p-1} - 1) = \text{Vielfachem von } p,$$

also, da a prim zu p vorausgesetzt wurde:

$$a^{p-1} - 1 = \text{Vielfachem von } p,$$

w. z. b. w.

II. Folgerungen.

Ist v ein Vielfaches von $p-1$, etwa:

$$v = m\,(p-1)$$

und erhebt man die Congruenz

$$a^{p-1} \equiv 1 \pmod{p}$$

zur m^{ten} Potenz, so folgt:

$$a^{m(p-1)} \equiv 1 \pmod{p}$$

oder:

(19) $$a^v - 1 = a^{m(p-1)} - 1 \equiv 0 \pmod{p}.$$

Ist a von der Form $m\,p + 1$, so ist für jede beliebige ganze Potenz s:

$$a^s - 1 = (m\,p + 1)^s - 1 \equiv 0 \pmod{p},$$

wie ohne Weiteres zu erkennen ist. Ist aber a prim gegen p und nicht von der Form $m\,p + 1$ und ist q prim gegen $p - 1$, so ist $a^q - 1$ durch p nicht theilbar. Denn, es sei: $p-1 = \alpha\,q + \beta$ (oder $q = \alpha(p-1) + \beta$, falls $q > p - 1$ ist), wo α und β positive ganze Zahlen, und $\beta < q$ ist, so wäre mit $a^q - 1$ auch $a^{\alpha q} - 1$ theilbar durch p, und nach dem Fermatschen Lehrsatz auch $a^{\alpha q + \beta} - 1$, daher auch die Differenz

[1]) Man überzeugt sich sehr leicht davon, dass man Congruenzen nach demselben Modul addiren, subtrahiren und mit einer beliebigen ganzen Zahl multipliciren, hingegen durch eine ganze Zahl nur dann dividiren darf, wenn diese prim zum Modul ist. Auch folgert man leicht aus den Congruenzen:

$$a_1 \equiv b_1,\ a_2 \equiv b_2,\ \dots\ a_n \equiv b_n \pmod{p},$$

dass auch $a_1\,a_2 \dots a_n \equiv b_1\,b_2 \dots b_n \pmod{p}$ und dass im Besonderen $a_1^n \equiv b_1^n \pmod{p}$ ist.

$a^{\alpha q}(a^\beta - 1)$; und da a nicht durch p theilbar ist, so müsste $a^\beta - 1$, wo $\beta < q$ ist, durch p theilbar sein; ebenso würde, wenn $q = \alpha_1 \beta + \beta_1$ ist, folgen, dass $a^{\beta_1} - 1 \equiv 0 \pmod{p}$ wäre, wo $\beta_1 < \beta$ ist, und in gleicher Schlussweise käme man schliesslich dahin, dass $a - 1$ durch p theilbar sein müsste, was ausgeschlossen wurde, und womit die Hinfälligkeit der Annahme $a^q - 1 \equiv 0 \pmod{p}$ dargethan ist. (Wäre eine der Zahlen β, β_1 u. s. w. Null, so würde q, gegen die Voraussetzung, nicht prim gegen $p - 1$ sein.)

Ist aber n ein Theiler von $(p-1)$ oder ein Multiplum eines Theilers, so kann auch

$$a^n - 1 \equiv 0 \pmod{p} \tag{20}$$

sein, und man nennt ϱ eine primitive Wurzel von p, wenn für keine kleinere Zahl z als $p - 1$ die Differenz $\varrho^z - 1$ durch p theilbar ist.

Zum Beispiel ist für $p = 7$:

$$\left.\begin{array}{lllll}
1^2 \equiv 1 & 1^3 \equiv 1 & 1^4 \equiv 1 & 1^5 \equiv 1 & 1^6 \equiv 1 \\
2^2 \equiv 4 & 2^3 \equiv 1 & 2^4 \equiv 2 & 2^5 \equiv 4 & 2^6 \equiv 1 \\
3^2 \equiv 2 & 3^3 \equiv 6 & 3^4 \equiv 4 & 3^5 \equiv 5 & 3^6 \equiv 1 \\
4^2 \equiv 2 & 4^3 \equiv 1 & 4^4 \equiv 4 & 4^5 \equiv 2 & 4^6 \equiv 1 \\
5^2 \equiv 4 & 5^3 \equiv 6 & 5^4 \equiv 2 & 5^5 \equiv 3 & 5^6 \equiv 1 \\
6^2 \equiv 1 & 6^3 \equiv 6 & 6^4 \equiv 1 & 6^5 \equiv 6 & 6^6 \equiv 1
\end{array}\right\} \pmod{7},$$

es sind also 3 und 5 primitive Wurzeln von 7, aber 2, 4, 6 nicht (hingegen ist u. A. auch $3 + 7 = 10$ eine primitive Wurzel von 7). Dem allgemeinen Beweise der Existenz primitiver Wurzeln von Primzahlen schicken wir noch einen an sich sehr wichtigen Satz voraus.

III.

Jedes Polynom des n^{ten} Grades für x kann durch nicht mehr als n untereinander, nach dem Primzahlmodul p, incongruente Werthe von x theilbar durch p gemacht werden;

oder mit anderen Worten:

Keine Congruenz vom n^{ten} Grade, deren Modul eine Primzahl ist, kann durch mehr als n untereinander bezüglich p incongruente Werthe von x befriedigt werden. Ist dies dennoch der Fall, so ist die Congruenz identisch, d. h. ihre sämmtlichen Coefficienten sind durch den Modul theilbar.

Beweis. Wenn das Polynom, in dem die C_k ganze Zahlen sind:

$$f(x) = C_0 + C_1 x + C_2 x^2 + \ldots + C_n x^n$$

für die $n+1$ Werthe $x = x_0, x_1 \ldots x_n$ theilbar durch p wäre, so könnten wir die folgenden Gleichungen aufstellen, in denen $a_0, a_1, a_2 \ldots a_n$ ganze Zahlen bedeuten:

$$(21) \qquad \begin{cases} C_0 + C_1 x_0 + C_2 x_0^2 + \ldots + C_n x_0^n = a_0 p \\ C_0 + C_1 x_1 + C_2 x_1^2 + \ldots + C_n x_1^n = a_1 p \\ \ldots\ldots\ldots\ldots\ldots\ldots \\ C_0 + C_1 x_n + C_2 x_n^2 + \ldots + C_n x_n^n = a_n p. \end{cases}$$

Lösen wir sie nach den C_k auf und bezeichnen die Determinante $\Sigma \pm 1\, x_1\, x_2^2 \ldots x_n^n$ mit D, so ist deren Werth:

$$(22) \qquad D = (x_1 - x_0)(x_2 - x_0) \ldots (x_n - x_{n-1}),$$

also, da die x_k untereinander nach p incongruent, folglich keine der Differenzen durch p theilbar vorausgesetzt wurde, D prim gegen p; folglich C_k, da es durch eine Gleichung von der Form (b_k eine ganze Zahl):

$$(23) \qquad C_k = \frac{b_k \cdot p}{D}$$

gegeben wird und andererseits als ganze Zahl bekannt ist, durch p theilbar, weil eben D nur in b_k aufgehen kann.

Sind also die Coefficienten nicht sämmtlich durch den Modul theilbar, so kann die Congruenz

$$(24) \qquad C_0 + C_1 x + C_2 x^2 + \ldots + C_n x^n \equiv 0 \pmod{p}$$

höchstens n incongruente Wurzeln (d. h. Auflösungen) haben.

Sind zwei (oder mehr) Wurzeln untereinander congruent, so verliert die frühere Schlussart ihre Gültigkeit, denn D erhält den Factor p und aus (23) folgt nicht mehr, dass C_k durch p theilbar sein muss; solche Wurzeln besitzt (24) beliebig viele, wenn diese Congruenz überhaupt Wurzeln besitzt; denn in der That, wenn x eine Wurzel von (24) ist, so ist $x + kp$, wie sofort zu erkennen, ebenfalls eine Wurzel.

Hingegen hat nicht jede Congruenz n^{ten} Grades n Wurzeln, sondern sie kann weniger als n, auch gar keine besitzen. So haben z. B. für jede ungerade Primzahl die Congruenzen:

$$x^{p-1} - 2 \equiv 0, \quad x^{p-1} + 1 \equiv 0 \pmod{p}$$

keine Wurzel, weil für jedes durch p theilbare x

$$x^{p-1} \equiv 0 \pmod{p}$$

und für jedes durch p nicht theilbare x nach dem Fermatschen Satz:

$$x^{p-1} - 1 \equiv 0 \pmod{p}$$

ist.

IV. Primitive Wurzeln.

Für jede Primzahl p existiren primitive Wurzeln.

Beweis. Wir zeigen zuerst:

Wenn a prim gegen p und von den Potenzen:

$$1, a, a^2, \ldots a^n, a^{n+1}, \ldots$$

a^n die erste ist, für welche

$$a^n - 1 \equiv 0 \pmod{p}$$

gilt, so ist n ein Theiler von $p-1$.

Denn, wenn

$$p - 1 = \alpha n + \beta$$

wäre, wo $\beta < n$ ist, so würde wie in Folgerung II sich ergeben, dass auch:

$$a^\beta - 1 \equiv 0 \pmod{p}$$

sein müsste, was gegen die Voraussetzung ist. Ist also q kein Theiler von $p-1$, so kann die Congruenz

$$x^q - 1 \equiv 0 \pmod{p}$$

keine Wurzel besitzen, die nicht schon einer Congruenz

$$x^n - 1 \equiv 0 \pmod{p},$$

wo n ein gemeinsamer Factor von q und $p-1$ ist, genügt hätte.

Alle Zahlen ($< p$), welche einer der Congruenzen:

$$x^n - 1 \equiv 0 \pmod{p},$$

worin n als veränderliche ganze Zahl $< p-1$ gedacht wird, genügen, werden also erschöpft, wenn wir für n nacheinander die Reihe der Theiler von $p-1$ (mit Ausschluss von $p-1$ selbst) nehmen und jedesmal die Wurzeln dieser Congruenz aufsuchen; und es ist zu zeigen, dass mit den genannten Zahlen nicht zugleich die Zahlen von 1 bis $p-1$ erschöpft werden. Die übrig bleibenden sind dann primitive Wurzeln von p.

Wir bilden nun, wenn $n, n_1, n_2 \ldots$ die Theiler von $p-1$ sind, die Differenzen:

$$(25) \qquad x^n - 1,\ x^{n_1} - 1,\ x^{n_2} - 1, \ldots x^{\frac{p-1}{2}} - 1,$$

suchen ihren kleinsten Dividuus (oder mit anderem Ausdruck, ihren Generalnenner) N und dividiren denselben in $x^{p-1} - 1$; da in N alle aus verschiedenen Gliedern der Reihe (25) herstammenden mehrfachen Factoren nur einmal genommen werden, so ist der Quotient eine ganze Function von x, welche dann durch Substitution der primitiven Wurzeln von p theilbar durch p (oder congruent der Null nach dem Mod. p) gemacht wird.

Seien nun $q, r, s, t \ldots$ ungerade Primzahlen, $m, \alpha, \beta, \gamma, \delta \ldots$ positive ganze Zahlen und $p-1$ von der Form:

$$(26) \qquad p-1=2^m q^\alpha r^\beta s^\gamma t^\delta \ldots;$$

die Theiler von $p-1$ sind dann mit Ausschluss von $p-1$ selbst

$$(1, 2, 2^2, \ldots 2^{m'}) \times (1, q, q^2, \ldots q^{\alpha'}) \times (1, r, r^2, \ldots r^{\beta'}) \times (1, s, s^2, \ldots s^{\gamma'}) \times \ldots$$

worin entweder:	$m'=m-1$,	$\alpha'=\alpha$,	$\beta'=\beta$,	$\gamma'=\gamma, \ldots$
oder	$m'=m$,	$\alpha'=\alpha-1$,	$\beta'=\beta$,	$\gamma'=\gamma, \ldots$
oder	$m'=m$,	$\alpha'=\alpha$,	$\beta'=\beta-1$,	$\gamma'=\gamma, \ldots$
oder	$m'=m$,	$\alpha'=\alpha$,	$\beta'=\beta$,	$\gamma'=\gamma-1, \ldots$
		u. s. w.		

ist.

Alle Differenzen, welche den Theilern entsprechen, finden sich in dem Producte wieder, welches gleichzeitig durch die Differenzen

$$x^{2^{m-1} q^\alpha r^\beta s^\gamma \ldots}-1,\ x^{2^m q^{\alpha-1} r^\beta s^\gamma \ldots}-1,\ x^{2^m q^\alpha r^{\beta-1} s^\gamma \ldots}-1,$$
$$x^{2^m q^\alpha r^\beta s^{\gamma-1} \ldots}-1, \text{ u. s. w.}$$

oder wenn wir $p-1$ mit M bezeichnen, durch:

$$(27) \qquad x^{\frac{M}{2}}-1,\ x^{\frac{M}{q}}-1,\ x^{\frac{M}{r}}-1,\ x^{\frac{M}{s}}-1, \ldots$$

getheilt wird. Dies Product N ist aber, bei geschickter Befolgung der bekannten Regeln, wenn wir der Deutlichkeit wegen fünf Primzahlfactoren q, r, s, t, u in M voraussetzen:

$$(28) \qquad N=(x^{\frac{M}{2}}-1) \cdot \frac{(x^{\frac{M}{2q}}+1) \ldots (x^{\frac{M}{2u}}+1) \cdot (x^{\frac{M}{2qrs}}+1) \ldots (x^{\frac{M}{2stu}}+1) \cdot (x^{\frac{M}{2qrstu}}+1)}{(x^{\frac{M}{2qr}}+1) \ldots (x^{\frac{M}{2tu}}+1) \cdot (x^{\frac{M}{2qrst}}+1) \ldots (x^{\frac{M}{2rstu}}+1)},$$

wo also oben die Combinationen der 1ten, 3ten, 5ten, ... Klasse, unten die der 2ten, 4ten, ... Klasse, soweit Elemente vorhanden sind, erscheinen. Um zu beweisen, dass die Grössen der Reihe (27) z. B. $x^{\frac{M}{2}}-1$ und $x^{\frac{M}{q}}-1$ ohne Rest in N aufgehen, schreiben wir letzteres in folgender Art:

$$(29)\qquad N = \left(x^{\frac{M}{2}} - 1\right) . \left(x^{\frac{M}{2q}} + 1\right) . \frac{\left(x^{\frac{M}{2r}} + 1\right)}{\left(x^{\frac{M}{2qr}} + 1\right)} . \frac{\left(x^{\frac{M}{2s}} + 1\right)\left(x^{\frac{M}{2qrs}} + 1\right)}{\left(x^{\frac{M}{2qs}} + 1\right)\left(x^{\frac{M}{2rs}} + 1\right)}$$

$$. \frac{\left(x^{\frac{M}{2t}} + 1\right)\left(x^{\frac{M}{2qrt}} + 1\right)\left(x^{\frac{M}{2qst}} + 1\right)\left(x^{\frac{M}{2rst}} + 1\right)}{\left(x^{\frac{M}{2qt}} + 1\right)\left(x^{\frac{M}{2rt}} + 1\right)\left(x^{\frac{M}{2st}} + 1\right)\left(x^{\frac{M}{2qrst}} + 1\right)}$$

$$. \frac{\left(x^{\frac{M}{2u}} + 1\right)\left(x^{\frac{M}{2qru}} + 1\right) \ldots \left(x^{\frac{M}{2stu}} + 1\right)\left(x^{\frac{M}{2qrstu}} + 1\right)}{\left(x^{\frac{M}{2qu}} + 1\right) \ldots \left(x^{\frac{M}{2tu}} + 1\right)\left(x^{\frac{M}{2qrsu}} + 1\right) \ldots \left(x^{\frac{M}{2rstu}} + 1\right)} .$$

Da $\left(x^{\frac{M}{2q}} - 1\right)$ in $x^{\frac{M}{2}} - 1$ als Factor steckt, so geht jede der oben genannten beiden Grössen in dem Product $\left(x^{\frac{M}{2}} - 1\right)\left(x^{\frac{M}{2q}} + 1\right)$ auf; ferner ist es von den beiden ersten Brüchen an sich klar, dass sie ganze Functionen von x sind (vgl. vorher den Text nach Gleichung (14)), dies ist aber auch bei den folgenden Brüchen der Fall, und zwar liegt die Wurzel und zugleich der Beweis der Methode ihrer Bildung in der wechselweise in Zähler und Nenner erfolgenden Ergänzung der fehlenden Factoren; doch möge noch ein directer Beweis für den letzten Bruch folgen, wobei wir uns auf den (fast ohne Weiteres einleuchtenden) Satz der Functionenlehre stützen: Jede eindeutige Function von z, die für keinen endlichen reellen oder complexen Werth von z unendlich wird, ist eine ganze Function von z.[1])

Setzen wir nun z. A.

$$x^{\frac{M}{2qrstu}} = z,$$

so ist der letzte Bruch in (29)

$$(30)\qquad F = \frac{(z^{qrst} + 1)(z^{qt} + 1)(z^{qs} + 1) \ldots (z^{st} + 1)(z + 1)}{(z^{qrs} + 1) \ldots (z^{rst} + 1)(z^{q} + 1) \ldots (z^{t} + 1)}$$

und dessen Nenner kann nur verschwinden, wenn $z = -1$ oder wenn, ohne dass dies der Fall ist, einer der Factoren $z^q + 1, \ldots z^t + 1$, oder wenn mit Ausschluss dieser beiden Möglichkeiten einer der Factoren $z^{qrs} + 1, \ldots z^{rst} + 1$ Null wird. Für $z = -1$ verschwinden alle acht ($= 2^3$) Factoren im Zähler wie im Nenner und der Bruch bleibt von 0 und von ∞ verschieden. Ist $z^q + 1 = 0$, so sei ϱ eine bestimmte $\sqrt[q]{-1}$; dann setzen wir, unter δ' eine beliebig kleine Grösse verstehend:

$$(31)\qquad \begin{cases} z = \varrho + \delta' \\ z^q = \varrho^q + q \cdot \varrho^{q-1}\, \delta' = -1 + \delta, \end{cases}$$

---

[1]) Siehe z. B. Durège, Elemente der Functionenlehre (Leipzig 1873) § 31.

wenn die sehr kleine complexe Zahl $q \,.\, \varrho^{q-1}\,\delta'$ mit δ bezeichnet wird. In F ist dann:

$$\frac{(z^{qrst}+1)\,(z^{qr}+1)\,(z^{qs}+1)\,(z^{qt}+1)}{(z^{qrs}+1)\,(z^{qrt}+1)\,(z^{qst}+1)\,(z^{q}+1)} = \frac{rst\,.\,r\,.\,s\,.\,t\,.\,\delta^4}{rs\,.\,rt\,.\,st\,.\,1\,.\,\delta^4} = 1$$

und die anderen Factoren verschwinden nicht mit $\delta = 0$. Ebenso für $z = \sqrt[r]{-1},\ \sqrt[s]{-1},\ \sqrt[t]{-1}$. Ist endlich $z^{qrs} + 1 = 0$, so sei σ eine bestimmte (primitive) $(qrs)^{\text{te}}$ Wurzel aus -1, dann verschwinden in (30) für $z = \sigma$ nur die Factoren $z^{qrst} + 1$ und $z^{qrs} + 1$ und deren Quotient ist t. Also ist F für keinen endlichen Werth von z unendlich und folglich eine ganze Function von z und ebenfalls von x.

Man beweist in gleicher Art leicht, dass F, sowie die anderen Brüche in (29) für keinen Werth von x verschwinden, für den nicht auch eine der Grössen der Reihe (27) nach Ausschluss der ersten beiden, verschwindet und schliesst daraus, dass N keine überflüssigen Factoren besitzt.

Dividiren wir nun N (Gleichung (28)) in $x^{p-1} - 1 = x^M - 1$, so erhalten wir den Quotienten Q:

(32) $$Q = \left(x^{\frac{M}{2}} + 1\right) . \frac{\left(x^{\frac{M}{2qr}} + 1\right) \ldots\ldots \left(x^{\frac{M}{2rstu}} + 1\right)}{\left(x^{\frac{M}{2q}} + 1\right) \ldots\ldots \left(x^{\frac{M}{2qrstu}} + 1\right)},$$

welcher nunmehr auch als ganze Function von x nachweisbar ist.

Ist nun N für x vom Grade g, so hat die Congruenz:

(33) $$N \equiv 0 \pmod{p}$$

nach III höchstens g Wurzeln und der Quotient $Q = (x^{p-1} - 1) : N$ kann daher, da $x^{p-1} - 1 \equiv 0 \pmod{p}$ $p - 1$ incongruente Wurzeln hat, durch mindestens $p - 1 - g$ Werthe von x theilbar durch p gemacht werden; andererseits hat die Congruenz:

(34) $$Q \equiv 0 \pmod{p},$$

da sie vom Grade $p - 1 - g$ ist, höchstens ebensoviel Wurzeln; sie hat also genau $p - 1 - g$ Wurzeln und dies sind die primitiven Wurzeln von p, die anderen Wurzeln von

(35) $$x^{p-1} - 1 \equiv 0 \pmod{p}$$

befriedigen auch die Congruenz (33) und eine oder mehrere der Congruenzen (deren linke Seiten in (25) stehen):

$$x^n - 1 \equiv 0,\ x^{n_1} - 1 \equiv 0,\ \ldots \pmod{p}.$$

Der Werth endlich von $p-1-g$ oder die Anzahl der primitiven Wurzeln von (35) ist:

$$(36)\quad \frac{M}{2}\left(1-\frac{1}{q}-\frac{1}{r}-\ldots-\frac{1}{u}+\frac{1}{qr}+\ldots+\frac{1}{tu}-\frac{1}{qrs}-\ldots-\frac{1}{stu}\right.$$
$$\left.+\frac{1}{qrst}+\ldots+\frac{1}{rstu}-\frac{1}{qrstu}\right)$$
$$=\frac{p-1}{2}\left(1-\frac{1}{q}\right)\left(1-\frac{1}{r}\right)\ldots\left(1-\frac{1}{u}\right)$$

und in gleichem Ausdruck allgemein, wenn $q, r, \ldots u$ die beliebig vielen (und zu beliebig hohen Potenzen erhobenen) Primzahlfactoren von $p-1$ sind.

Beispiele. Für $p = 13$ ist:

$$N = (x^6-1)(x^2+1),\quad Q = \frac{x^6+1}{x^2+1} = x^4 - x^2 + 1$$

und die Wurzeln von $x^4 - x^2 + 1 \equiv 0 \pmod{13}$ oder die primitiven Wurzeln von $x^{12} - 1 \equiv 0 \pmod{13}$ sind $x = 2, 6, 7, 11$. Für $p = 61$ ist $q = 3$, $r = 5$

$$N = (x^{30}-1)(x^{10}+1)\frac{x^6+1}{x^2+1} = (x^{30}-1)(x^{10}+1)(x^4-x^2+1),$$
$$Q = \frac{(x^{30}+1)(x^2+1)}{(x^6+1)(x^{10}+1)} = x^{16}+x^{14}-x^{10}-x^8-x^6+x^2+1.$$

V. Folgerung.

Ist ϱ eine primitive Wurzel der Primzahl p und ist $\varrho^v - 1 \equiv 0 \pmod{p}$, so ist v ein Vielfaches von $p-1$.

Beweis: Jedenfalls kann v nicht kleiner als $p-1$ sein; ist also etwa $v = \alpha(p-1) + \beta$, wo $\beta < p-1$ ist, so gelten die Congruenzen

$$(37)\qquad \left.\begin{cases}\varrho^{\alpha(p-1)} \equiv 1\\ \varrho^{\beta} \equiv \mu\end{cases}\right\} \pmod{p},$$

dabei ist μ von 1 verschieden, wenn nicht $\beta = 0$ ist, und die Multiplication der Congruenzen (37) giebt

$$\varrho^v \equiv \mu \pmod{p},$$

und nur $\varrho^v \equiv 1 \pmod{p}$, wenn $v = \alpha(p-1)$ ist, w. z. b. w.

Weitere Eigenschaften der primitiven Wurzeln[1]) werden im Folgenden nicht gebraucht werden.

---

[1]) Siehe darüber, insbesondere über die Aufsuchung derselben, über die Darstellung aller Wurzeln einer binomischen Congruenz durch die Potenzen der primitiven und über die zahlentheoretische Bedeutung des Ausdruckes (36) Serret, Höhere Algebra (deutsch von Wertheim) II Bd. Nr. 305 ff., woselbst auch eine Tabelle der kleinsten primitiven Wurzeln der Primzahlen zwischen 1 und 1000 sich findet.

4. Wir wenden uns nun zu den B. Z. zurück. Sei die ungerade Primzahl p einer der Factoren, die den Nenner von B_m bilden, so muss, da $2(2^{2m}-1)B_m$ nach (6) eine ganze Zahl ist, p in $2^{2m}-1$ aufgehen, folglich kann wegen der 2ten Folgerung in II, $p-1$ nicht prim gegen $2m$ sein. Ferner kann $p-1$ nicht grösser als $2m$ oder p nicht grösser als $2m+1$ sein. Denn, betrachten wir die Gleichung I (§ 1), so müssten, wenn B_m im Nenner den Primzahlfactor $p > 2m+1$ hätte, noch andere B. Z. denselben Factor im Nenner besitzen, damit er, sich bei der Addition der betreffenden Glieder der Gleichung I fortzuheben, die Möglichkeit erhielte. Ist k der kleinste Index der in Rede stehenden B. Z., und wendet man Gleichung I auf B_k an, wo nun um so mehr $p > 2k+1$ ist, so folgt hieraus, dass es eine oder mehrere B. Z. mit noch kleinerem Index als k geben muss, in deren Nenner sich der Factor p findet; in der Art käme man schliesslich dahin, dass er im Nenner von B_1 stecken müsste, und dies ist nicht der Fall. Jeder Primzahlfactor des Nenners von B_m ist also um 1 vermindert nicht grösser als $2m$ und nicht prim zu $2m$. Nehmen wir nun in (13) für a eine primitive Wurzel von p, so muss zunächst p, da es nicht in a^{2m} aufgeht, in dem anderen Factor $a^{2m}-1$ aufgehen; dazu genügt aber gemäss der Folgerung V nicht, dass $2m$ mit $p-1$ gemeinsame Factoren besitzt, sondern es muss $p-1$ ein Theiler von $2m$ oder gleich $2m$ sein.

Endlich lässt sich auch noch zeigen, dass der Primzahlfactor p nicht mehrfach im Nenner von B_m vorkommen kann.

Es ist:

$$(38)\quad (p-1)^{p-1} = p^{p-1} - (p-1)_1\, p^{p-2} \pm \cdots + (p-1)_{p-3}\, p^2 - (p-1)_{p-2}\, p + 1$$
$$= 1 - p(p-1) + A'p^2 = 1 + p + Ap^2 = 1 + p(1 + Ap),$$

worin A' und A ganze Zahlen sind. Erheben wir diese Gleichung zur α^{ten} Potenz, wobei α prim gegen p ist, so ist:

$$(39)\qquad (1 + p + Ap^2)^\alpha = 1 + p(\alpha + Bp),$$

worin B eine ganze Zahl ist. Ferner hat, wenn β prim gegen p ist, der Binomialcoefficient $(p^\nu)_k$, wie leicht nachzuweisen:

für	$k = \beta$	ν	Factoren p
„	$k = \beta p$	$\nu-1$	„ p
„	$k = \beta p^2$	$\nu-2$	„ p
. . .	. . .	. . .	. . .
„	$k = \beta p^{\nu-1}$	1	Factor p,

folglich hat $(p^\nu)_k \cdot p^k$ für $k \gtreqless 2$ mindestens $\nu + 2$ Factoren p; daher ist:

$$(40) \qquad \left\{1 + p(\alpha + Bp)\right\}^{p^\nu} = 1 + p^{\nu+1}(\alpha + Bp) + Cp^{\nu+2}$$
$$= 1 + p^{\nu+1}(\alpha + Dp),$$

worin C und D ganze Zahlen sind.

Ist nun $\mu = \alpha p^\nu$ und α prim gegen p, so folgt durch Zusammenfassung von (38), (39) und (40):

$$(41) \qquad (p-1)^{\mu(p-1)} = 1 + p^{\nu+1}(\alpha + Dp).$$

Setzen wir nun in (13) $a = p - 1$, $2m$, das wir als Vielfaches von $p-1$ erkannt haben, $= \mu(p-1)$ und dabei weiter $\mu = \alpha p^\nu$, worin α prim gegen p sein soll, während ν unter Umständen auch Null sein kann, und

$$B_m = \frac{Z}{p^\gamma},$$

wobei Z den Zähler und die von p unabhängigen Factoren des Nenners umfasst, so ist nach (13) und (41):

$$(42) \qquad G(a) = \frac{(p-1)^{2m}\left\{(p-1)^{\mu(p-1)} - 1\right\} Z}{\alpha p^{\nu+\gamma}(p-1)},$$
$$= (p-1)^{2m-1} Z \cdot \frac{\alpha + Dp}{\alpha p^{\gamma-1}}.$$

Dieser Ausdruck soll eine ganze Zahl sein; da aber p weder in $(p-1)^{2m-1}$ noch in Z, noch auch, da α prim gegen p ist, in $\alpha + Dp$ aufgeht, so ist die Möglichkeit dafür nur dann gegeben, wenn $\gamma = 1$ ist, wenn also der Nenner von B_m nur einfache Primfactoren besitzt, was behauptet wurde.

Hieraus können wir noch weitere Schlüsse ziehen. Zunächst folgt aus (13), wenn g eine beliebige ganze Zahl ist:

$$g^{2m}(g^{2m} - 1) B_m = \text{ganzer Zahl},$$

und der erwähnten Eigenschaft zufolge ist dann der Factor g^{2m-1} überflüssig, es ist also:

$$(43) \qquad g(g^{2m} - 1) B_m = G,$$

wo G eine ganze Zahl bedeutet.

Vergleicht man (43) mit (13), so folgt, dass

$$\frac{G \cdot g^{2m-1}}{2m} = \text{ganzer Zahl}$$

ist; nimmt man also g prim zu m an, so folgt, dass

$$\frac{g(g^{2m}-1)}{m} B_m = \text{ganzer Zahl},$$

und nimmt man g prim zu $2m$ (also ungerade) an, dass auch

$$\frac{g(g^{2m}-1)}{2m} B_m = \text{ganzer Zahl ist.}$$

Wir fassen nochmals die Resultate zusammen und bezeichnen dabei mit G_1, G_2 ... ganze Zahlen; ausserdem sollen a, b beliebig zu wählende positive ganze Zahlen sein, welche nur prim zu einander sind.

Dann ist:

LXXXIX
$$\begin{cases} 2(2^{2m}-1) B_m = G_1 & \\ \frac{2^{2m}(2^{2m}-1)}{2m} B_m = G_2 & \\ \frac{a^{2m}(a^{2m}-1)}{2m} B_m = G_3 & \\ \frac{(a^{2m}-1)(b^{2m}-1)}{2m} B_m = G_4 & \\ a(a^{2m}-1) B_m = G_5 & \\ \frac{a(a^{2m}-1)}{m} B_m = G_6 & a \text{ prim zu } m \\ \frac{a(a^{2m}-1)}{2m} B_m = G_7 & a \text{ prim zu } 2m. \end{cases}$$

Wir haben gegenwärtigen Abschnitt mit diesem Paragraph begonnen, um deutlich zu zeigen, welche Resultate sich ohne Kenntniss des v. Staudtschen Satzes (siehe den folgenden Paragraph) gewinnen lassen, betonen aber ausdrücklich, dass diese fast sämmtlich zur Zeit der Entstehung genannten Satzes noch nicht ausgesprochen waren, wodurch die Bedeutsamkeit seiner Auffindung wesentlich erhöht wird.

§ 16.

Der v. Staudt-Clausensche Satz.

Der schönste Satz über die zahlentheoretischen Eigenschaften der B. Z. ist gleichzeitig von den Mathematikern v. Staudt und Clausen[1]) entdeckt worden. Derselbe lautet:

---

[1]) v. Staudt im J. für Math. Bd. 21 (1840), S. 372; Clausen, Astronomische Nachrichten Bd. 17 (1840), S. 352.

Wenn $a, b, \ldots l$ diejenigen ungeraden Primzahlen sind, deren um die Einheit kleinere Nachbarn die Zahl $2m$ theilen, so ist:

$$B_m + (-1)^{m+1}\left\{\frac{1}{2} + \frac{1}{a} + \frac{1}{b} + \ldots + \frac{1}{l}\right\}$$

eine positive oder negative ganze Zahl.

Wir geben den Beweis mit geringen Abkürzungen so, wie er von v. Staudt geführt worden ist:

1. Seien n, a, b, f, g positive ganze Zahlen, so ist:

$$(1) \qquad (f + ga)^n \equiv f^n + nf^{n-1}ga \pmod{a^2}.$$

Hierin setzen wir $f = 1, 2, \ldots a$; $g = 0, 1, 2, \ldots (b-1)$ und addiren alle Congruenzen (deren Anzahl ab ist) und zwar so, dass wir für die linken Seiten zuerst $g = 0$, dann $g = 1$, dann $g = 2$ u. s. w. und jedes Mal nacheinander $f = 1, 2, \ldots a$ setzen, für die rechten Seiten aber zuerst $f = 1$, dann $f = 2$, dann $f = 3$ u. s. w. und jedes Mal nacheinander $g = 0, 1, 2, \ldots (b-1)$ annehmen; dadurch erhalten wir:

$$(2) \qquad 1^n + 2^n + 3^n + \ldots + (ab)^n \equiv b\,(1^n + 2^n + 3^n + \ldots + a^n)$$
$$+ na\,\frac{b\,(b-1)}{2}\,(1^{n-1} + 2^{n-1} + \ldots + a^{n-1}) \pmod{a^2},$$

oder, wenn wir die Abkürzung:

$$(3) \qquad S^n(x) = 1^n + 2^n + \ldots + x^n$$

einführen:

$$(4)_a \qquad S^n(ab) \equiv b\,S^n(a) + n\,\frac{ab\,(b-1)}{2}\,S^{n-1}(a) \pmod{a^2}$$

und auch

$$(4)_b \qquad S^n(ab) \equiv b\,S^n(a) \pmod{a}.$$

Seien nun $A, B, C, \ldots K, L$ relative Primzahlen, so folgt aus $(4)_b$, wenn darin $BC \ldots L$ statt b und A statt a gesetzt wird, dass die Differenz $S^n(ABC \ldots L) - BC \ldots L \,.\, S^n(A)$ durch A theilbar ist, also auch der Ausdruck:

$$S^n(ABC \ldots L) - BC \ldots L S^n(A) - AC \ldots L S^n(B) - \ldots$$
$$- AB \ldots K S^n(L);$$

da derselbe aber für $A, B, C, \ldots L$ symmetrisch und diese gegen einander prim sind, so ist er nicht nur durch B, durch C u. s. w., sondern auch durch das Product $AB \ldots L$ theilbar, d. h.:

$$(5) \qquad \frac{S^n(ABC \ldots L)}{ABC \ldots L} - \frac{S^n(A)}{A} - \frac{S^n(B)}{B} - \ldots - \frac{S^n(L)}{L} = \text{ganzer Zahl}.$$

Setzen wir ferner in $(4)_a$ $a = c^{s-1}$, $b = c$, so wird:

$$S^n(c^s) - c\,S^n(c^{s-1}) - n\,\frac{c^s\,(c-1)}{2}\,S^{n-1}\,(c^{s-1}) \equiv 0 \ (\text{mod. } c^{2s-2});$$

die linke Seite lässt sich also durch c^{2s-2} dividiren und um so mehr (für $s \geqq 2$) durch c^s, dann ist unter der Voraussetzung, dass c ungerade oder dass n gerade ist, das 3te Glied für sich selbst eine ganze Zahl; setzen wir also, was wir später allein brauchen, $2n$ statt n, so folgt ohne Beschränkung für c:

$$\frac{S^{2n}(c^s)}{c^s} - \frac{S^{2n}(c^{s-1})}{c^{s-1}} = \text{ganzer Zahl},$$

und, wenn man $s = 2, 3, \ldots s$ setzt und alle Gleichungen addirt:

(6) $$\frac{S^{2n}(c^s)}{c^s} - \frac{S^{2n}(c)}{c} = \text{ganzer Zahl}.$$

Seien nun a_0, a, b, ... t Primzahlen. Nehmen wir dann in (5) für A, B, ... L bez. a_0^r, a^α, b^β, ... t^τ, so erhalten wir mit Berücksichtigung von (6):

(7) $$\frac{S^{2n}(a_0^r\, a^\alpha\, b^\beta \ldots t^\tau)}{a_0^r\, a^\alpha\, b^\beta \ldots t^\tau} - \frac{S^{2n}(a_0)}{a_0} - \frac{S^{2n}(a)}{a} - \cdots - \frac{S^{2n}(t)}{t} = \text{ganzer Zahl}.$$

Zur Gültigkeit dieser Gleichung genügt übrigens auch, dass a_0, a, b ... t relative Primzahlen sind.

2. Wenn p eine Primzahl und n eine beliebige positive ganze Zahl ist, so ist entweder $S^n(p) + 1$ oder $S^n(p)$ durch p theilbar, je nachdem n durch $p-1$ theilbar oder nicht theilbar ist.

Beweis. Im ersten Falle ist für jede ganze durch p nicht theilbare Zahl x nach § 15, (19):

(8) $$x^n \equiv 1 \ (\text{mod. } p)$$

und daher, wenn wir für x: 1, 2, ... $p-1$ setzen und addiren:

$$S^n(p) - p^n \equiv (p-1) \ (\text{mod. } p)$$

oder:

$$S^n(p) + 1 \equiv p\,(p^{n-1} + 1) \ (\text{mod. } p),$$

also $S^n(p) + 1$ durch p theilbar.

Im zweiten Falle, in welchem n durch $p-1$ nicht theilbar ist, nehmen wir für x eine primitive Wurzel ϱ von p (§ 15, No. 3, II und IV), dann gilt die Gleichung (8) nicht (ib. V); ferner sind die Reste der Zahlen ϱ, 2ϱ, 3ϱ, ... $(p-1)\varrho$ nach p sämmtlich von einander verschieden, weil weder die Differenz zweier Zahlen, die kleiner als p, noch ϱ durch p theilbar ist, also sind diese Reste in anderer Reihenfolge den Zahlen 1, 2, ... $p-1$

nach p congruent und daher ihre n^{ten} Potenzen den n^{ten} Potenzen der Zahlen 1 bis $p-1$; daher ist:

$$\varrho^n \left(1^n + 2^n + \ldots + (p-1)^n\right) \equiv 1^n + 2^n + \ldots + (p-1)^n \pmod{p},$$

also $(\varrho^n - 1)\left(1^n + 2^n + \ldots + (p-1)^n\right)$ durch p theilbar, folglich muss, da, wie gesagt, $\varrho^n - 1$ nicht durch p theilbar ist, der andere Factor durch p theilbar sein, und daher auch: $1^n + 2^n + \ldots + (p-1)^n + p^n$.

Wir haben also:

(9) $$\frac{S^n(p)+1}{p} = \text{ganzer Zahl, wenn } n \text{ durch } p-1 \text{ theilbar,}$$

(10) $$\frac{S^n(p)}{p} = \text{ganzer Zahl, wenn } n \text{ durch } p-1 \text{ nicht theilbar.}$$

Die erste dieser Gleichungen gilt auch für $p=2$ bei beliebigen n; ausserdem käme sie aber für ein ungerades n nie in Anwendung.

3. Seien $a, b, \ldots l, p, q, \ldots t$ ungerade Primzahlen der Art, dass $2n$ durch $a-1, b-1, \ldots l-1$ getheilt, durch $p-1, q-1, \ldots t-1$ nicht getheilt wird, sei ferner:

(11) $$v = 2ab \ldots l \times pq \ldots t \text{ oder } v = 2^r a^\alpha b^\beta \ldots l^\lambda \times p^\pi q^\varkappa \ldots t^\tau$$

und mögen $G, G_1, G_2, G_a, \ldots G_p, \ldots$, ganze Zahlen bedeuten, dann gelten nach (7), (9) und (10) für beide Werthe von v die Gleichungen

$$\frac{S^{2n}(v)}{v} - \frac{S^{2n}(2)}{2} - \frac{S^{2n}(a)}{a} - \ldots - \frac{S^{2n}(l)}{l} - \frac{S^{2n}(p)}{p} - \ldots - \frac{S^{2n}(t)}{t} = G_1$$

$$\frac{S^{2n}(2)+1}{2} = G_2$$

$$\frac{S^{2n}(a)+1}{a} = G_a$$

$$\cdot \quad \cdot \quad \cdot \quad \cdot \quad \cdot \quad \cdot \quad \cdot$$

$$\frac{S^{2n}(l)+1}{l} = G_l$$

$$\frac{S^{2n}(p)}{p} = G_p$$

$$\cdot \quad \cdot \quad \cdot \quad \cdot \quad \cdot \quad \cdot \quad \cdot$$

$$\frac{S^{2n}(t)}{t} = G_t.$$

Addiren wir dieselben, so erhalten wir den wichtigen Satz:

(12) $$\frac{S^{2n}(v)}{v} + \frac{1}{2} + \frac{1}{a} + \frac{1}{b} + \ldots + \frac{1}{l} = G,$$

worin $2, a, b, \dots l$ diejenigen Primfactoren von v sind, welche um 1 vermindert in $2n$ aufgehen und wo die ganze Zahl G die Summe $G_1 + G_2 + \dots + G_t$ ist. (Ist v eine ungerade Zahl, so fällt der Bruch $\frac{1}{2}$ fort.)

4. Sei m eine beliebige ganze positive Zahl gleich oder grösser als 3, und x das Product aller Primzahlen, welche gleich oder kleiner als m sind, so ist x^{m-2} durch m theilbar.

Beweis. Möge die Primzahl p in m zur α^{ten} Potenz erhoben vorkommen, so hat nach Voraussetzung auch x den Factor p, und es müsste also $p^{m-2-\alpha}$ eine ganze Zahl, oder:

$$p^\alpha \overline{\overline{>}} 2 + \alpha$$

sein; dies findet aber (abgesehen von dem Falle $p = 2$, $\alpha \overline{\overline{>}} 2$) für $p = 3$, $\alpha \overline{\overline{>}} 1$ und um so mehr für $p > 3$, $\alpha \overline{\overline{>}} 1$ statt.

5. Schreiben wir nunmehr die Gleichung (14) des § 1 in folgender Form:

$$(13) \qquad \frac{S^{2n}(x)}{x} + (-1)^n B_n = \frac{x^{2n}}{2n+1} + \frac{x^{2n-1}}{2} + (2n)_2 B_1 x \cdot \frac{x^{2n-3}}{2n-1}$$
$$- (2n)_4 B_2 x \cdot \frac{x^{2n-5}}{2n-3} \pm \dots + (-1)^n (2n)_{2n-2} B_{n-1} x \cdot \frac{x}{3},$$

so lässt sich hiermit beweisen, dass für B_n der in Rede stehende Satz gilt, wenn er für jedes B_ν, wo $\nu < n$ ist, richtig ist. Sei dies der Fall, sei also:

$$(14) \qquad (-1)^\nu B_\nu = A_\nu + \frac{1}{2} + \frac{1}{\alpha} + \frac{1}{\beta} + \dots + \frac{1}{\lambda},$$

worin $\alpha, \beta, \dots \lambda$ alle Primzahlen derart sind, dass 2ν durch $\alpha - 1$, $\beta - 1, \dots \lambda - 1$ getheilt wird, oder, wie wir uns fortan kürzer ausdrücken wollen: die Staudtschen Primzahlen für 2ν. Jetzt nehmen wir x gleich dem Product aller Primzahlen, welche gleich oder kleiner als $2n+1$ sind, dann ist jedes Glied auf der rechten Seite von (13) eine ganze Zahl. Ein solches Glied ist nämlich

$$\pm (2n)_{2\nu} B_\nu x \cdot \frac{x^{2n-2\nu-1}}{2n-2\nu+1};$$

da nun

$$2 < \alpha < \beta < \dots < \lambda \leqq 2\nu + 1 < 2n + 1,$$

so enthält x alle diese Primzahlen, also ist $B_\nu x$ eine ganze Zahl; da $2n - 2\nu + 1$, welches für den Augenblick m genannt werde, mindestens $= 3$, so ist nach No. 4 $x^{m-2} : m$ eine ganze Zahl, und $(2n)_{2\nu}$ als Binomialcoefficient ebenfalls, folglich das ganze Product; die ersten beiden Glieder sind auch ganze Zahlen, daher auch die ganze rechte Seite von (13). Sind nun 2, $a, b, \ldots l$ die Staudtschen Primzahlen für $2n$, so sind diese sämmtlich in x enthalten und es ist also nach (12):

$$\frac{S^{2n}(x)}{x} + \frac{1}{2} + \frac{1}{a} + \frac{1}{b} + \cdots + \frac{1}{l} = G.$$

Die Subtraction dieser Gleichung von (13) giebt:

$$(-1)^n B_n - \left(\frac{1}{2} + \frac{1}{a} + \cdots + \frac{1}{l}\right) = \text{ganzer Zahl},$$

oder wenn m statt n geschrieben wird:

XC $$(-1)^m B_m = A_m + \frac{1}{2} + \frac{1}{a} + \frac{1}{b} + \cdots + \frac{1}{l},$$

worin A_m eine positive oder negative ganze Zahl ist, und $a, b, \ldots l$ sämmtliche Primzahlen sind, deren um die Einheit geringere Nachbarn $2m$ theilen. Dies ist nun der Staudtsche Satz, welcher allgemein gilt, da er für $B_1 = 1 - \frac{1}{2} - \frac{1}{3}$ richtig ist.

Anmerkung. Zum vorangehenden Beweise sind die Gleichungen $(4)_a$ und (7) nicht erforderlich, sondern nur $(4)_b$ und (5). — Die Ergebnisse des vorigen Paragraphen, welche hier in Betracht kommen, lassen sich in die Gleichung zusammenfassen:

$$B_m = G_m + \frac{1}{2} + \frac{\alpha}{a} + \frac{\gamma}{c} + \frac{\varphi}{f} + \cdots + \frac{\lambda}{l},$$

worin $G_m, \alpha, \gamma, \varphi, \ldots \lambda$ positive oder negative ganze Zahlen und $a, c, f, \ldots l$ Primzahlen sind, der Art, dass $2m$ durch $a-1$, $c-1$, $f-1, \ldots l-1$ getheilt wird; diesen gegenüber präcisirt der Staudtsche Satz unsere Kenntnisse, indem er ausspricht, dass alle Primzahlen dieser Art im Nenner von B_m enthalten sind, indem er den Absolutwerth der Zähler $\alpha, \gamma, \ldots \lambda$ als 1 bestimmt und indem er deren Vorzeichen festsetzt. — Setzt man übrigens die Ergebnisse des vorigen Paragraphen voraus, so braucht man in dem obigen Beweis für den Staudtschen Satz nicht mehr dessen Gültigkeit für B_ν $(\nu < n)$ anzunehmen, erspart sich also den Schluss von n auf $n+1$. —

Bezüglich derjenigen Theiler von m, die in dem Zähler von B_m aufgehen, bemerken wir nach Lipschitz (in der § 15, Nr. 2 genannten Abhandlung) Folgendes: Sei p ein primärer Theiler von m, der nicht zu den Staudtschen Primzahlen gehört. Ist nun ϱ eine primitive Wurzel von p, dann geht, da $2m$ kein Vielfaches von $p-1$ ist, p nicht in $\varrho^{2m}-1$ auf (§ 15 Nr. 3, V), und ebensowenig in ϱ^{2m}. Aber nach LXXXIX ist

$$\frac{\varrho^{2m}(\varrho^{2m}-1)}{2m} B_m = G_3,$$

d. i. eine ganze Zahl, also muss p, und wenn $2m$ den Factor p^π enthält, p^π in dem Zähler von B_m aufgehen. Ist insbesondere m eine Primzahl (>3), so ist der Zähler von B_m durch m theilbar, wie schon Adams[1]) bemerkt hat.

6. Wir geben noch einen Beweis des Staudtschen Satzes, welcher wohl der erste sein dürfte, der an eine unabhängige Darstellung der B. Z. anknüpft. Wir benutzen dazu die Kroneckersche Formel LXXVII, welche mit geringer Aenderung in der Form lautet:

$$(15)\quad (-1)^m B_m = -\left\{(2m+1)_2\, 2^{2m-1} - (2m+1)_3\, 3^{2m-1} \pm \ldots - (2m+1)_{2m+1}(2m+1)^{2m-1}\right\}$$
$$+ (2m+1)_2 \frac{S^{2m}(2)}{2} - (2m+1)_3 \frac{S^{2m}(3)}{3} \pm \ldots - (2m+1)_{2m+1} \frac{S^{2m}(2m+1)}{2m+1}.$$

Seien nunmehr $2, 3, b, c, \ldots l$ die Staudtschen Primzahlen für $2m$ und mögen in der Zahl k einige von ihnen etwa $d, e, \ldots g$ einfach oder mehrfach vorkommen, während die übrigen Factoren von k zur Kategorie der $p, q \ldots$ in Gleichung (11) gehören, dann ist nach (12) (worin v dem 2ten Ausdruck in (11) entspricht):

$$(16)\qquad \frac{S^{2m}(k)}{k} = G_k - \left(\frac{1}{d} + \frac{1}{e} + \ldots + \frac{1}{g}\right)$$

worin G_k eine ganze Zahl bedeutet; und wir wollen nun, indem wir (16) zur Substitution in (15) benutzen, den Factor von $\frac{1}{2}$ und von $\frac{1}{f}$, wenn f irgend eine der Zahlen $3, b, c, \ldots l$ ist, und sodann den Rest dieses Factors nach f aufsuchen. Die Zahl 2 kommt in allen geraden Zahlen vor, der Factor von $\frac{1}{2}$ ist also:

$$-\left\{(2m+1)_2 + (2m+1)_4 + \ldots + (2m+1)_{2m}\right\}$$

d. i. $-(2^{2m}-1)$, also der Rest nach 2 gleich $+1$; die Zahl f kommt zuerst als Theiler von $k=f$ und dann als Theiler der Zahlen $2f, 3f, \ldots \nu f$ vor, wenn $2m+1 \gtreqless \nu f$, aber $< (\nu+1)f$ ist, der Factor von $1:f$ ist somit:

$$(2m+1)_f - (2m+1)_{2f} + (2m+1)_{3f} \mp \ldots \pm (2m+1)_{\nu f}.$$

Dieser Ausdruck ist aber gemäss dem in der Anmerkung[2]) bewiesenen Zusatz congruent der Einheit nach dem Modul f, und somit auch der Rest

[1]) J. f. Math. Bd. 85 (1878), S. 269.

[2]) Lehrsatz. Wenn p eine Primzahl, g, k, m positive ganze Zahlen sind und zwar m zwischen gp und $(g+1)p$ mit Einschluss der unteren Grenze liegt, so ist:

$$(a)\qquad (m)_{kp} \equiv (g)_k \pmod{p}.$$

nach f gleich $+1$. Fassen wir also die ganzzahligen Theile sämmtlicher Quotienten, die Glieder von der Form $(2m+1)_{k'} \cdot \frac{S^{2m}(k')}{k'}$, wobei k' keine

Beweis. Sei:

$$\text{(b)} \qquad m = gp + h \qquad 0 \leqq h < p$$

dann ist:

$$\text{(c)} \quad (m)_{kp} = \frac{(gp+h)\ldots(\overline{g-1}\,p+h+1).(\overline{g-1}\,p+h)\ldots(\overline{g-2}\,p+h+1)\ldots(\overline{g-k+1}\,p+h)\ldots(\overline{g-k}\,p+h+1)}{1.2\;\ldots\;p\;.\;(p+1)\;\ldots\;(2p)\;\ldots\ldots\;(\overline{k-1}\,p+1)\;\ldots\;(kp)}.$$

Die erste Abtheilung des Zählers lässt sich auch schreiben:

$$gp\,(gp+1)\ldots(gp+h).(\overline{g-1}\,p+h+1)\,(\overline{g-1}\,p+h+2)\ldots(\overline{g-1}\,p+p-1),$$

sie ist also, da

$$\left.\begin{aligned}(gp+1)\,(gp+2)\ldots(gp+h) &\equiv 1.2\ldots h\\ \big((g-1)\,p+h+1\big)\ldots\big((g-1)\,p+p-1\big) &\equiv (h+1)\,(h+2)\ldots(p-1)\end{aligned}\right\}\ (\mathrm{mod.}\ p),$$

abgesehen von dem Factor gp, nach dem Wilsonschen Satze $\equiv -1$ (mod. p) und lässt sich also auf die Form: $gp.(-1+a_1 p)$ bringen, wo a_1 eine positive ganze Zahl ist, die auch unter Umständen $\equiv 0$ (mod. p) sein kann; aus den gleichen Gründen lässt sich die 2te Abtheilung des Zählers auf die Form $(g-1)p\,(-1+a_2 p)$ bringen und so fort, demnach der ganze Zähler auf die Form:

$$\text{(d)} \qquad g(g-1)\ldots(g-k+1)\,p^k\,(-1)^k\,(1+Ap),$$

worin A eine positive oder negative ganze Zahl bedeutet.

Im Nenner ist:

$$1.2\ldots(p-1) \equiv (p+1)\ldots(2p-1) \equiv \ldots \equiv (\overline{k-1}\,p+1)\ldots(kp-1) \equiv -1\ (\mathrm{mod.}\,p),$$

daher lässt er sich auf die Form bringen:

$$\text{(e)} \qquad 1.2\ldots k.p^k\,(-1)^k\,(1+Bp),$$

worin B ebenfalls eine positive oder negative ganze Zahl ist. Demnach ist:

$$\text{(f)} \qquad (m)_{kp} = \frac{(g)_k\,(1+Ap)}{(1+Bp)}$$

d. i. wenn wir zu dividiren anfangen:

$$(m)_{kp} = (g)_k + \frac{(A-B)\,(g)_k}{1+Bp}\,.p.$$

Nun ist p prim gegen $1+Bp$, aber $(m)_{kp}$ eine ganze Zahl, also muss $1+Bp$ (wenn man für p seinen Zahlenwerth setzt) in $(A-B)(g)_k$ aufgehen; ist der Quotient die ganze Zahl C, so ist:

$$\text{(g)} \qquad (m)_{kp} = (g)_k + Cp \equiv (g)_k\ (\mathrm{mod.}\ p)$$

w. z. b. w.

Zusatz. Da: $(g)_1 - (g)_2 \pm \ldots \pm (g)_g = 1$, so ist:

$$(m)_p - (m)_{2p} + (m)_{3p} \mp \ldots \pm (m)_{gp} \equiv 1\ (\mathrm{mod.}\ p).$$

Staudtschen Primzahlfactoren enthält (wie z. B. in S^{2m} (5) : 5 für $m = 3$), und welche Glieder deshalb ganzzahlig sind, sowie die ganze erste Zeile der Gleichung (15) in den Ausdruck A_m zusammen, der eine ganze Zahl darstellen soll, so erhalten wir:

$$(-1)^m B_m = A_m + \frac{1}{2} + \frac{1}{3} + \frac{1}{b} + \cdots + \frac{1}{l},$$

welche Gleichung mit XC übereinstimmt.

Die ersten zehn B. Z. in dieser Art dargestellt sind:

$-B_1 = -1 + \frac{1}{2} + \frac{1}{3}$	$B_6 = -1 + \frac{1}{2} + \frac{1}{3} + \frac{1}{5} + \frac{1}{7} + \frac{1}{13}$
$B_2 = -1 + \frac{1}{2} + \frac{1}{3} + \frac{1}{5}$	$-B_7 = -2 + \frac{1}{2} + \frac{1}{3}$
$-B_3 = -1 + \frac{1}{2} + \frac{1}{3} + \frac{1}{7}$	$B_8 = 6 + \frac{1}{2} + \frac{1}{3} + \frac{1}{5} + \frac{1}{17}$
$B_4 = -1 + \frac{1}{2} + \frac{1}{3} + \frac{1}{5}$	$-B_9 = -56 + \frac{1}{2} + \frac{1}{3} + \frac{1}{7} + \frac{1}{19}$
$-B_5 = -1 + \frac{1}{2} + \frac{1}{3} + \frac{1}{11}$	$B_{10} = 528 + \frac{1}{2} + \frac{1}{3} + \frac{1}{5} + \frac{1}{11}.$

§ 17.

Recursionsformeln zwischen den ganzzahligen Bestandtheilen der Bernoullischen Zahlen.

Setzt man die Staudtschen Ausdrücke für die B. Z. (Gleichung XC) in irgend eine Recursionsformel ein, so erhält man, da die gebrochenen Bestandtheile derselben aus dem Index m gefunden werden können, eine recurrirende Gleichung zwischen den ganzzahligen Bestandtheilen derselben. Dies ist zuerst von Hermite, dann von Stern und in noch allgemeinerer Methode von Lipschitz ausgeführt worden. Sie gebrauchen dabei einige zahlentheoretische Sätze über die Summen gewisser Binomialcoefficienten, die wir vorausschicken wollen.

1. Sei μ eine positive ganze Zahl, p eine ungerade Primzahl und μ durch $p-1$ nicht theilbar; ist dann

$$(1) \qquad \mu = \nu(p-1) + r \qquad o < r < p-1$$

und x eine beliebige ganze positive Zahl, so ist immer:

$$(2) \qquad (1+x)^\mu \equiv (1+x)^r \text{ (mod. } p.).$$

Nun ist für $x < p$:

$$(3) \qquad \left\{ \begin{array}{l} x^{k(p-1)} \equiv 1 \\ x^{k(p-1)+t} \equiv x^t \end{array} \right\} \text{ (mod. } p),$$

also ist:

$$
\begin{aligned}
(4)\quad (1+x)^\mu \equiv\; & 1+(\mu)_{p-1}+(\mu)_{2p-2}+\cdots+\mu_{\nu(p-1)} \\
& +\Big\{(\mu)_1+(\mu)_p+(\mu)_{2p-1}+\cdots+(\mu)_{\nu(p-1)+1}\Big\}\,x \\
& +\cdots \\
& +\Big\{(\mu)_{p-2}+(\mu)_{2p-3}+(\mu)_{3p-4}+\cdots+(\mu)_{\nu(p-1)+p-2}\Big\}\,x^{p-2} \pmod{p}.
\end{aligned}
$$

Da dieser Ausdruck $p-2^{\text{ten}}$ Grades nach (2) dem Ausdruck

$$
(5)\qquad (1+x)^r = 1+(r)_1\,x+(r)_2\,x^2+\cdots+x^r,
$$

der höchstens vom $p-2^{\text{ten}}$ Grade ist, für die $p-1$ Werthe $x=1,2,\ldots p-1$ congruent ist, so müssen nach dem Satze § 15, No. 3 III die einzelnen Coefficienten von x in (4) und (5) einander congruent sein; es ist also:

$$
(6)\qquad (\mu)_t-(r)_t+(\mu)_{p-1+t}+(\mu)_{2(p-1)+t}+\cdots+(\mu)_{\nu(p-1)+t}\equiv 0 \pmod{p}
$$
$$
0 \leqq t \leqq p-2.
$$

Diese Congruenz bleibt auch richtig, wenn wir sie mit z^α multipliciren, falls z und α beliebige positive ganze Zahlen sind, und da auch

$$
z^\alpha \equiv z^{\alpha-k(p-1)} \pmod{p},
$$

so gilt auch die Congruenz [1]):

$$
\begin{aligned}
(7)\qquad & \big((\mu)_t-(r)_t\big)\,z^\alpha+(\mu)_{p-1+t}\,z^{\alpha-(p-1)}+\cdots \\
& \qquad +(\mu)_{\nu(p-1)+t}\,z^{\alpha-\nu(p-1)}\equiv 0 \pmod{p} \\
& \qquad\qquad \alpha-\nu(p-1)\geqq 0.
\end{aligned}
$$

Geht aber $p-1$ in μ auf, so ist

$$
(8)\qquad \left.\begin{aligned}
&(1+x)^\mu \equiv 1 \text{ für } x<p-1 \\
&(1+x)^\mu \equiv 0 \text{ für } x=p-1
\end{aligned}\right\} \pmod{p}.
$$

Dabei bleiben aber die Congruenzen (3) bestehen, bezeichnen wir also.

$$
(9)\qquad \left\{\begin{aligned}
C_0 &= (\mu)_{p-1}+(\mu)_{2(p-1)}+\cdots+(\mu)_\mu \\
C_t &= (\mu)_t+(\mu)_{p-1+t}+(\mu)_{2(p-1)+t}+\cdots+(\mu)_{\mu-(p-1)+t}
\end{aligned}\right. \qquad o<t\leqq p-2,
$$

[1]) Der Grundgedanke des Beweises für die Gleichungen (6) und (7) rührt von Herrn Rogel her („Arithmet. Entwickelungen“, worin noch anderes die B. Z. Angehendes vorkommt, in Hoppe's Archiv 2. Reihe, 11. Theil (1892) S. 77), die nachfolgenden Beweise für die Gleichungen (13) und (14) hat Verfasser hinzugefügt.

so haben wir ein System Gleichungen von folgender Form:

$$(10)\quad C_0 + C_1 k + C_2 k^2 + \ldots + C_{p-2} k^{p-2} = \begin{cases} a_k\, p & \text{für } k = 1, \ldots p-2 \\ a_{p-1} p - 1 & \text{für } k = p-1. \end{cases}$$

Ist somit die Determinante:

$$\begin{vmatrix} 1 & 1 & 1 & \ldots & 1 \\ \cdot & \cdot & \cdot & \cdot & \cdot \\ 1 & (p-1) & (p-1)^2 & \ldots & (p-1)^{p-2} \end{vmatrix} = D$$

und:

$$\begin{vmatrix} 1 & 1 & \ldots & 1 \\ \cdot & \cdot & \cdot & \cdot \\ (p-2) & (p-2)^2 & \ldots & (p-2)^{p-2} \end{vmatrix} = D'$$

so folgt durch Auflösung der Gleichungen (10) zunächst:

$$D \,.\, C_0 = Ap + D',$$

worin A eine ganze Zahl bedeutet. Nun ist aber leicht zu beweisen, dass

$$D = D' = 1\,.\,2!\,3!\,\ldots\,(p-2)!$$

sodass also D prim gegen p ist; folglich:

$$C_0 = \frac{A}{D} \cdot p + 1;$$

da aber C_0 eine ganze Zahl ist, muss D in A aufgehen, es ist also:

$$(11)\qquad C_0 \equiv 1 \pmod{p}.$$

Ferner gilt aber auch für $k < p$ die Congruenz:

$$(12)\qquad 1 - k + k^2 \mp \ldots - k^{p-2} \equiv 0 \pmod{p};$$

ziehen wir dieselbe als Gleichung geschrieben von den ersten $p-2$ Gleichungen (10) ab, und benutzen das Resultat (11), dass $C_0 - 1$ durch p theilbar ist, so erhalten wir Gleichungen von folgender Form:

$$(C_1 + 1)\, k + (C_2 - 1)\, k^2 + (C_3 + 1)\, k^3 + \ldots + (C_{p-2} + 1)\, k^{p-2} = b_k\, p$$

oder:

$$(C_1 + 1)\, k + (C_2 - 1)\, k^2 + (C_3 + 1)\, k^3 + \ldots + (C_{p-2} + 1)\, k^{p-2} \equiv 0 \pmod{p}$$

oder:

$$(C_1 + 1) + (C_2 - 1)\, k + (C_3 + 1)\, k^2 + \ldots + (C_{p-2} + 1)\, k^{p-3} \equiv 0 \pmod{p}$$

$$k = 1, 2, \ldots p-2.$$

Also folgt nun nach dem Satz III in § 15:

$$C_1 + 1 \equiv 0,\ C_2 - 1 \equiv 0, \dots C_{p-2} + 1 \equiv 0 \pmod{p},$$

daher:

(13) $$C_t \equiv (-1)^t \pmod{p} \qquad t = 0, 1, \dots p-2,$$

wobei die Werthe von C_t durch (9) gegeben sind.

Allgemeiner ist dann wieder:

(14) $$\left((\mu)_t + (-1)^{t+1}\right) z^{\alpha} + (\mu)_{p-1+t}\, z^{\alpha-(p-1)} + (\mu)_{2(p-1)+t}\, z^{\alpha-2(p-1)} + \dots$$
$$+ (\mu)_{\mu-(p-1)+t}\, z^{\alpha-\mu+(p-1)} \equiv 0 \pmod{p}$$
$$\alpha - \mu + (p-1) \gtreqless 0$$

und diese Congruenz gilt für jeden positiven ganzzahligen Werth von z und für die Werthe $t = 0$ bis $t = p - 2$, wenn $p - 1$ in μ aufgeht.

2. Hermite[1]) benutzt die Gleichung I, die er in folgende Form bringt:

(15) $$-(2m+1)_2 B_1 + (2m+1)_4 B_2 \mp \dots + (-1)^m (2m+1)_{2m} B_m + (m - \tfrac{1}{2}) = 0.$$

Das giebt nach Gleichung XC und den Ausdrücken am Ende von § 16:

(16) $$\begin{aligned} &(2m+1)_2 \ \ (A_1 + \tfrac{1}{2} + \tfrac{1}{3}) \\ &+ (2m+1)_4 \ \ (A_2 + \tfrac{1}{2} + \tfrac{1}{3} + \tfrac{1}{5}) \\ &+ (2m+1)_6 \ \ (A_3 + \tfrac{1}{2} + \tfrac{1}{3} + \tfrac{1}{7}) \\ &+ \ \cdot \ \cdot \ \cdot \ \cdot \ \cdot \ \cdot \ \cdot \ \cdot \ \cdot \ \cdot \ \cdot \\ &+ (2m+1)_{2m} (A_m + \tfrac{1}{2} + \tfrac{1}{3} + \tfrac{1}{b} + \dots + \tfrac{1}{l}) \\ &+ (m - \tfrac{1}{2}) = 0. \end{aligned}$$

Nun beweist Hermite, dass alles von den Grössen $A_1, A_2, \dots A_m$ Unabhängige aus ganzen Zahlen besteht. Der Coefficient von $\frac{1}{2}$ ist:

$$(2m+1)_2 + (2m+1)_4 + \dots + (2m+1)_{2m} - 1$$

und das ist $2^{2m} - 2$, also das Glied selbst $2^{2m-1} - 1$; der Coefficient von $\frac{1}{3}$, er heisse $\overset{2m+1}{\sigma_3}$ oder, so lange kein Irrthum möglich ist, σ_3, ist:

(17) $$\sigma_3 = (2m+1)_2 + (2m+1)_4 + \dots + (2m+1)_{2m}.$$

Wie aus (6) für $\mu = 2m+1$, $p = 3$, $\nu = m$, $t = 0$ folgt, ist $\sigma_3 \equiv 0 \pmod{3}$, also $\sigma_3 : 3$ eine ganze Zahl.

---

[1]) Extrait d'une lettre de M. Hermite à M. Borchardt, J. für Math. Bd. 81 (1876), S. 93.

Im Allgemeinen kommt nun der Bruch $1:p$ bei allen B. Z. vor, deren verdoppelter Index sich durch $p-1$ theilen lässt, also beim Index $\frac{p-1}{2}$, $2\frac{(p-1)}{2}$, $3\frac{(p-1)}{2}, \ldots \nu\frac{(p-1)}{2}$, wenn $2m$ zwischen $\nu(p-1)$ und $(\nu+1)(p-1)$ mit Einschluss der unteren Grenze liegt. Demnach ist der Coefficient σ_p von $\frac{1}{p}$:

$$(18) \qquad \sigma_p = (2m+1)_{p-1} + (2m+1)_{2(p-1)} + \ldots + (2m+1)_{\nu(p-1)}.$$

Dass nun σ_p durch p theilbar ist, beweist Hermite mit Hülfe von Einheitswurzeln[1]), wir erkennen es aus der Gleichung (6), wenn darin $\mu = 2m+1$ und $t=0$ gesetzt, aber p und ν darin in gleicher Bedeutung (da $p-1$ als gerade Zahl in $2m+1$ nicht aufgeht) belassen werden.

Wir erhalten nun die Recursionsformel

$$\text{XCI} \qquad (2m+1)A_m + (2m+1)_3 A_{m-1} + \ldots + (2m+1)_{2m-1} A_1$$
$$+ m + 2^{2m-1} - 1 + \sum_{p=3}^{p \overline{\gtrless} 2m+1} \frac{\sigma_p}{p} = 0,$$

wo in der zweiten Zeile lauter ganze Zahlen stehen, und sich die Summation über alle Primzahlen von 3 an bis höchstens $2m+1$ einschliesslich erstreckt.

3. Stern[2]) geht von der Gleichung III, die er bei dieser Gelegenheit aus I und II ableitet, aus und gewinnt dadurch leicht folgende Gleichung:

$$(19) \qquad (2m+1)_1 (A_1 + \tfrac{1}{2} + \tfrac{1}{3}) + (2m+1)_3 (A_2 + \tfrac{1}{2} + \tfrac{1}{3} + \tfrac{1}{5}) + \ldots$$
$$+ (2m+1)_{2m-1} (A_m + \tfrac{1}{2} + \tfrac{1}{3} + \tfrac{1}{h} + \ldots + \tfrac{1}{l}) + \tfrac{1}{2} = 0.$$

Der Coefficient von $\frac{1}{2}$ ist jetzt 2^{2m}, also das Glied selbst 2^{2m-1}, der Coefficient von $\frac{1}{p}$:

$$(20) \qquad \sigma'_p = (2m+1)_{p-2} + (2m+1)_{2p-3} + \ldots + (2m+1)_{\nu p-(\nu+1)}$$
$$\nu(p-1) \overline{\gtrless} 2m < (\nu+1)(p-1).$$

Setzen wir nun in (6) $\mu = 2m+1$, $t = p-2$, so hat die linke Seite von (6) die beiden Glieder: $(2m+1)_{\nu(p-1)+p-2} - (r)_{p-2}$ mehr als σ'_p, ist nun aber $r = p-2$ der Rest von $2m+1$ nach $p-1$, so ist $2m+1 = \nu(p-1) + p - 2 = (\nu+1)(p-1) - 1$, was angänglich ist (nämlich

[1]) Am Ende des Aufsatzes fügt er die Gleichung (7) in etwas anderer Form ohne Beweis hinzu.

[2]) Auszug aus einem Schreiben an Herrn Borchardt, J. für Math. Bd. 84 (1878), S. 267.

für $p = 3$ bei beliebigem m), dann sind beide Glieder $= 1$ und ihre Differenz 0; und ist $r < p - 2$, so ist $(2m+1) < \nu(p-1) + p - 2$, also beide Glieder einzeln 0, daher ist in beiden Fällen σ'_p durch p theilbar und wir erhalten aus (19) die Recursionsformel:

XCII
$$(2m+1)_2 A_m + (2m+1)_4 A_{m-1} + \dots$$
$$+ (2m+1)_{2m-1} A_1 + 2^{2m-1} + \sum_{p=3}^{p \overline{\overline{<}} 2m+1} \frac{\sigma'_p}{p} = 0.$$

4. Stern hat in der Abhandlung, in welcher er die verkürzten Recursionsformeln entwickelt[1]), noch eine andere Formel in gleicher Art wie Gleichung III behandelt. Setzt man in XXIV $m = 2$, $n = 2m$, oder zieht man IV von III ab, so gelangt man zu der Gleichung:

$$21) \quad -B_1 + (2m)_2 B_2 - (2m)_4 B_3 \pm \dots + (-1)^m \Big((2m)_{2m-2} - 1\Big) B_m = 0.$$

Werden hier die Staudtschen Werthe für die B. Z. substituirt, so ist zunächst der Coefficient von $\frac{1}{2}$:

$$1 + (2m)_2 + (2m)_4 + \dots + (2m)_{2m-2} + (2m)_{2m} - 2 = 2^{2m-1} - 2,$$

also das Glied selbst $2^{2m-2} - 1$. Ferner kommt $1 : p$ zuerst in $B_{\frac{p-1}{2}}$ und überhaupt in $B_{k\frac{(p-1)}{2}}$ vor, und hiervon ist der Coefficient in (21): $\pm (2m)_{k(p-1)-2}$, also ist der Gesammtcoefficient σ''_p von $\frac{1}{p}$:

$$(22) \quad \sigma''_p = (2m)_{p-3} + (2m)_{2p-4} + (2m)_{3p-5} + \dots + \begin{cases} (2m)_{\nu(p-1)-2} \\ (2m)_{2m-2} - 1, \end{cases}$$

dabei ist ν wieder so zu wählen, dass

$$\nu(p-1) \overline{\overline{<}} 2m < (\nu+1)(p-1)$$

ist, und es gilt das in (22) oberhalb geschriebene Schlussglied für den Fall, dass $\nu(p-1) < 2m$, das unterhalb geschriebene für den Fall, dass $\nu(p-1) = 2m$ ist. Im ersten Falle setzen wir in (6) $\mu = 2m$, $t = p - 3$; dann kommen wieder zu σ''_p die beiden Glieder $(2m)_{\nu(p-1)+p-3} - (r)_{p-3}$ hinzu. Nun ist nach der Erklärung von r in (1):

$$\text{entweder:} \begin{cases} 2m = \nu(p-1) + p - 3 \\ r = p - 3 = t \end{cases} \qquad \text{oder} \begin{cases} 2m < \nu(p-1) + p - 3 \\ r < p - 3 = t \end{cases}$$

[1]) „Beiträge zur Theorie der Bernoullischen und Eulerschen Zahlen", Abhandlg. der Gesellsch. der Wissensch. zu Göttingen Bd. 23 (1878), vgl. § 5.

also ist in beiden Fällen die genannte Differenz Null, und daher σ''_p durch p theilbar.

Geht hingegen $p-1$ in $2m$ auf, so setzen wir in (9) $\mu=2m$, $t=p-3$, dann hat das letzte Glied in (9) den Index $2m-(p-1)+p-3$, d. i. $2m-2$; also ist dann:

$$\sigma''_p = C_t - 1;$$

aber nach (13), da $t=p-3$ eine gerade Zahl ist:

$$C_t \equiv 1 \pmod{p},$$

folglich wiederum σ''_p durch p theilbar, und wir erhalten somit aus (21) die Recursionsformel:

XCIII
$$\begin{aligned}\big((2m)_2-1\big)\,A_m + (2m)_4\,A_{m-1} + \dots \\ + (2m)_{2m}\,A_1 + 2^{2m-2} - 1 + \sum_{p=3}^{p \overline{\gtrless} 2m+1} \frac{\sigma''_p}{p} = 0,\end{aligned}$$

wo wiederum alle einzelnen von den A's unabhängigen Glieder wie in XCI und XCII ganze Zahlen sind.

§ 18.

Fortsetzung.

Recursionsformel, mit willkürlichem Parameter, für die ganzzahligen Bestandtheile der Bernoullischen Zahlen. Beweis für den Staudtschen Satz.

Herr Lipschitz bemerkt in seiner schon öfters erwähnten grossen Abhandlung über die B. Z. [1]), dass aus den vorangehenden Recursionsformeln für die A_k eigentlich nicht hervorgehe, dass sie ganze Zahlen sind, mit anderen Worten, dass diese Formeln keinen neuen Beweis für den Staudtschen Satz liefern, und stellt sich die Aufgabe, aus einer allgemeineren Formel, von der die Hermitesche und die (erste) Sternsche specielle Fälle sind, diesen Nachweis zu führen. Bei dem Referat über diese eigenartige Entwickelung opfern wir bei einzelnen Annahmen die Allgemeinheit der einleitenden über das Hauptziel der Abhandlung hinübergreifenden Betrachtungen dem Interesse einer durchsichtigen, möglichst gedrängten Darstellung.

1. Sei u eine beliebige positive Grösse, s eine positive ganze Zahl und bedeute $\Phi(u)$ den Ausdruck:

(1) $$\Phi(u) = \tfrac{1}{2}\left(\frac{1}{u^s} + \frac{1}{(u+1)^s}\right) - \frac{1}{s-1}\left(\frac{1}{u^{s-1}} - \frac{1}{(u+1)^{s-1}}\right);$$

---

[1]) J. für Math. Bd. 96, S. 1.

dann soll dieser Ausdruck mit den B. Z. in Zusammenhang gebracht und zu dem Zweck jeder Bruch zunächst durch ein bestimmtes Integral ausgedrückt werden. Setzen wir in die Integralformel:

$$\int_0^\infty e^{-y_1} y_1^{s-1} dy_1 = (s-1)!$$

die sich leicht durch partielle Integration beweisen lässt: $y_1 = uy$ (wobei eben u als positiv vorausgesetzt ist), so erhalten wir:

$$\int_0^\infty e^{-uy} y^{s-1} u^s dy = (s-1)!$$

und daher:

$$(2)\qquad \frac{1}{u^s} = \frac{1}{(s-1)!}\int_0^\infty e^{-uy} y^{s-1} dy;$$

ebenso ist:

$$\frac{1}{(u+1)^s} = \frac{1}{(s-1)!}\int_0^\infty e^{-(1+u)y} y^{s-1} dy$$

und somit wird, wie leicht zu sehen:

$$(3)\qquad \Phi(u) = \frac{1}{(s-1)!}\int_0^\infty e^{-uy} y^{s-1}\left\{\tfrac{1}{2}(1+e^{-y}) - \frac{1}{y}(1-e^{-y})\right\} dy$$

$$= \frac{1}{(s-1)!}\int_0^\infty (e^{-uy} - e^{-(u+1)y})\left\{\tfrac{1}{2}\frac{1+e^{-y}}{1-e^{-y}} - \frac{1}{y}\right\} y^{s-1} dy.$$

Nun ist nach (5) des § 2:

$$(4)\qquad \tfrac{1}{2}\frac{1+e^{-y}}{1-e^{-y}} - \frac{1}{y} = \frac{B_1}{2!}y - \frac{B_2}{4!}y^3 \pm \cdots$$

Die Formel hat aber kein Restglied, während wir eines solchen bedürfen, da y bei der Integration die grössten Werthe bis zu ∞ hinauf annehmen muss, bei denen also von Convergenz der Reihe nicht mehr die Rede ist, so dass untersucht werden muss, ob nach Multiplication mit den anderen (sich der Null nähernden) Factoren unter dem Integralzeichen eine Integration angänglich wird. Wir gelangen aber zu einem Restgliede, wenn wir von der bekannten Eulerschen Gleichung:

$$e^y - e^{-y} = 2y\left(1+\frac{y^2}{\pi^2}\right)\left(1+\frac{y^2}{4\pi^2}\right)\left(1+\frac{y^2}{9\pi^2}\right)\cdots$$

ausgehen, davon beiderseits die Logarithmen nehmen und nach y differentiiren; entwickeln wir dann die Brüche, der identischen Gleichung:

$$\frac{1}{1+x} = 1 - x + x^2 \mp \ldots + (-1)^{q-1} x^q + (-1)^q \frac{x^{q+1}}{1+x}$$

gemäss, nach Potenzen von y und führen statt der Summen der reciproken Potenzen mittels § 2, (11) die B. Z. ein, so gelangen wir, nachdem $\frac{y}{2}$ statt y gesetzt ist, zu folgender vervollständigter Gleichung:

$$(5)\quad \begin{cases} \frac{1}{2}\frac{1+e^{-y}}{1-e^{-y}} - \frac{1}{y} = \frac{B_1}{2!}y - \frac{B_2}{4!}y^3 \pm \ldots + (-1)^{q-1}\frac{B_q}{(2q)!}y^{2q-1} + R, \\ R = (-1)^q \frac{2y^{2q+1}}{(2\pi)^{2q+2}} \sum_1^\infty \frac{1}{t^{2q+2}\left(1+\frac{y^2}{t^2\pi^2}\right)}. \end{cases}$$

Multipliciren wir nun irgend ein Glied auf der rechten Seite von (5) mit $e^{-uy}\, y^{s-1}$ und integriren von 0 bis ∞, so erhalten wir, abgesehen von den constanten Factoren nach (2):

$$(6)\qquad \int_0^\infty y^{2k-1} e^{-uy}\, y^{s-1}\, dy = \frac{(2k+s-2)!}{u^{2k+s-1}}, \qquad k = 1, 2, \ldots q$$

(entsprechend für $u+1$ statt u); das Restglied R aber giebt:

$$(7)\qquad \int_0^\infty Re^{-uy} y^{s-1}\, dy = (-1)^q \cdot \frac{2}{(2\pi)^{2q+2}} \cdot \sum_1^\infty \int_0^\infty \frac{e^{-uy}\, y^{2q+s}\, dy}{t^{2q+2}\left(1+\frac{y^2}{t^2\pi^2}\right)}.$$

Nach dem bekannten Satze vom Mittelwerth ist aber

$$(8)\qquad \int_0^\infty \frac{e^{-uy}\, y^{2q+s}\, dy}{1+\frac{y^2}{t^2\pi^2}} = \frac{1}{1+\tau}\int_0^\infty e^{-uy}\, y^{2q+s}\, dy = \frac{1}{1+\tau}\,\frac{(2q+s)!}{u^{2q+s+1}},$$

wobei wir von τ wissen, dass es zwischen 0 und ∞ liegt, dass also $1:(1+\tau)$ ein positiver echter von t abhängiger Bruch ist. Sei ϑ der grösste aller dieser Brüche, so ist wieder mit Anwendung der Gleichung § 2, (11) die rechte Seite von (7) absolut genommen:

$$(9)\qquad < \vartheta \frac{B_{q+1}}{(2q+2)!}\,\frac{(2q+s)!}{u^{2q+s+1}} = \varepsilon \frac{B_{q+1}}{(2q+2)!}\,\frac{(2q+s)!}{u^{2q+s+1}}$$

$$0 < \varepsilon < \vartheta$$

und demnach:

$$(10)\quad \int_0^\infty e^{-uy}\left(\tfrac{1}{2}\,\frac{1+e^{-y}}{1-e^{-y}}-\frac{1}{y}\right)y^{s-1}\,dy=\frac{B_1}{2!}\,\frac{s!}{u^{s+1}}-\frac{B_2}{4!}\,\frac{(s+2)!}{u^{s+3}}\pm\cdots$$

$$+(-1)^{q-1}\frac{B_q}{(2q)!}\,\frac{(s+2q-2)!}{u^{s+2q-1}}+\varepsilon(-1)^q\frac{B_{q+1}}{(2q+2)!}\,\frac{(s+2q)!}{u^{s+2q+1}}.$$

Einen entsprechenden Ausdruck erhalten wir, wenn $u+1$ an Stelle von u gesetzt wird und hiermit $\Phi(u)$ nach Gleichung (3).

Wir brauchen nun für unseren Zweck die Annahme:

$$(11)\qquad s=2;$$

dann wird nach (3) und (1):

$$(12)\qquad \Phi(u)=\tfrac{1}{2}\left(\frac{1}{u^2}+\frac{1}{(u+1)^2}\right)-\frac{1}{u}+\frac{1}{u+1}$$

$$=\frac{B_1}{u^3}-\frac{B_2}{u^5}\pm\cdots+(-1)^q\frac{B_q}{u^{2q+1}}+(-1)^q\,\varepsilon\,\frac{B_{q+1}}{u^{2q+3}}$$

$$-\frac{B_1}{(u+1)^3}+\frac{B_2}{(u+1)^5}\mp\cdots+(-1)^q\frac{B_q}{(u+1)^{2q+1}}+(-1)^{q+1}\,\varepsilon'\,\frac{B_{q+1}}{(u+1)^{2q+3}}$$

$$0<\left\{\begin{matrix}\varepsilon\\ \varepsilon'\end{matrix}\right\}<1.$$

Die beiden Reihen in (12) gehören zu den semiconvergenten, die Glieder werden nämlich nur bis zu demjenigen k^{ten} kleiner, bis zu welchem und für welches noch

$$u^2>\frac{B_k}{B_{k-1}},$$

d. i. nach § 2, (16) näherungsweise:

$$(13)\qquad u^2>\frac{k^2}{\pi^2}$$

ist, welche Bedingung mit wachsendem k unerfüllbar wird. Wir können nun u so gross annehmen, dass nicht nur die Bedingung (13) für $k=q+1$, und um so mehr die entsprechende für $u+1$, erfüllt wird, sondern auch, dass das Restglied, welches, wie (12) zeigt, ein aliquoter Theil des k^{ten} für $k=q+1$ ist, beliebig klein wird. Wir können daher beide Seiten der Gleichung (12) nach fallenden Potenzen von u entwickeln und die Coefficienten gleicher Potenzen bis $1:u^{2q+1}$ einander gleichsetzen.[1]) Bevor

[1]) Ein strenger Beweis dafür, der z. B. (mit $\frac{1}{u}=x$) mittels Determinanten von der Form D § 15, (22) zu führen geht, würde hier zu viel Platz beanspruchen und möge dem studirenden Leser überlassen bleiben.

wir dies aber thun, möge, um die Fremdartigkeit des Anblicks der Gleichung (12) zu mildern, Folgendes bemerkt werden.

Multiplicirt man (12) mit $u^2(u+1)^2$, hebt $^1/_2$ gegen $3B_1$ fort, setzt:

$$u = v - \frac{1}{2}, \quad v = \frac{1}{t}, \quad t = 2z, \quad \text{also } u = \frac{1-z}{2z}$$

und zieht $(1-z^2)^3$ als Factor heraus, so erhält man:

$$0 = (1-z^2)^3 \Big\{ B_1 (1-z^2)^{-3} - B_2 \cdot \frac{(1-z)^{-5} - (1+z)^{-5}}{2z}$$

$$+ B_3 \cdot 2^2 z^2 \frac{(1-z)^{-7} - (1+z)^{-7}}{2z} - B_4 \cdot 2^4 z^4 \frac{(1-z)^{-9} - (1+z)^{-9}}{2z} \pm \cdots \Big\};$$

und wenn man die Klammer nach z entwickelt und die Coefficienten von $z^0, z^2, z^4 \ldots$ einzeln gleich Null setzt, so erhält man Gleichung V mit verändertem Schluss, der sich mittels der identischen Gleichung:

$$2^2 \big((2m+1)_{2m-1} - 2^2 (m)_{m-2}\big) B_1 - 2m = 0$$

als nur formal von dem ursprünglichen verschieden erweist. —

Wir setzen nunmehr in die Gleichung (12) die Staudtschen Ausdrücke für die B. Z.

$$(14) \qquad (-1)^k B_k = A_k + \frac{1}{2} + \frac{1}{a} + \frac{1}{b} + \cdots$$

ein, worin $2, a, b, \ldots$ die Staudtschen Primzahlen für $2k$ sind. Man denke sich nun diese Form für B_k, worin $a = 3$ ist, und b u. s. w. in bestimmter Art aus k gefunden werden können, von vornherein angenommen und alles Unbekannte, also auch die etwaigen fehlenden positiven oder negativen Brüche mit Primzahl-Nennern, deren Summe, wie leicht zu erkennen, nie eine ganze Zahl sein kann, in A_k zusammengefasst; zeigt sich dann, dass A_k eine ganze Zahl ist, so ist der Staudtsche Satz von Neuem bewiesen; und dies soll für $k = m$ unter der Voraussetzung, dass $A_1, A_2, \ldots A_{m-1}$ ganze Zahlen sind, geschehen. Die erste Zeile der rechten Seite von (12) liefert:

$$(15) \qquad -\frac{A_1}{u^3} - \frac{A_2}{u^5} - \cdots - \frac{A_q}{u^{2q+1}} - \Psi_q(u) + (-1)^q \varepsilon \frac{B_{q+1}}{u^{2q+3}},$$

wenn $\Psi_q(u)$ die Function ist:

$$(16) \quad \Psi_q(u) = \left(\frac{1}{2} + \frac{1}{3}\right)\frac{1}{u^3} + \left(\frac{1}{2} + \frac{1}{3} + \frac{1}{5}\right)\frac{1}{u^5} + \left(\frac{1}{2} + \frac{1}{3} + \frac{1}{7}\right)\frac{1}{u^7} + \cdots$$

$$+ \left(\frac{1}{2} + \frac{1}{3} + \frac{1}{b} + \cdots + \frac{1}{l}\right) \cdot \frac{1}{u^{2q+1}}.$$

Wir wollen diesen Ausdruck in anderer Art anordnen. Der Coefficient von $\frac{1}{2}$ (und von $\frac{1}{3}$) in ihm ist: $\frac{1}{u^3}+\frac{1}{u^5}+\dots+\frac{1}{u^{2q+1}}$, und von einer beliebigen reciproken Primzahl p: $\frac{1}{u^p}+\frac{1}{u^{2p-1}}+\frac{1}{u^{3p-2}}+\dots+\frac{1}{u^{\lambda(p-1)+1}}$, worin $\lambda(p-1) \overset{=}{(<)} 2q$ ist.[1] Daher ist:

$$(17) \qquad \Psi_q(u) = \tfrac{1}{2}\left(\frac{1}{u^3}+\frac{1}{u^5}+\dots+\frac{1}{u^{2q+1}}\right)$$
$$+\sum_{p=3}^{p \overset{=}{(<)} 2q+1} \frac{1}{p}\left(\frac{1}{u^p}+\frac{1}{u^{2p-1}}+\frac{1}{u^{3p-2}}+\dots+\frac{1}{u^{\lambda(p-1)+1}}\right)$$
$$\lambda(p-1) \overset{=}{(<)} 2q$$

und es folgt nun aus (12) bei Fortlassung des Restgliedes die Gleichung[2]):

$$(18) \qquad \tfrac{1}{2}\left(\frac{1}{u^2}+\frac{1}{(u+1)^2}\right)-\frac{1}{u}+\frac{1}{u+1}+\Psi_q(u)-\Psi_q(u+1)$$
$$= -\frac{A_1}{u^3}-\frac{A_2}{u^5}-\dots+\frac{A_1}{(u+1)^3}+\frac{A_2}{(u+1)^5}+\dots$$

---

[1]) Durch das Zeichen $\overset{=}{(<)}$ möge ausgedrückt werden, dass λ die grösste im Quotienten $2q:(p-1)$ enthaltene ganze Zahl ist.

[2]) Lässt man $\Psi_q(u)$ und $\Psi_q(u+1)$ ins Unendliche gehen, so ist die Summe der bei $\Psi_q(u)$ hinzugefügten Glieder von der Ordnung $1:u^{2q+3}$, denn der Coefficient von $1:u^{2q+3}$ in (16) (mit $q+1$ statt q) ist kleiner als:

$$\frac{1}{2}+\frac{1}{3}+\frac{1}{4}+\dots+\frac{1}{2q+3} < \lg(2q+3)$$

und daher, da

$$\frac{\lg(2q+k+2)}{\lg(2q+k)}$$

mit wachsendem k immer kleiner (und schliesslich $=1$) wird:

$$\Psi_\infty(u)-\Psi_q(u) < \frac{\lg(2q+3)}{u^{2q+3}}\left(1+\frac{\lg(2q+5)}{\lg(2q+3)}\cdot\frac{1}{u^2}+\left(\frac{\lg(2q+5)}{\lg(2q+3)}\right)^2\frac{1}{u^4}+\dots\right)$$
$$= \zeta\,\frac{\lg(2q+3)}{u^{2q+3}},$$

wo ζ wenig grösser als 1 ist. Dadurch werden aber die einzelnen Summen in (17) unendliche geometrische Reihen und daher:

$$\Psi_\infty(u) = \Psi(u) = \frac{1}{2(u^3-u)}+\sum_p \frac{1}{p(u^p-u)},$$

wo die Summation sich über alle ungeraden Primzahlen zu erstrecken hat, und es ist, wenn

$$(-1)^m\,\varepsilon\,B_{q+1}+\zeta\lg(2q+3) = C$$
$$(-1)^{m-1}\,\varepsilon'\,B_{q+1}-\zeta'\lg(2q+3) = C'$$

2. Suchen wir in (18) beiderseits den Coefficienten von $1 : u^n$, so ergiebt die Vergleichung für $n = 2m + 2$ die Formel XCI von Hermite, und für $n = 2m + 3$ nach Addition der eben genannten Gleichung die Formel XCII von Stern. Wir sehen von der Ausführung dieser Operationen ab und setzen, unter a eine beliebige positive ganze Zahl verstehend, in (18) statt u successive: $u - a$, $u - a + 1$, $u - a + 2, \ldots u$, $u + 1, \ldots u + a - 1$ ein und addiren sämmtliche Gleichungen; dadurch erhalten wir:

$$(19)\quad \tfrac{1}{2}\left(\frac{1}{(u-a)^2} + \frac{1}{(u+a)^2}\right) + \sum_{-a+1}^{a-1}{}^{t} \frac{1}{(u-t)^2} - \frac{1}{u-a} + \frac{1}{u+a} + \Psi_q(u-a) - \Psi_q(u+a)$$
$$= - \frac{A_1}{(u-a)^3} - \frac{A_2}{(u-a)^5} - \cdots + \frac{A_1}{(u+a)^3} + \frac{A_2}{(u+a)^5} + \cdots$$

Jetzt suchen wir hierin die Coefficienten von u^{-n} auf, wobei n nicht grösser als $2q + 1$ zu denken ist. Der Coefficient von u^{-n} in $1 : (u - a)$ ist a^{n-1}, in $1 : (u-a)^2$ ist er $(n-1)\, a^{n-2}$, ebenso $(n-1)\, t^{n-2}$ in $1 : (u-t)^2$, ferner allgemein in $(u - a)^{-r}$ ist er $(n-1)_{n-r}\, a^{n-r}$ oder $(n-1)_{r-1}\, a^{n-r}$ und daher in dem Factor von $1 : p$ in $\Psi_q(u - a)$ (siehe Gleichung (17)):

$$(n-1)_{p-1}\, a^{n-p} + (n-1)_{2(p-1)}\, a^{n-2p+1} + (n-1)_{3(p-1)}\, a^{n-3p+2} + \cdots$$
$$+ (n-1)_{\nu(p-1)}\, a^{n-1-\nu(p-1)}$$
$$\nu\,(p-1) \overset{=}{(<)} n - 1$$

und insbesondere in dem Factor von $\frac{1}{2}$:

$$(n-1)_2\, a^{n-3} + (n-1)_4\, a^{n-5} + \cdots + (n-1)^{2\nu}\, a^{n-2\nu-1}$$
$$= \tfrac{1}{2}\left((a+1)^{n-1} + (a-1)^{n-1} - 2a^{n-1}\right)$$
$$2\nu \overset{=}{(<)} n - 1.$$

Wird $-a$ an Stelle von a gesetzt, so hat das den Erfolg, dass alle Glieder ausser der Summe nach t den Factor $1 + (-1)^n$ erhalten, derselbe ist 0

---

gesetzt wird, (wo ε' und ζ' dasselbe für $u+1$ bedeuten, was ε und ζ für u sind):

$$\tfrac{1}{2}\left(\frac{1}{u^2} + \frac{1}{(u+1)^2}\right) - \frac{1}{u} + \frac{1}{u+1} + \Psi(u) - \Psi(u+1)$$
$$= - \frac{A_1}{u^3} - \frac{A_2}{u^5} - \cdots - \frac{A_q}{u^{2q+1}} + \frac{A_1}{(u+1)^3} + \cdots + \frac{A_q}{(u+1)^{2q+1}}$$
$$+ \frac{C}{u^{2q+3}} + \frac{C'}{(u+1)^{2q+3}}.$$

Mittels dieser Gleichung, welche eine Schätzung des Fehlers gestattet, wird die links stehende Function von u in eine halbconvergente nach fallenden Potenzen von u und $u+1$ fortschreitende Reihe entwickelt.

für ungerades n, 2 für gerades n, auch die erwähnte Summe ist im ersten Falle 0, aber im zweiten Falle: $2\sum_{1}^{a-1}{}_t\, t^{n-2}$, so dass wir für ein ungerades n die identische Gleichung $0=0$ erhalten. Nehmen wir n gerade $=2m+2$ an, und setzen $\sum_{1}^{a}{}_t\, t^{2m}-a^{2m}$ statt $\sum_{1}^{a-1}{}_t\, t^{2m}$, so erhalten wir die Gleichung:

$$
\text{XCIV}\quad (2m+1)\sum_{1}^{a}{}_t\, t^{2m}+\tfrac{1}{4}\left((a+1)^{2m+1}+(a-1)^{2m+1}-6a^{2m+1}-2(2m+1)a^{2m}\right)
$$

$$
+\sum_p \frac{1}{p}\Big\{(2m+1)_{p-1}\,a^{2m+2-p}+(2m+1)_{2(p-1)}\,a^{2m+3-2p}+\ldots
$$

$$
+(2m+1)_{\nu(p-1)}\,a^{2m+1-\nu(p-1)}\Big\}
$$

$$
+\Big\{(2m+1)_2\,A_1\,a^{2m-1}+(2m+1)_4\,A_2\,a^{2m-3}+\ldots+(2m+1)_{2m}\,A_m\,a\Big\}=0,
$$

$$
\nu(p-1)<2m+1<(\nu+1)(p-1)
$$

wo die Summation nach p über alle ungeraden Primzahlen bis $2m+1$ auszuführen ist.

Diese Recursionsformel hat nun den positiven ganzzahligen, sonst willkürlichen Parameter a und wir werden denselben nun benutzen, um den Nachweis zu führen, dass A_m eine ganze Zahl ist, falls $A_1, A_2, \ldots A_{m-1}$ es sind. Wir setzen zu dem Zweck:

$$
a=2m+1
$$

und wollen die ganze Gleichung durch $(2m+1)a$ oder a^2 dividiren, wodurch A_m den Factor 1 erhält.

Statt der mit $\frac{1}{4}$ multiplicirten Klammer können wir auch schreiben:

$$
-4a^{2m+1}+2(2m+1)_2\,a^{2m-1}+\ldots+2(2m+1)\,a-2\,(2m+1)\,a^{2m};
$$

dieser Ausdruck lässt sich durch a^2 und (wie die frühere Form zeigt) durch 4, also durch $4a^2$ heben. In der letzten Klammer in XCIV lässt sich jedes Glied durch a^2 heben. Wir kommen nun zur Summe nach p. Wenn die Differenz, die wir der Kürze wegen mit δ bezeichnen wollen:

$$
\delta=2m+1-\nu(p-1)
$$

grösser als 1, also mindestens 3 ist, so können wir a^2 herausheben und es ist dann nach § 17, (7) (mit $\alpha=2m-1$, $t=0$, $\mu=2m+1$) der zurückbleibende Factor von $\frac{1}{p}$ durch p theilbar. Ist aber $\delta=1$, so sind zwei Fälle zu unterscheiden, nämlich dass p in $2m+1$ aufgeht, oder dass

p in $2m+1$ nicht aufgeht, also prim gegen $2m+1$ ist. In diesem letzteren Falle heissen die beiden Schlussglieder des Factors von $\frac{1}{p}$:

$$(20) \qquad (2m+1)_{2m+1-p}\, a^p + (2m+1)a;$$

wir können daher, da p mindestens 3 ist, diese und somit den ganzen Factor durch a^2 heben, aber nach der genannten Gleichung ebenfalls durch p, folglich auch durch pa^2.

Ist endlich $\delta = 1$ und gleichzeitig p ein Theiler von $2m+1$ oder a, so ist im ersten Glied der Summe (20) a^p durch a^2p theilbar und umsomehr die Potenzen von a in den vorangehenden Gliedern, das letzte giebt aber durch a^2p getheilt $1:p$. Sind also p, p', p'' ... diejenigen Primzahlen unter denen, über welche sich die Summation in XCIV zu erstrecken hat, welche in $2m+1$ aufgehen, während gleichzeitig $p-1$, $p'-1$, $p''-1$ ... Theiler von $2m$ sind, so lässt die Summe nach p, wenn wir sie durch a^2 dividiren, den Rest

$$\frac{1}{p} + \frac{1}{p'} + \frac{1}{p''} + \cdots$$

Dividiren wir nun noch das Anfangsglied von XCIV, worin wir die Summe auch nach früherer Bezeichnung als $S^{2m}(a)$ schreiben können, durch a^2, so erhalten wir als Gesammtwerth des Restes der Division der linken Seite von XCIV durch a^2 ausser A_m den Ausdruck:

$$\frac{S^{2m}(a)}{a} + \frac{1}{p} + \frac{1}{p'} + \frac{1}{p''} + \cdots,$$

worin p, p', p'' ... diejenigen Primfactoren von a sind, welche um 1 vermindert $2m$ theilen. Dieser Ausdruck ist aber nach dem von v. Staudt bewiesenen durch Gleichung (12) des § 16 dargestellten Satze eine ganze Zahl. Folglich ist auch A_m eine ganze Zahl und somit der Staudtsche Satz von Neuem bewiesen.

3. Schliesslich möge der eigenthümliche theoretisch interessante Zusammenhang der B. Z. mit der Anzahl der Primzahlen hervorgehoben werden. Setzen wir in XCIV $a=0$, wodurch die Hermitesche Gleichung XCI entsteht, bezeichnen ferner

$$\frac{1}{2h+1}\left\{(2m+1)_{2h} + (2m+1)_{4h} + \cdots + (2m+1)_{2\nu h}\right\} = P(m,h)$$

und setzen fest, dass $\Theta(2h+1) = 1$ sein soll, wenn $2h+1$ eine Primzahl ist, und $=0$, wenn $2h+1$ eine zusammengesetzte Zahl ist, so können wir die Gleichung XCIV folgendermaassen schreiben:

$$(22) \qquad P(m,1)\,\Theta(3) + P(m,2)\,\Theta(5) + \cdots + P(m,m)\,\Theta(2m+1)$$
$$= 1 - m - 2^{2m-1} - \left\{(2m+1)_2 A_1 + (2m+1)_4 A_2 + \cdots + (2m+1)_{2m} A_m\right\}.$$

Denken wir uns also $A_1, A_2, \ldots A_m$ gegeben, so können wir nacheinander $\Theta(3)$, $\Theta(5), \ldots \Theta(2m+1)$ berechnen und aus ihren Werthen 1 oder 0 erkennen, ob ihr Argument eine Primzahl ist oder nicht. So hängen die m ersten B. Z. mit der Anzahl der Primzahlen unter den ersten m ungeraden Zahlen zusammen.

Z. B. folgen für $m = 3$ und $m = 4$ aus den bekannten Werthen (siehe am Ende des § 16): $A_1 = A_2 = A_3 = A_4 = -1$ die Gleichungen:

$$21\,\Theta(3) + 7\,\Theta(5) + \Theta(7) = 29$$
$$85\,\Theta(3) + 27\,\Theta(5) + 12\,\Theta(7) + \Theta(9) = 124;$$

sind nun $\Theta(3)$ und $\Theta(5)$ als 1 bekannt, so folgt aus der ersten Gleichung $\Theta(7) = 1$, aus der zweiten $\Theta(9) = 0$, also ist 7 eine Primzahl, 9 eine zusammengesetzte Zahl.

Bezüglich eines anderen Gegenstandes der Lipschitzschen Abhandlung (nämlich des Zusammenhanges von $\Phi(u)$ für $s=1$ mit der Riemannschen Function $\zeta(s)$) ist auf das Original selbst zu verweisen.

§ 19.

Congruenzen zwischen den Bernoullischen und zwischen den Eulerschen Zahlen.

1. Herr Kummer stellt folgenden Satz auf[1]):

„Wenn $\varphi(x)$ eine Function von x ist, welche in eine nach aufsteigenden ganzen Potenzen der Grösse $(e^{rx} - e^{sx})$ geordnete Reihe sich so entwickeln lässt, dass die Coefficienten dieser Entwickelung rationale Zahlen sind, in deren Nennern die Primzahl λ nicht als Factor vorkommt, und wobei r und s rationale Zahlen sind, deren Nenner den Primfactor λ ebenfalls nicht enthalten, wenn ferner dieselbe Function $\varphi(x)$ nach Potenzen von x entwickelt folgende Reihe giebt:

$$\varphi(x) = A + \frac{A_1}{1}x + \frac{A_2}{1.2}x^2 + \frac{A_3}{1.2.3}x^3 + \ldots, \tag{1}$$

so findet unter den Coefficienten dieser Entwickelung folgende Congruenz statt:

$$A_m - (n)_1 A_{m+\lambda-1} + (n)_2 A_{m+2\lambda-2} \mp \ldots + (-1)^n A_{m+n\lambda-n} \equiv 0 \pmod{\lambda^n}. \tag{2}$$

---

[1]) J. für Math. Bd. 41 (1850), S. 368. „Ueber eine allgemeine Eigenschaft der rationalen Entwickelungscoefficienten einer bestimmten Gattung analytischer Functionen.“

Die Zahlen m und n sind beliebige ganze Zahlen und nur der einen Bedingung unterworfen, dass $m \geqq n$ ist.

Die besonderen Fälle für $n = 1, 2, 3$ sind:

(3) $$A_m - A_{m+\lambda-1} \equiv 0 \pmod{\lambda}; \quad m \geqq 1,$$

(4) $$A_m - 2A_{m+\lambda-1} + A_{m+2\lambda-2} \equiv 0 \pmod{\lambda^2}; \quad m \geqq 2,$$

(5) $$A_m - 3A_{m+\lambda-1} + 3A_{m+2\lambda-2} - A_{m+3\lambda-3} \equiv 0 \pmod{\lambda^3}; \quad m \geqq 3."$$

Der Ausdruck Congruenz ist bei diesem merkwürdigen Satze in dem allgemeineren Sinne zu verstehen, dass, wenn die A_m, $A_{m+\lambda-1}$ u. s. w. gebrochene Zahlen sind, der Zähler der linken Seite von (2) sich durch λ^n theilen lässt. Der Beweis desselben ist folgender:

Nach Voraussetzung ist:

(6) $$\varphi(x) = \sum_0^\infty a_k (e^{rx} - e^{sx})^k,$$

also nach dem binomischen Lehrsatz:

(7) $$\varphi(x) = \sum_0^\infty \sum_0^k (-1)^h (k)_h a_k e^{\{r(k-h)+sh\}x}.$$

Um die Entwickelungscoefficienten der Reihe (1) zu erhalten, differentiiren wir (7) m mal nach x und setzen $x = 0$, das giebt:

(8) $$A_m = \sum_0^\infty \sum_0^k (-1)^h (k)_h a_k \{r(k-h) + sh\}^m.$$

Setzen wir:

$$r(k-h) + sh = t,$$

so hat, wenn auch r und s gebrochene Zahlen sind, t im Nenner nicht den Factor λ, ebensowenig wie a_k, und es wird die linke Seite von (2), welche wir mit L bezeichnen wollen:

(9) $$L = \sum_0^\infty \sum_0^k (-1)^h (k)_h a_k \{t^m - (n)_1 t^{m+\lambda-1} + (n)_2 t^{m+2\lambda-2} \mp \ldots \pm t^{m+n\lambda-n}\}$$
$$= \sum_0^\infty \sum_0^k (-1)^h (k)_h a_k t^m (1-t^{\lambda-1})^n.$$

Besitzt nun t den Factor λ, so ist t^m durch λ^m theilbar, besitzt es den Factor λ nicht, so ist nach dem Fermatschen Lehrsatz $(1-t^{\lambda-1})^n$ durch λ^n, also jedes Glied der Doppelsumme in (9) und somit sie selbst ebenfalls durch die kleinere der beiden Potenzen λ^m und λ^n theilbar[1]), da keiner der Factoren λ sich gegen einen gleichen in einem Nenner aufheben kann. Nehmen wir, der Voraussetzung gemäss $m \gtreqless n$ an, so ist hiermit die Congruenz (2) bewiesen. Wir machen von derselben nunmehr mit Kummer zuerst eine Anwendung auf die Bernoullischen und dann auf die Eulerschen Zahlen.

2. Setzen wir in § 2, (5) oder in der damit identischen Gleichung

$$\frac{1}{e^x-1} = \frac{1}{x} - \frac{1}{2} + \frac{B_1}{2!}x - \frac{B_2}{4!}x^3 + \frac{B_3}{6!}x^5 \mp \ldots \tag{10}$$

ax statt x, wobei a eine beliebige positive ganze Zahl ist, multipliciren mit a und ziehen davon (10) selbst ab, so erhalten wir (vgl. § 15, (8)):

$$\frac{a}{e^{ax}-1} - \frac{1}{e^x-1} = \frac{1-a}{2} + \frac{B_1}{2!}(a^2-1)\,x - \frac{B_2}{4!}(a^4-1)\,x^3 \pm \ldots \tag{11}$$

Die linke Seite, die wir mit $\varphi(x)$ vergleichen, können wir nach ganzen aufsteigenden Potenzen der Grösse $z = e^x - 1$ entwickeln, denn sie ist:

$$\begin{aligned}\varphi(x) &= \frac{a}{(1+z)^a-1} - \frac{1}{z} = \frac{a}{(a)_1\,z+(a)_2\,z^2+\ldots+z^a} - \frac{1}{z} \\ &= \frac{1}{z}\left(1+(a)_2\frac{z}{a}+(a)_3\frac{z^2}{a}+\ldots+\frac{z^{a-1}}{a}\right)^{-1} - \frac{1}{z},\end{aligned} \tag{12}$$

wobei sich $\frac{1}{z}$ forthebt. Ist nun λ eine beliebige Primzahl, und a so gewählt, dass es nicht durch λ theilbar ist, so erhält kein Nenner in der Entwickelung von $\varphi(x)$ nach z den Factor λ, und die Grösse t (in Gleichung (9)) ist überhaupt eine ganze Zahl, da $r=1$, $s=0$ ist, also ist auf diese Function $\varphi(x)$ die Gleichung (2) anwendbar und der Vergleich der rechten Seiten von (1) und (11) ergiebt für $m = 2\nu - 1$ und $m = 2\nu$:

$$\begin{cases} A_{2\nu-1} = (-1)^{\nu-1}\dfrac{a^{2\nu}-1}{2\nu}B_\nu \\ A_{2\nu} = 0. \end{cases} \tag{13}$$

Nun ist $\lambda - 1$ eine gerade Zahl; nehmen wir also $m = 2\nu - 1$, so sind alle Glieder in (2) von 0 verschieden, und zwar ist, wenn z. A.:

$$\frac{\lambda-1}{2} \text{ mit } \mu$$

bezeichnet wird:

$$A_{m+k(\lambda-1)} = A_{2(\nu+k\mu)-1} = (-1)^{\nu+k\mu-1}\frac{a^{2(\nu+k\mu)}-1}{2(\nu+k\mu)}B_{\nu+k\mu}$$

---

[1]) Ist t gebrochen $= t_1 : t_2$, so ist der Zähler von $1 - t^{\lambda-1}$ nämlich $t_2^{\lambda-1} - t_1^{\lambda-1} = \left(t_2^{\lambda-1}-1\right) - \left(t_1^{\lambda-1}-1\right)$ durch λ theilbar.

und die Congruenz (2) unter Fortlassung des Factors $(-1)^{\nu-1}$:

$$\text{XCV} \quad \frac{a^{2\nu}-1}{2\nu} B_\nu - (-1)^\mu (n)_1 \frac{a^{2\nu+2\mu}-1}{2\nu+2\mu} B_{\nu+\mu} + (n)_2 \frac{a^{2\nu+4\mu}-1}{2\nu+4\mu} B_{\nu+2\mu}$$

$$-(-1)^\mu (n)_3 \frac{a^{2\nu+6\mu}-1}{2\nu+6\mu} B_{\nu+3\mu} + \ldots \pm \frac{a^{2\nu+2n\mu}-1}{2\nu+2n\mu} B_{\nu+n\mu} \equiv 0 \pmod{\lambda^n}$$

$$\mu = \frac{\lambda-1}{2}, \; \nu \overline{\gtrless} \frac{n+1}{2}.$$

Die Bedingung für ν entstammt der obigen: $m \overline{\gtrless} n$; ist dieselbe nicht erfüllt, so ist der Modul der Congruenz $\lambda^{2\nu-1}$.

Wir nehmen nunmehr für a eine primitive Wurzel von λ und legen dem ν die Bedingung auf, kein Vielfaches von $\frac{\lambda-1}{2}$ zu sein; dann ist $a^{2\nu}-1$ nicht durch λ theilbar (siehe § 15, Nr. 3, V), aber wohl $a^{2\mu}-1 = a^{\lambda-1}-1$ und es sei:

$$(14) \qquad a^{2\mu} = 1 + c\lambda,$$

wo c eine positive ganze Zahl ist. Wir führen nun die Bezeichnung:

$$(15) \quad \psi(\nu,n) = \frac{B_\nu}{\nu} - (-1)^\mu (n)_1 \frac{B_{\nu+\mu}}{\nu+\mu} + (n)_2 \frac{B_{\nu+2\mu}}{\nu+2\mu} - (-1)^\mu (n)_3 \frac{B_{\nu+3\mu}}{\nu+3\mu} + \cdots \pm \frac{B_{\nu+n\mu}}{\nu+n\mu}$$

ein und wollen beweisen, dass $\psi(\nu, n)$ durch λ^n theilbar ist. Zu dem Zweck bilden wir den Ausdruck:

$$\Psi(\nu, n) = \frac{B_\nu}{\nu} - (-1)^\mu (n)_1 \frac{a^{2\mu} B_{\nu+\mu}}{\nu+\mu} + (n)_2 \frac{a^{4\mu} B_{\nu+2\mu}}{\nu+2\mu} + \text{u. s. w.}$$

$$= \frac{B_\nu}{\nu} - (-1)^\mu (n)_1 (1+c\lambda) \frac{B_{\nu+\mu}}{\nu+\mu} + (n)_2 (1+c\lambda)^2 \frac{B_{\nu+2\mu}}{\nu+2\mu} + \text{u. s. w.}$$

Derselbe ist, nach Potenzen von λ geordnet:

$$(16) \qquad \Psi(\nu, n) = \frac{B_\nu}{n} - (-1)^\mu (n)_1 \frac{B_{\nu+\mu}}{\nu+\mu} + \ldots + (-1)^{\mu+1} c\lambda \left\{ (n)_1 \frac{B_{\nu+\mu}}{\nu+\mu} \right.$$

$$\left. - (n)_2 (2)_1 \frac{B_{\nu+2\mu}}{\nu+2\mu} + (n)_3 (3)_1 \frac{B_{\nu+3\mu}}{\nu+3\mu} + \ldots \right\} + \cdots$$

$$\pm c^k \lambda^k \left\{ (n)_k \frac{B_{\nu+k\mu}}{\nu+k\mu} - (-1)^\mu (n)_{k+1} (k+1)_k \frac{B_{\nu+(k+1)\mu}}{\nu+(k+1)\mu} \right.$$

$$\left. + (n)_{k+2} (k+2)_k \frac{B_{\nu+(k+2)\mu}}{\nu+(k+2)\mu} + \ldots \pm (n)_n (n)_k \frac{B_{\nu+n\mu}}{\nu+n\mu} \right\} + \cdots$$

$$\pm c^n \lambda^n \frac{B_{\nu+n\mu}}{\nu+n\mu}.$$

Nun ist, wie leicht zu übersehen:

(17) $$(n)_{k+r}\,(k+r)_k = (n)_k\,(n-k)_r,$$

also ist der Coefficient von $\pm\, c^k \lambda^k$ in (16):

(18) $$(n)_k \left\{\frac{B_{\nu+k\mu}}{\nu+k\mu} - (-1)^\mu\,(n-k)_1\,\frac{B_{\nu+(k+1)\mu}}{\nu+(k+1)\mu} + \dots \pm (n-k)_{n-k}\,\frac{B_{\nu+n\mu}}{\nu+n\mu}\right\}$$

d. i. nach der Bezeichnung (15):

$$= (n)_k \cdot \psi\,(\nu + k\mu,\, n-k)$$

und demnach:

(19) $$\Psi(\nu,n) = \psi(\nu,n) \pm (n)_1\, c\lambda\psi(\nu+\mu,\, n-1) \pm (n)_2\, c^2\lambda^2\psi\,(\nu+2\mu,\, n-2) \pm \dots$$
$$\pm\,(n)_{n-1}\, c^{n-1}\lambda^{n-1}\psi\big(\nu+(n-1)\,\mu,\, 1\big) \pm c^n\lambda^n\psi\,(\nu+n\mu,\, o),$$

worin überall $\pm$ geschrieben wurde, weil es beim Beweise auf das Vorzeichen nicht ankommt. Sei nun ν' irgend eine ganze positive Zahl, die kein Vielfaches von $\frac{\lambda-1}{2}$ ist, und seien die Congruenzen:

$$\psi(\nu', 1) \equiv 0 \;(\text{mod.}\,\lambda),\ \psi(\nu', 2) \equiv 0 \;(\text{mod.}\,\lambda^2),\ \dots\ \psi(\nu', n-1) \equiv 0 \;(\text{mod.}\,\lambda^{n-1})$$

bewiesen, so ist, da $\nu + k\mu$ eine Zahl ist, die der Forderung für ν' genügt, $\psi(\nu+k\mu,\, n-k)$ durch λ^{n-k} theilbar, daher folgt aus (19):

(20) $$\Psi\,(\nu, n) = \psi\,(\nu, n) + A\,\lambda^n,$$

wo A eine ganze oder mindestens eine rationale Zahl ist, deren Nenner nicht den Factor λ enthält. Jetzt lautet die Congruenz XCV nach Multiplication mit 2:

$$a^{2\nu}\,\Psi(\nu, n) - \psi\,(\nu, n) \equiv 0 \;(\text{mod.}\ \lambda^n),$$

folglich ist nach (20):

$$(a^{2\nu} - 1)\;\psi\,(\nu, n) \equiv 0 \;(\text{mod.}\ \lambda^n)$$

also, da $a^{2\nu} - 1$ nicht durch λ theilbar ist:

(21) $$\psi\,(\nu, n) \equiv 0 \;(\text{mod.}\ \lambda^n).$$

Dieser Beweis kann aber genau in derselben Art von $n = 1$ an beginnen, die Congruenz (21) ist also allgemein bewiesen, d. h. wir haben:

XCVI $$\frac{B_\nu}{\nu} + (-1)^{\mu+1}(n)_1 \frac{B_{\nu+\mu}}{\nu+\mu} + (n)_2 \frac{B_{\nu+2\mu}}{\nu+2\mu} + (-1)^{\mu+1}(n)_3 \frac{B_{\nu+3\mu}}{\nu+3\mu} + \cdots$$
$$+ (-1)^{n(\mu+1)} \frac{B_{\nu+n\mu}}{\nu+n\mu} \equiv 0 \pmod{\lambda^n}$$
$$\mu = \frac{\lambda-1}{2}, \quad \nu \overline{\gtrless} \frac{n+1}{2},$$

worin ν kein Vielfaches von μ sein darf.

Beispiel. Für $\lambda = 7$, $n = 2$, $\nu = 2$ ist:

$$\frac{B_2}{2} + 2\frac{B_5}{5} + \frac{B_8}{8} = \frac{41895}{2^4 . 3 . 5 . 11 . 17} = \frac{3 . 19}{2^4 . 11 . 17} . 7^2.$$

3. Weit einfacher ist die Anwendung der Congruenz (2) auf die Secantencoefficienten. Es ist nämlich nach § 9, (1):

$$(22) \qquad \varphi(x) = \frac{2}{e^x + e^{-x}} = 1 - \frac{\alpha_1}{2!}x^2 + \frac{\alpha_2}{4!}x^4 - \frac{\alpha_3}{6!}x^6 \pm \cdots$$

und wenn $e^{\frac{x}{2}} - e^{-\frac{x}{2}} = z$ gesetzt wird:

$$\varphi(x) = (1 + \tfrac{1}{2}z^2)^{-1},$$

also $\varphi(x)$ eine Function, die dem obigen Satze genügt ($r = \frac{1}{2}$, $s = -\frac{1}{2}$); der Vergleich von (22) mit (1) giebt:

$$A_{2\nu-1} = 0$$
$$A_{2\nu} = (-1)^\nu \alpha_\nu$$

und folglich ist unmittelbar:

XCVII $$\alpha_\nu + (-1)^{\mu+1}(n)_1 \alpha_{\nu+\mu} + (n)_2 \alpha_{\nu+2\mu} + (-1)^{\mu+1}(n)_3 \alpha_{\nu+3\mu} + \cdots$$
$$+ (-1)^{n(\mu+1)} \alpha_{\nu+n\mu} \equiv 0 \pmod{\lambda^n}$$
$$\mu = \frac{\lambda-1}{2}, \quad \nu \overline{\gtrless} \frac{n}{2}.$$

Hieraus lassen sich sehr leicht einige interessante Eigenschaften der Euler-schen Zahlen ableiten, die zuerst von Scherk[1]) angegeben sind. In § 15 ist am Ende von Nr. 1 gezeigt, dass die β_m von $m = 2$ an ganze gerade Zahlen sind; hieraus folgt nach Gleichung XV, dass die α_m von $m = 1$ an ungerade ganze Zahlen sind; die ersten derselben sind (siehe § 4) $\alpha_1 = 1$, $\alpha_2 = 5$, $\alpha_3 = 61$, $\alpha_4 = 1385$. Setzen wir nun in XCVII: $n = 1$, $\lambda = 3$ und ν der Reihe nach $= 1, 2, 3, \ldots$ so folgt nacheinander, dass

$$\alpha_1 + \alpha_2, \quad \alpha_2 + \alpha_3, \quad \alpha_3 + \alpha_4, \quad \alpha_4 + \alpha_5, \quad \text{u. s. w.}$$

[1]) In der im § 4 citirten Abhandlung.

durch 3 theilbar sind; nun ist $\alpha_1 - 1$ durch 3 theilbar, also folgt der Reihe nach, dass $\alpha_2 + 1$, $\alpha_3 - 1$, $\alpha_4 + 1$, $\alpha_5 - 1$ u. s. w. durch 3, und da es gerade Zahlen sind, durch 6 sich theilen lassen.

Ferner sei $n = 1$, $\lambda = 5$, so folgt, dass $\alpha_{\nu+2} - \alpha_\nu$ durch 5 theilbar ist; nun ist $\alpha_1 = 1$, also müssen α_3, α_5, u. s. w. mit 1 oder 6 endigen, also, da es ungerade Zahlen sind, mit 1; dann ist $\alpha_2 = 5$, also müssen α_4, α_6, u. s. w. mit 5 oder mit 0 schliessen, folglich als ungerade Zahlen mit 5.

Weitere sich hier anschliessende Eigenschaften der Eulerschen Zahlen und ihrer Differenzenreihen sind von Stern[1]) aufgefunden worden; näher darauf einzugehen, würde den Rahmen dieses Buches überschreiten.

§ 20.

Congruenzen zwischen den Lipschitzschen Producten und zwischen den Tangentencoefficienten.

1. Wir verstehen unter den Lipschitzschen Producten die in den Gleichungen LXXXIX mit G_3 und G_4 bezeichneten, von denen Lipschitz (s. § 15, No. 2) bewiesen hat, dass sie ganze Zahlen sind, und wollen zeigen, dass sie, mit richtigem Vorzeichen genommen, an Stelle der Grössen A_m, $A_{m+\lambda-1}$ u. s. w. in die Congruenz (2) des § 19 eingesetzt, dieselbe befriedigen. Zu dem Zweck knüpfen wir an die Congruenz XCV an, in welcher ν nur die Bedingung zu erfüllen hat, nicht kleiner als $\frac{n+1}{2}$ zu sein, und setzen darin z. A.

$$\text{(1)} \qquad \frac{a^{2\nu+2k\mu}-1}{2\nu+2k\mu} B_{\nu+k\mu} = f(\nu+k\mu);$$

dann ist sie:

$$\text{(2)} \qquad F(\nu, n) = f(\nu) + (-1)^{\mu+1} (n)_1 f(\nu+\mu) + (n)_2 f(\nu+2\mu) \\ + (-1)^{\mu+1} (n)_3 f(\nu+3\mu) + \ldots \pm f(\nu+n\mu) \equiv 0 \text{ (mod. } \lambda^n),$$

wobei $F(\nu, n)$ eine Bezeichnung für die linke Seite sein soll. Sei nun b eine ganze, durch λ nicht theilbare Zahl und sei H der Ausdruck:

$$\text{(3)} \qquad H = f(\nu) + (-1)^{\mu+1} (n)_1 b^{2\mu} f(\nu+\mu) + (n)_2 b^{4\mu} f(\nu+2\mu) + \ldots \\ \pm b^{2n\mu} f(\nu+n\mu);$$

setzen wir dann ähnlich wie in Gleichung (14) des § 19:

$$b^{2\mu} = b^{\lambda-1} = 1 + c\lambda,$$

[1]) J. für Math. Bd. 79 (1875), S. 67.

so ist der Coefficient von $\pm c^k \lambda^k$, genau entsprechend dem dortigen Ausdruck (18):

$$(n)_k \Big\{ f(\nu+k\mu) + (-1)^{\mu+1}(n-k)_1 f(\nu+k\mu+\mu) + (n-k)_2 f(\nu+k\mu+2\mu) + \dots \\ \pm f(\nu+k\mu+\overline{n-k}\mu)\Big\}.$$

Hierin ist aber die Klammer nichts Anderes als $F(\nu+k\mu, n-k)$ und folglich nach (2) durch λ^{n-k} theilbar, daher ist H durch λ^n theilbar und wir haben also nach Multiplication mit $b^{2\nu}$ die Congruenz:

$$(4) \qquad b^{2\nu} f(\nu) + (-1)^{\mu+1} (n)_1 b^{2\nu+2\mu} f(\nu+\mu) + \dots \\ \pm b^{2\nu+2n\mu} f(\nu+n\mu) \equiv 0 \pmod{\lambda^n}$$

und auch, wenn wir Congruenz (2) hiervon abziehen:

$$(5) \qquad (b^{2\nu}-1) f(\nu) + (-1)^{\mu+1} (n)_1 (b^{2\nu+2\mu}-1) f(\nu+\mu) + \dots \\ \pm (b^{2\nu+2n\mu}-1) f(\nu+n\mu) \equiv 0 \pmod{\lambda^n}.$$

Nehmen wir nun in (4) b gleich a, in (5) b prim zu a an, so erhalten wir mit Benutzung von (1) die Congruenzen im eigentlichen Sinne des Wortes:

$$\text{XCVIII}_a \qquad \frac{a^{2\nu}(a^{2\nu}-1)}{2\nu} B_\nu + (-1)^{\mu+1}(n)_1 \frac{a^{2\nu+2\mu}(a^{2\nu+2\mu}-1)}{2\nu+2\mu} B_{\nu+\mu} \\ + (n)_2 \frac{a^{2\nu+4\mu}(a^{2\nu+4\mu}-1)}{2\nu+4\mu} B_{\nu+2\mu} + \dots \\ + (-1)^{n(\mu+1)} \frac{a^{2\nu+2n\mu}(a^{2\nu+2n\mu}-1)}{2\nu+2n\mu} B_{\nu+n\mu} \equiv 0 \pmod{\lambda^n}$$

$$\text{XCVIII}_b \qquad \frac{(b^{2\nu}-1)(a^{2\nu}-1)}{2\nu} B_\nu + (-1)^{\mu+1} (n)_1 \frac{(b^{2\nu+2\mu}-1)(a^{2\nu+2\mu}-1)}{2\nu+2\mu} B_{\nu+\mu} \\ + (n)_2 \frac{(b^{2\nu+4\mu}-1)(a^{2\nu+4\mu}-1)}{2\nu+4\mu} B_{n+2\mu} + \dots \\ + (-1)^{n(\mu+1)} \frac{(b^{2\nu+2n\mu}-1)(a^{2\nu+2n\mu}-1)}{2\nu+2n\mu} B_{\nu+n\mu} \equiv 0 \pmod{\lambda^n}$$

$$\mu = \frac{\lambda-1}{2}, \quad \nu \geqq \frac{n+1}{2}.$$

Hierin sind die einzelnen Summanden, wie bereits bemerkt, von Lipschitz als ganze Zahlen nachgewiesen worden. Setzen wir in XCVIII_a $a=2$, so erhalten wir als speciellen Fall, indem die Lipschitzschen Producte in die Tangentencoefficienten übergehen, folgende von Stern entwickelte Congruenz[1]):

$$\text{XCIX} \quad \beta_\nu + (-1)^{\mu+1}(n)_1 \beta_{\nu+\mu} + (n)_2 \beta_{\nu+2\mu} + (-1)^{\mu+1}(n)_3 \beta_{\nu+3\mu} + \dots$$
$$+ (-1)^{n(\mu+1)} \beta_{\nu+n\mu} \equiv 0 \pmod{\lambda^n}$$
$$\mu = \frac{\lambda-1}{2}, \quad \nu \geqq \frac{n+1}{2}.$$

Setzen wir hierin $\lambda = 3$, $n = 1$, $\nu \geqq 1$, so folgt, wie bei den Eulerschen Zahlen, dass $\beta_1 - 1$, $\beta_2 + 1$, $\beta_3 - 1$, $\beta_4 + 1$ u. s. w. durch 3 theilbar sind; setzen wir $\lambda = 7$, so ergiebt sich, dass $\beta_\nu + \beta_{\nu+3}$ (wie ebenfalls auch $\alpha_\nu + \alpha_{\nu+3}$) durch 21 theilbar ist. Setzen wir $\lambda = 5$, so sehen wir, da $\beta_1 = 1$, $\beta_2 = 2$, dass von β_3 an die Tangentencoefficienten (als gerade Zahlen) abwechselnd mit 6 und 2 schliessen müssen, worauf zuerst Stern (a.a.O.) aufmerksam machte. Derselbe entwickelt (ib.) aus der Congruenz XCIX bezüglich der Differenzreihen der Tangentencoefficienten Folgendes:

Für $\lambda = 5$ ist die linke Seite von XCIX nämlich: $\beta_\nu - (n)_1 \beta_{\nu+2} \pm \dots$ die n^{te} Differenz der Reihe β_ν, $\beta_{\nu+2}$, $\beta_{\nu+4}$ u. s. w. Ist nun ν eine ungerade Zahl, so ist, nach § 15, No. 1. am Ende, β_ν durch $2^{2\nu-2}$, $\beta_{\nu+2}$, $\beta_{\nu+4}$ u. s. w. durch höhere Potenzen von 2 theilbar, folglich auch der ganze Ausdruck $\beta_\nu - (n)_1 \beta_{\nu+2} + (n)_2 \beta_{\nu+4} \mp \dots$ durch $2^{2\nu-2}$ theilbar. Ist nun ν nicht nur $\geqq \frac{n+1}{2}$, wie es für XCIX verlangt wird, sondern $> \frac{n+1}{2}$ (z. B. für $n=5$ nicht $\nu \geqq 3$, sondern $\nu \geqq 5$), so ist $2\nu - 2 \geqq n$ und daher genannter Ausdruck durch 10^n theilbar, d. h.:

Sämmtliche Glieder der n^{ten} Differenzreihe der Zahlen β_ν, $\beta_{\nu+2}$, $\beta_{\nu+4}$ u. s. w. schliessen mit n Nullen und diejenigen der 1ten, 2ten, 3ten Differenzreihe u. s. w. mit bezüglich 1, 2, 3 u. s. w. Nullen.

Hieraus folgt, dass die den Nullen vorangehende geltende Ziffer in jeder Zeile constant bleibt, nur in der letzten Zeile ist die erste dieser Ziffern von den anderen verschieden. In dem folgenden der Sternschen Abhandlung (mit Verbesserung eines Fehlers in β_{15} und den darunter stehenden Differenzen) entlehnten Beispiel ist in der ersten Rubrik, welche die Nummer der Differenzreihe oder den Werth von n angiebt, der hierfür

---

[1]) Stern leitet dieselbe in der Abhandlg. im J. für Math. Bd. 88, S. 85 direct ab, indem er die Voraussetzung des Kummerschen Satzes im vorigen Paragraph dahin erweitert, dass $\varphi(x)$ (vgl. § 19, (6)) in der Form:

$$\varphi(x) = e^{qx} \sum_0^\infty {}_k\, a_k \left(e^{rx} - e^{sx}\right)$$

sich darstellen lässt.

ausreichende kleinste Werth von ν in Parenthese beigefügt. Von β_7 an sind nur die 7 letzten Ziffern angegeben.

	β_3	β_5	β_7	β_9	β_{11}	β_{13}	β_{15}
	16	7936	.2368256	.5342976	.3124096	.7983616	.1473536
Diff. I (3)		7920	2360320	2974720	7781120	4859520	3489920
„ II (3)			2352400	0614400	4806400	7078400	8630400
„ III (3)				8262000	4192000	2272000	1552000
„ IV (3)					5930000	8080000	9280000
„ V (5)						2150000	1200000

Für $\beta_\nu = \beta_3$ ist also die 4te Differenzreihe als letzte anzusehen, für $\beta_\nu = \beta_5$ erst die 5te (mit 1200000 als Beginn); der Congruenz XCIX für $n = 5$ genügt schon $\nu = 3$, daher fängt die letzte Reihe mit .2150000 an, d. h. mit einer Zahl, die den Factor $5^5 . 2^4$ besitzt.

Ist ν eine gerade Zahl, so ist ein derartiges Gesetz nicht allgemein gültig.[1])

2. Herr Stern macht von der Congruenz XCIX noch Anwendungen anderer Art. Setzen wir darin $\nu = 1$ und $n = 1$, so folgt:

$$\beta_1 + (-1)^{\mu+1} \beta_{\mu+1} \equiv 0 \pmod{\lambda}$$

oder:

$$\beta_{\mu+1} \equiv (-1)^\mu \pmod{\lambda} \tag{6}$$

oder auch:

$$\beta_{\frac{\lambda+1}{2}} \equiv (-1)^{\frac{\lambda-1}{2}} \pmod{\lambda}; \tag{7}$$

setzen wir weiter in XCIX $n = 1$ und $\nu = 1 + h\mu$, $h = 0, 1, 2, \ldots k - 1$, so erhalten wir:

$$\left.\begin{cases} \beta_{\mu+1} \equiv (-1)^\mu \\ \beta_{2\mu+1} \equiv (-1)^\mu \beta_{\mu+1} \\ \beta_{3\mu+1} \equiv (-1)^\mu \beta_{2\mu+1} \\ \quad\vdots \\ \beta_{k\mu+1} \equiv (-1)^\mu \beta_{(k-1)\mu+1} \end{cases}\right\} \pmod{\lambda} \tag{8}$$

[1]) Z. B. für $n = 121$, $\nu = 62$ ist β_{62} durch $2^{2\nu-2-r}$ $(r = 1)$, d. i. durch 2^{121} theilbar, aber β_{64} nur durch $2^{128-2-6} = 2^{120}$, also auch die Reihe $\beta_{62} - 121\,\beta_{64} \pm \ldots$ nur durch 2^{120}, so dass die 121te Differenzreihe in ihren Zahlen nicht 121 Nullen am Ende, sondern 120 Nullen und eine vorangehende 5 zeigen würde. (Der Sternsche Beweis für seine, im Text negirte, Behauptung enthält ein leicht zu entdeckendes Versehen.)

und wenn wir diese Congruenzen miteinander multipliciren:

(9) $$\beta_{k\mu+1} \equiv (-1)^{k\mu} \pmod{\lambda} \qquad \mu = \frac{\lambda-1}{2}.$$

Aus dieser Sternschen Gleichung können wir eine interessante Folgerung ziehen. Bezeichnen wir nämlich $k\mu+1$ mit m, so ist λ eine ungerade Primzahl der Art, dass $\frac{\lambda-1}{2}$ in $m-1$ oder $\lambda-1$ in $2(m-1)$ aufgeht; sind nun $\lambda, \lambda_1, \lambda_2, \ldots \lambda_r$ sämmtliche Primzahlen dieser Art, so folgt aus obiger Congruenz (wobei die Bedeutung von k_1, k_2 u. s. w. und μ_1, μ_2 u. s. w. sich von selbst ergiebt):

$$\beta_{k\mu+1} + (-1)^{k\mu+1} = \beta_m + (-1)^m \text{ ist theilbar durch } \lambda$$
$$\beta_{k_1\mu_1+1} + (-1)^{k_1\mu_1+1} = \beta_m + (-1)^m \quad \text{„} \quad \text{„} \quad \text{„} \quad \lambda_1$$
$$\ldots\ldots\ldots\ldots\ldots\ldots\ldots\ldots$$
$$\beta_{k_r\mu_r+1} + (-1)^{k_r\mu_r+1} = \beta_m + (-1)^m \quad \text{„} \quad \text{„} \quad \text{„} \quad \lambda_r$$

also:

C $$\beta_m + (-1)^m \equiv 0 \pmod{\lambda\,\lambda_1\,\lambda_2 \ldots \lambda_r}.$$

Nun sind aber $\lambda, \lambda_1, \lambda_2, \ldots \lambda_r$ nichts Anderes als die Staudtschen Primzahlen für $m-1$ mit Fortlassung von 2, daher können wir die Congruenz C auch in Worten so aussprechen:

Die Summe $\beta_m + (-1)^m$ ist durch den halben Nenner von B_{m-1} theilbar.

Bei kleinen Werthen von m (etwa bis $m = 10$) kann man β_m aus seinen zahlentheoretischen Eigenschaften, zu denen auch die Theilbarkeit durch 2^{2m-2-r} (s. § 15, No. 1, a. E.) gehört, wenn man seinen Werth mittels der aus § 2 (18) und § 4 (3) folgenden Formel:

$$\beta_m = \frac{(2m-1)!\,2^{2m+1}}{\pi^{2m}} T_{2m}$$

auf etwa 7 Ziffern berechnet (T_{2m} darf gleich 1 gesetzt werden), genau finden; für grössere m reichen die genannten Eigenschaften dazu nicht mehr aus. Z. B. ist für $m = 7$:

$$\beta_7 - 1 = 1365x,\ \beta_7 = 4096y,\ 1365x - 4096y = -1,$$

hieraus:

$$x = 3 + 4096n$$
$$y = 1 + 1365n,$$

worin n eine zunächst unbestimmte positive ganze Zahl ist; also:

$$\beta_7 = 4096 + 5591040n;$$

der Näherungswerth ist:

$$\beta_7 = \frac{13!\ 2^{15}}{\pi^{14}} = 22370000,$$

folglich $n = 4$ und hiermit genau:

$$\beta_7 = 22368256.$$

In dem ersten Theile der genannten Abhandlung von Stern sind mit Benutzung anderer Principien Betrachtungen über eine Reihe von Zahlen angestellt, die mit den Tangentencoefficienten in ziemlich engem Zusammenhang stehen. Wir gehen auf dieselben hier nicht näher ein und schliessen diesen Paragraph und zugleich diesen zahlentheoretischen Abschnitt mit einer interessanten Congruenz aus demselben Aufsatz, die sich auf eine B. Z. mit einem Index von besonderer Natur bezieht.

Drücken wir nämlich in (7) $\beta_{\frac{\lambda+1}{2}}$, wo λ eine beliebige ungerade Primzahl war, durch die B. Z. aus, so erhalten wir:

$$\frac{2^{\lambda+1}(2^{\lambda+1}-1)}{\lambda+1} B_{\frac{\lambda+1}{2}} \equiv (-1)^{\frac{\lambda-1}{2}} \pmod{\lambda}$$

oder, wenn wir mit $\lambda + 1$ multipliciren und rechts das Glied mit λ fortlassen

CI $$2^{\lambda+1}(2^{\lambda+1}-1) B_{\frac{\lambda+1}{2}} \equiv (-1)^{\frac{\lambda-1}{2}} \pmod{\lambda},$$

und dies ist eine Congruenz im eigentlichen Sinne wie die meisten in diesem Paragraph, da auf ihrer linken Seite eine ganze Zahl steht.

Vierter Abschnitt.

Die Mac-Laurinsche Summenformel.

§ 21.

Das Restglied der Mac-Laurinschen Summenformel in seinen verschiedenen Gestalten. — Reihen mit positiven und negativen Gliedern.

Die Unvollkommenheit der Mac-Laurinschen Summenformel besteht, wie in § 3 gesagt, darin, dass dabei eine Abschätzung des begangenen Fehlers nicht möglich ist. Eine solche Abschätzung ist bei allen unendlichen Reihen unerlässlich, bei den hier zur Verwendung kommenden aber um so mehr, als deren Glieder in die B. Z. multiplicirt sind und deshalb wegen des raschen Wachsthums der letzteren (s. § 2, (13) und (16)) sehr oft anfänglich abnehmen und dann wachsen. Reihen dieser Art heissen halb-convergent und haben gegenüber convergenten, bei denen der Fehler beliebig klein gemacht werden kann, die Eigenthümlichkeit, dass derselbe nicht mit Sicherheit unter eine bestimmte Grenze sich herabdrücken lässt. Die Aufstellung eines Restgliedes ermöglicht es, zu erkennen, welche untere Fehlergrenze im gegebenen Falle überhaupt erreichbar ist, und wie weit, um sie zu erreichen, die Rechnung geführt werden müsste. Hiernach bleibt zu entscheiden, ob die erzielbare Genauigkeit ausreicht; dies ist aber häufig der Fall, und man wird oft sogar nach Beurtheilung des möglichen Fehlers in der Lage sein, die Rechnung schon vor dem Gliede genauesten Resultates schliessen zu dürfen, so dass die halbconvergenten Reihen vielfach äusserst nützliche Berechnungsmethoden liefern.

Wir gehen nunmehr also daran, die Gleichung (15) des § 3 durch Hinzufügung eines Restgliedes zu vervollständigen und folgen dabei anfänglich der Darstellung des Herrn Schlömilch in dessen bekanntem und vortrefflichem Compendium der höheren Analysis [1]).

---

[1]) Zweiter Theil, in der Abhandlung über die Bernoullischen Functionen und die halbconvergenten Reihen.

Es ist, wenn, wie gebräuchlich, die Forderung $f(x)$ n mal nach x zu differentiiren und dann $x+ht$ an Stelle von x zu setzen, durch $f^{(n)}(x+ht)$ ausgedrückt wird:

$$(1)\qquad f(x+h)=f(x)+\frac{h}{1}f'(x)+\frac{h^2}{1.2}f''(x)+\dots+\frac{h^m}{1.2\dots m}f^{(m)}(x)$$
$$+\frac{h^{m+1}}{1.2\dots m}\int_0^1(1-t)^m f^{(m+1)}(x+ht)\,dt,$$

wie durch partielle Integration zu beweisen geht. Nehmen wir der Reihe nach:

$$f(x)=F(x),\quad F'(x),\quad F''(x),\dots F^{(2n-1)}(x)$$
$$m=2n,\quad 2n-1,\ 2n-2,\dots\ 1,$$

so erhalten wir die folgenden $2n$ Gleichungen:

$$F(x+h)-F(x)=\frac{h}{1}F'(x)+\frac{h^2}{1.2}F''(x)+\dots+\frac{h^{2n}}{1.2\dots(2n)}F^{(2n)}(x)$$
$$+h^{2n+1}\int_0^1\frac{(1-t)^{2n}}{1.2\dots(2n)}F^{(2n+1)}(x+ht)\,dt.$$

$$F'(x+h)-F'(x)=\frac{h}{1}F''(x)+\frac{h^2}{1.2}F'''(x)+\dots+\frac{h^{2n-1}}{1.2\dots(2n-1)}F^{(2n)}(x)$$
$$+h^{2n}\int_0^1\frac{(1-t)^{2n-1}}{1.2\dots(2n-1)}F^{(2n+1)}(x+ht)\,dt.$$

$$F''(x+h)-F''(x)=\frac{h}{1}F'''(x)+\frac{h^2}{1.2}F^{\mathrm{IV}}(x)+\dots+\frac{h^{2n-2}}{1.2\dots(2n-2)}F^{(2n)}(x)$$
$$+h^{2n-1}\int_0^1\frac{(1-t)^{2n-2}}{1.2\dots(2n-2)}F^{(2n+1)}(x+ht)\,dt,$$

. . . .

$$F^{(2n-1)}(x+h)-F^{(2n-1)}(x)=\frac{h}{1}F^{(2n)}(x)+h^2\int_0^1\frac{1-t}{1}F^{(2n+1)}(x+ht)\,dt.$$

Die erste dieser Gleichungen multipliciren wir mit 1, die zweite mit $a_1 h$, die dritte mit $a_2 h^2$, die vierte mit $a_3 h^3$ u. s. w., wobei a_1, a_2, a_3 u. s. w. vorläufig unbestimmte Coefficienten bedeuten mögen, und addiren dann alle Gleichungen; dies giebt:

$$(2)\ \big(F(x+h)-F(x)\big)+a_1 h\big(F'(x+h)-F'(x)\big)+a_2 h^2\big(F''(x+h)-F''(x)\big)+\ldots$$
$$+a_{2n-1}h^{2n-1}\big(F^{(2n-1)}(x+h)-F^{(2n-1)}(x)\big)=hF'(x)$$
$$+\left(\frac{1}{2!}+\frac{a_1}{1!}\right)h^2F''(x)$$
$$+\left(\frac{1}{3!}+\frac{a_1}{2!}+\frac{a_2}{1!}\right)h^3F'''(x)$$
$$\cdots\cdots\cdots$$
$$+\left(\frac{1}{(2n)!}+\frac{a_1}{(2n-1)!}+\frac{a_2}{(2n-2)!}+\ldots+\frac{a_{2n-1}}{1!}\right)h^{2n}F^{(2n)}(x)$$
$$+h^{2n+1}\int_0^1\left\{\frac{(1-t)^{2n}}{(2n)!}+\frac{a_1(1-t)^{2n-1}}{(2n-1)!}+\ldots+\frac{a_{2n-1}(1-t)}{1!}\right\}F^{(2n+1)}(x+ht)\,dt.$$

Ueber die noch unbestimmten Coefficienten a_1, a_2, ... a_{2n-1} wollen wir jetzt so verfügen, dass rechts die mit h^2, h^3, ... h^{2n} multiplicirten Ausdrücke wegfallen, dass also folgende $2n-1$ Gleichungen stattfinden:

$$\frac{1}{2!}+\frac{a_1}{1!}=0$$
$$\frac{1}{3!}+\frac{a_1}{2!}+\frac{a_2}{1!}=0$$
$$\frac{1}{4!}+\frac{a_1}{3!}+\frac{a_2}{2!}+\frac{a_3}{1!}=0,$$
$$\cdots\cdots\cdots$$
$$\frac{1}{(2n)!}+\frac{a_1}{(2n-1)!}+\frac{a_2}{(2n-2)!}+\ldots+\frac{a_{2n-1}}{1!}=0.$$

Diese Gleichungen sind dieselben wie § 3, (5) (mit $k=2n-1$), deren Auflösung durch § 3, (13) gegeben ist. Daher wird, wenn wir zur Abkürzung den Inhalt der Klammer unter dem Integralzeichen mit

$$\frac{\varphi(t,2n)}{(2n)!}$$

bezeichnen, so dass also:

$$(3)\qquad \varphi(t,2n)=(1-t)^{2n}-n(1-t)^{2n-1}+(2n)_2B_1(1-t)^{2n-2}$$
$$-(2n)_4B_2(1-t)^{2n-4}\pm\ldots+(-1)^n(2n)_{2n-2}B_{n-1}(1-t)^2$$

ist, aus Gleichung (2) folgende:

$$(4)\quad \begin{cases} F(x+h) - F(x) - \frac{1}{2} h \left\{F'(x+h) - F'(x)\right\} \\ + \frac{B_1 h^2}{2!} \left\{F''(x+h) - F''(x)\right\} \mp \ldots = h F'(x) + R_{2n}, \\ R_{2n} = \frac{h^{2n+1}}{(2n)!} \int_0^1 \varphi(t, 2n)\; F^{(2n+1)}(x+ht)\, dt; \end{cases}$$

also ist auch:

$$(5)\quad h F'(x) = F(x+h) - F(x) - \frac{h}{2}\left\{F'(x+h) - F'(x)\right\}$$

$$+ \frac{B_1 h^2}{2!}\left\{F''(x+h) - F''(x)\right\} - \frac{B_2 h^4}{4!}\left\{F^{(4)}(x+h) - F^{(4)}(x)\right\} \pm \ldots$$

$$+ (-1)^n \frac{B_{n-1} h^{2n-2}}{(2n-2)!}\left\{F^{(2n-2)}(x+h) - F^{(2n-2)}(x)\right\} - R_{2n}.$$

Setzen wir hierin der Reihe nach:

$$x = a,\ a+h,\ \ldots\ a+(q-1)h$$

und addiren alle Gleichungen, so entsteht:

$$(6)\quad h\left\{F'(a) + F'(a+h) + \ldots + F'(a+\overline{q-1}\,h)\right\}$$

$$= F(a+qh) - F(a) - \frac{h}{2}\left\{F'(a+\overline{q-1}\,h) - F'(a)\right\} \pm \ldots$$

$$+ (-1)^n \frac{B_{n-1} h^{2n-2}}{(2n-2)!}\left\{F^{(2n-2)}(a+qh) - F^{(2n-2)}(a)\right\} - \sum R_{2n},$$

worin $\sum R_{2n}$ die Bedeutung hat:

$$(7)\quad \sum R_{2n} = \frac{h^{2n+1}}{(2n)!}\int_0^1 \varphi(t, 2n) \cdot \sum_{k=0}^{q-1} F^{(2n+1)}(a+kh+ht)\, dt.$$

Führen wir nun statt der Function $F(x)$ eine andere mittels der Gleichung

$$F'(u) = f(u) \text{ also } F''(u) = f'(u) \text{ u. s. w.}$$

ein, setzen:

$$(8)\quad a + qh = b$$

und

$$\sum_{k=0}^{q-1} f^{(m)}(a+kh+ht) = U_m(t),$$

so dass

$$\int_a^b f(u)\,du = F(b) - F(a)$$

und:

(10) $$\sum_0^{q-1} F^{(2n+1)}(a+kh+ht) = \sum_0^{q-1} f^{(2n)}(a+kh+ht) = U_{2n}(t)$$

werden (wobei die Differentiation, wie gesagt, nach dem Argument oder nach a auszuführen ist), so erhalten wir nach (6) und (7) und mit Benutzung der Abkürzungen

(11) $$V = B_1 \frac{h^2}{2!}\big(f'(b) - f'(a)\big) - B_2 \frac{h^4}{4!}\big(f'''(b) - f'''(a)\big) \pm \cdots + (-1)^n B_{n-1} \frac{h^{2n-2}}{(2n-2)!}\big(f^{(2n-3)}(b) - f^{(2n-3)}(a)\big),$$

(12) $$P_{2n} = -\frac{h^{2n+1}}{(2n)!}\int_0^1 \varphi(t, 2n)\, U_{2n}(t)\, dt$$

diese Gleichung:

CII $$h\left\{f(a) + f(a+h) + \cdots + f(a+\overline{q-1}\,h) + f(a+qh)\right\} = \int_a^b f(x)\,dx + \frac{h}{2}\big(f(b) + f(a)\big) + V + P_{2n}; \qquad a + qh = b.$$

Wir wollen nun mit Hülfe unserer Gleichungen für die B. Z. diejenigen Eigenschaften der unter dem Integralzeichen stehenden, durch (3) definirten Function $\varphi(t, 2n)$[1]), welche wir zur Umformung obiger Summenformel brauchen, ableiten. Zunächst ist:

(13) $$\varphi(t, 2n) = \varphi(1-t, 2n),$$

denn in der Differenz:

$$\varphi(t, 2n) - \varphi(1-t, 2n) = \left\{(1-t)^{2n} - t^{2n}\right\} - n\left\{(1-t)^{2n-1} - t^{2n-1}\right\} + (2n)_2 B_1 \left\{(1-t)^{2n-2} - t^{2n-2}\right\} \mp \cdots + (-1)^{n-k+1}(2n)_{2n-2k} B_{n-k}\left\{(1-t)^{2k} - t^{2k}\right\} \pm \cdots + (-1)^n (2n)_{2n-2} B_{n-1}\left\{(1-t)^2 - t^2\right\}$$

[1]) Dieselbe ist (unter dem Namen der Bernoullischen Function) ziemlich gleichzeitig von Raabe und Malmstén discutirt worden. (Vgl. § 12 am Anfang.) In der Malmsténschen Abhandlg. stehen u. A. die im Text mit (13), (16) u. s. w. bezeichneten wichtigen Gleichungen.

ist der Coefficient von t^{2k}:

$$(2n)_{2k} - \tfrac{1}{2}(2n)(2n-1)_{2k} + (2n)_2 (2n-2)_{2k} B_1 - (2n)_4 (2n-4)_{2k} B_2 \pm \cdots + (-1)^{n-k}(2n)_{2n-2k-2}(2k+2)_{2k} B_{n-k-1}$$

d. i. mit Benutzung von Gleichung (17) des § 19:

$$= (2n)_{2k}\Big\{1 - \tfrac{1}{2}(2n-2k) + (2n-2k)_2 B_1 - (2n-2k)_4 B_2 \pm \cdots + (-1)^{n-k}(2n-2k)_{2n-2k-2} B_{n-k-1}\Big\}$$

und hier ist die Klammer nach II, wenn darin $m = n - k - 1$ gesetzt wird, Null. Ebenfalls ist der Coefficient von t^{2k+1}:

$$= -(2n)_{2k+1}\Big\{1 - \tfrac{1}{2}(2n-2k-1) + (2n-2k-1)_2 B_1 - (2n-2k-1)_4 B_2 \pm \cdots + (-1)^{n-k}(2n-2k-1)_{2n-2k-2} B_{n-k-1}\Big\}$$

nach I mit $m = n - k - 1$ gleich Null. Wir dürfen also auch die Definitionsgleichung (3) ändern, indem wir auf deren rechte Seite t statt $(1-t)$ setzen. Wir erklären also:

$$(14)\quad \varphi(t, 2n) = t^{2n} - \frac{2n}{2} t^{2n-1} + (2n)_2 B_1 t^{2n-2} - (2n)_4 B_2 t^{2n-4} \pm \cdots + (-1)^n (2n)_{2n-2} B_{n-1} t^2$$

und fügen hinzu:

$$(15)\quad \varphi(t, 2n+1) = t^{2n+1} - \frac{2n+1}{2} t^{2n} + (2n+1)_2 B_1 t^{2n-1} - (2n+1)_4 B_2 t^{2n-3} \pm \cdots + (-1)^n (2n+1)_{2n-2} B_{n-1} t^3 + (-1)^{n+1}(2n+1)_{2n} B_n t;$$

dann folgt unmittelbar:

$$(16)\quad \begin{cases} \dfrac{d\varphi(t, 2n)}{dt} = 2n\varphi(t, 2n-1), \\[2ex] \dfrac{d\varphi(t, 2n+1)}{dt} = (2n+1)\Big\{\varphi(t, 2n) + (-1)^{n+1} B_n\Big\}. \end{cases}$$

Da nun, wenn $z = 1 - t$ ist, identisch

$$\varphi(t, 2n) = \varphi(z, 2n),$$

also:

$$\frac{d\varphi(t, 2n)}{dt} = -\frac{d\varphi(z, 2n)}{dz}$$

ist, so ist auch:

(17) $$\varphi(t, 2n-1) = -\varphi(1-t, 2n-1),$$

folglich ist:

(18) $$\begin{cases} \varphi(0, 2n) = \varphi(1, 2n) = 0 \\ \varphi(0, 2n-1) = \varphi(\tfrac{1}{2}, 2n-1) = \varphi(1, 2n-1) = 0. \end{cases} \qquad n > 1$$

Der Werth $\varphi(t, 2n)$ für $t = \frac{1}{2}$ ist aber

(19) $$\varphi(\tfrac{1}{2}, 2n) = \frac{1}{2^{2n}}\Big\{1 - 2n + 2^2(2n)_2 B_1 - 2^4(2n)_4 B_2 \pm \ldots$$

$$+ (-1)^n 2^{2n-2}(2n)_{2n-2} B_{n-1}\Big\} = (-1)^n \frac{2^{2n}-1}{2^{2n-1}} B_n = (-1)^n \left(2 - \frac{1}{2^{2n-1}}\right) B_n$$

(nach VIII mit $m = n$). Wir nehmen nun an, dass $\varphi(t, 2n-1)$ zwischen $t = 0$ und $t = \frac{1}{2}$ nicht verschwinde, und sehen zu, was daraus folgen würde. Dann nimmt $\varphi(t, 2n)$ dauernd zu, oder dauernd ab, im ersten Falle ist es dauernd positiv, im zweiten dauernd negativ. Die Differentialquotienten von $\varphi(t, 2n+1)$ für $t = 0$ und $t = \frac{1}{2}$ sind nach (16), (18) und (19):

$$\left(\frac{d\varphi(t, 2n+1)}{dt}\right)_{t=0} = (-1)^{n+1}(2n+1) B_n$$

$$\left(\frac{d\varphi(t, 2n+1)}{dt}\right)_{t=\frac{1}{2}} = (-1)^n (2n+1)\left(1 - \frac{1}{2^{2n-1}}\right) B_n.$$

Beide Differentialquotienten sind also von verschiedenen Vorzeichen, daher muss $\frac{d\varphi(t, 2n+1)}{dt}$ zwischen 0 und $\frac{1}{2}$ einmal und nur einmal verschwinden (weil $\varphi(t, 2n)$ dauernd zu- oder abnimmt), $\varphi(t, 2n+1)$ behält also dazwischen dasselbe Vorzeichen, da die Function für $t = 0$ und für $t = \frac{1}{2}$ Null ist. Verschwindet also $\varphi(t, 2n-1)$ nicht zwischen $t = 0$ und $t = \frac{1}{2}$, so geschieht dies bei $\varphi(t, 2n+1)$ ebenso wenig. Nun findet aber der angenommene Fall in der That statt, denn es ist:

$$\varphi(t, 1) = t,\ \varphi(t, 2) = t(t-1),\ \varphi(t, 3) = t(t-1)(t-\tfrac{1}{2}),$$

also behält $\varphi(t, 2n)$ zwischen 0 und $\frac{1}{2}$, und daher wegen Gleichung (13) auch zwischen $\frac{1}{2}$ und 1 dasselbe Zeichen, und erreicht für $t = \frac{1}{2}$ ein Maximum oder ein Minimum, welches durch (19) gegeben ist. Daher ist überhaupt (wenn t zwischen 0 und 1 bleibt):

(20) $$\varphi(t, 2n) = (-1)^n \Theta \frac{2^{2n}-1}{2^{2n-1}} B_n \qquad 0 \leqq \Theta \leqq 1.$$

Wir heben noch einmal hervor: Die Function $\varphi(t, 2n)$ ist eine gerade Function, die zwischen 0 und 1 nicht ihr Zeichen ändert, und deren Differentialquotient zwischen 0 und $\frac{1}{2}$ ebenfalls dasselbe Zeichen beibehält.

Wir können nunmehr dem Restgliede mehrere vom Integralzeichen freie Formen geben.

1. Bedeutet ϑ einen positiven echten Bruch, so ist:

$$\int_0^1 \varphi(t, 2n)\, U_{2n}(t)\, dt = U_{2n}(\vartheta) \int_0^1 \varphi(t, 2n)\, dt.$$

Aus den Gleichungen (16) folgt aber:

$$\Big[\varphi(t, 2n+1)\Big]_0^t = (2n+1)\left\{\int_0^t \varphi(t, 2n)\, dt + (-1)^{n+1} B_n\, t\right\}$$

also insbesondere:

$$(21)\qquad \left\{\begin{aligned} &\int_0^{\frac{1}{2}} \varphi(t, 2n)\, dt = (-1)^n \frac{B_n}{2} \\ &\int_0^1 \varphi(t, 2n)\, dt = (-1)^n B_n; \end{aligned}\right.$$

daher wird obiger Ausdruck:

$$= (-1)^n B_n\, U_{2n}(\vartheta)$$

und folglich (siehe Gleichungen (10) und (12)):

$$\text{CIII}\qquad P_{2n} = (-1)^{n+1} \frac{h^{2n+1}}{(2n)!} B_n \sum_0^{q-1}{}_k\, f^{(2n)}(a + kh + h\vartheta) \qquad 0 < \vartheta < 1.$$

2. Wenn die Bedingung erfüllt wird, dass die Summe

$$\sum_0^{q-1}{}_k\, f^{(2n)}(a + kh + ht) = U_{2n}(t)$$

zwischen $t = 0$ und $t = 1$ nicht ihr Zeichen ändert, so ist:

$$(22)\qquad \int_0^1 \varphi(t, 2n)\, U_{2n}(t)\, dt = \varphi(\vartheta, 2n) \int_0^1 U_{2n}(t)\, dt$$

$$= \varphi(\vartheta, 2n) \frac{1}{h} \left[\sum_0^{q-1}{}_k\, f^{(2n-1)}(a + kh + ht)\right]_0^1$$

$$= \frac{\varphi(\vartheta, 2n)}{h} \left(\sum_1^{q}{}_k\, f^{(2n-1)}(a + kh) - \sum_0^{q-1}{}_k\, f^{(2n-1)}(a + kh)\right)$$

$$= \frac{\varphi(\vartheta, 2n)}{h} \left(f^{(2n-1)}(a + qh) - f^{(2n-1)}(a)\right),$$

folglich wird P_{2n} (s. Gleichung (12)) mit Rücksicht auf (20):

$$(23)\qquad P_{2n} = (-1)^{n+1} \frac{h^{2n}}{(2n)!}\, \Theta \frac{2^{2n}-1}{2^{2n-1}}\, B_n \left(f^{(2n-1)}(b) - f^{(2n-1)}(a)\right)$$

$$0 < \Theta < 1.$$

Demnach ist auch nach Gleichung CII:

$$(24)\ h\left\{f(a) + f(a+h) + \ldots + f(b)\right\} = \int_a^b f(x)\,dx + \frac{h}{2}\left(f(b) + f(a)\right) + V$$

$$+ (-1)^{n+1} B_n \frac{h^{2n}}{(2n)!} \left(f^{(2n-1)}(b) - f^{(2n-1)}(a)\right)$$

$$+ (-1)^{n+1} \left(\Theta \frac{2^{2n}-1}{2^{2n-1}} - 1\right) B_n \frac{h^{2n}}{(2n)!} \left(f^{(2n-1)}(b) - f^{(2n-1)}(a)\right).$$

Gehen wir andererseits in CII um ein Glied weiter und setzen demgemäss in (23) $n+1$ an Stelle von n, wozu die Voraussetzung erfüllt sein muss, dass auch $U_{2n+2}(t)$ nicht sein Zeichen ändert, wenn t von 0 bis 1 wächst, so ist nach (23) statt der letzten Zeile in (24) nur zu schreiben nöthig:

$$(-1)^{n+2} \frac{h^{2n+2}}{(2n+2)!}\, \Theta_1 \frac{2^{2n+2}-1}{2^{2n+1}}\, B_{n+1} \left(f^{(2n+1)}(b) - f^{(2n+1)}(a)\right);\quad 0 < \Theta_1 < 1.$$

Die beiden in der Form verschiedenen Restglieder müssen dem Werthe, also auch dem Zeichen nach übereinstimmen; haben also

$$f^{(2n-1)}(b) - f^{(2n-1)}(a) \quad \text{und} \quad f^{(2n+1)}(b) - f^{(2n+1)}(a)$$

gleiche Zeichen, so muss $\left(\Theta \frac{2^{2n}-1}{2^{2n-1}} - 1\right)$ negativ, kann also nur ein negativer echter Bruch, etwa $= -\Theta_2$ sein, haben aber die genannten Differenzen verschiedene Zeichen, so muss $\left(\Theta \frac{2^{2n}-1}{2^{2n-1}} - 1\right)$ positiv sein und ist daher, da es höchstens $\frac{2^{2n-1}-1}{2^{2n-1}}$ werden kann, als $\Theta_3 \,.\, \frac{2^{2n-1}-1}{2^{2n-1}}$ darzustellen.

Nun ist $f^{(2n-1)}(b) - f^{(2n-1)}(a)$ aus der Integration $\int_0^1 U_{2n}(t)\,dt$ hervorgegangen, hat also mit $U_{2n}(t)$ dasselbe Vorzeichen, und ebenso die andere Differenz mit $U_{2n+2}(t)$.

I s t a l s o d i e B e d i n g u n g e r f ü l l t, d a s s d i e S u m m e $U_{2n}(t) = \sum_0^{q-1} f^{(2n)}(a + kh + ht)$, w ä h r e n d t v o n 0 b i s 1 g e h t, n i c h t i h r Z e i c h e n ä n d e r t, s o i s t d i e G l e i c h u n g CII m i t d e m R e s t g l i e d e P_{2n} i n (23) a n z u w e n d e n.

Ist ausserdem noch die Bedingung erfüllt, dass auch $U_{2n+2}(t) = \sum_{0}^{q-1}{}_k f^{(2n+2)}(a+kh+ht)$ das Zeichen beibehält, während t von 0 bis 1 geht, so gelten folgende Formeln:

$$\text{CIV} \qquad h\left\{f(a)+f(a+h)+\ldots+f(b)\right\} = \int_a^b f(x)\,dx + \frac{h}{2}\big(f(b)+f(a)\big)$$

$$+ V + (-1)^{n+1} B_n \frac{h^{2n}}{(2n)!}\left(f^{(2n-1)}(b) - f^{(2n-1)}(a)\right)$$

$$+\begin{cases} (-1)^n\, \Theta B_n \dfrac{h^{2n}}{(2n)!}\left(f^{(2n-1)}(b) - f^{(2n-1)}(a)\right) \ldots \text{wenn } U_{2n}(t)\, U_{2n+2}(t) > 0 \\ (-1)^{n+1}\, \Theta' B_n \dfrac{h^{2n}}{(2n)!}\left(f^{(2n-1)}(b) - f^{(2n-1)}(a)\right) \ldots \text{wenn } U_{2n}(t)\, U_{2n+2}(t) < 0 \end{cases}$$

$$0 < \begin{Bmatrix}\Theta \\ \Theta'\end{Bmatrix} < 1$$

wobei Θ' noch genauer durch

$$(25) \qquad \Theta' = \Theta'' \frac{2^{2n-1}-1}{2^{2n-1}} \qquad 0 < \Theta'' < 1$$

dargestellt werden kann.

In beiden Fällen ist aber das Restglied ein positiver oder negativer Bruchtheil desjenigen Gliedes, mit dem die Rechnung schliesst.[1])

Wenn $f^{(2n)}(x)$ nicht sein Zeichen ändert, während x von a bis b geht, so behält auch $U_{2n}(t)$ sein Zeichen, und zwar dasselbe, welches $f^{(2n)}(x)$ besitzt, bei, während t von 0 bis 1 geht, denn in den Gliedern der durch $U_{2n}(t)$ bezeichneten Summe $\sum_{0}^{q-1}{}_k f^{(2n)}(a+kh+ht)$ ist das kleinste Argument, für $k=0$ und $t=0$, a; und das grösste, für $k=q-1$ und $t=1$, b. Aendert nun $f^{(2n+2)}(x)$ auch nicht sein Zeichen, während x von a bis b

---

[1]) Dis Formeln CIII bis (25) sind von Malmstén in der Abhandlg. Sur la formule $hu'_x = \triangle u_x$ u. s. w. J. für Math. Bd. 35, S. 55 entwickelt. Er weist darin auf die früheren Arbeiten von Liouville und Cauchy auf diesem Gebiete (Stirlingsche Reihe) und besonders auf Poisson in dessen Memoire Sur le calcul numérique des intégrales définies und Jacobi De usu legitimo formulae summatoriae Maclaurinianae (J. f. Math. Bd. 12, S. 263) hin. — Auch hebt er hervor, dass die Bedingung, U_{2n} solle nicht sein Zeichen wechseln, weniger beschränkend ist als die vor ihm aufgestellte, dass $f^{(2n)}(x)$ nicht das Zeichen wechsele, während x von a bis b geht. In der That zieht die zweite die erstere nach sich, jedoch nicht umgekehrt. (Siehe im Text!)

geht, so schreibt man die Gleichung CIV mit ihren Bedingungen zweckmässig folgendermaassen:

CV $$h\Big\{f(a)+f(a+h)+f(a+2h)+\ldots+f(b)\Big\}=\int_a^b f(x)\,dx+\frac{h}{2}\big(f(b)+f(a)\big)$$
$$+V+(-1)^{n+1}B_n\frac{h^{2n}}{(2n)!}\left(f^{(2n-1)}(b)-f^{(2n-1)}(a)\right)(1-\varepsilon\Theta),$$
$$\text{wenn: } \varepsilon\left(f^{(2n-1)}(b)-f^{(2n-1)}(a)\right)\left(f^{(2n+1)}(b)-f^{(2n+1)}(a)\right)>0$$
$$\varepsilon=\pm 1,\quad 0<\Theta<1.$$

3. Wir theilen das Integral $\int_0^1 \varphi(t,2n)\,U_{2n}(t)\,dt$ in (12) in $\int_0^{\frac{1}{2}}+\int_{\frac{1}{2}}^1$; im 2ten setzen wir: $t=1-z$, dadurch wird:

$$U_{2n}(t)=U_{2n}(1-z)$$

und $\varphi(t,2n)=\varphi(1-z,2n)=\varphi(z,2n)$, also das 2te Integral

$$=\int_0^{\frac{1}{2}}\varphi(z,2n)\,U_{2n}(1-z)\,dz$$

und daher das ganze Integral:

(26) $$\int_0^1\varphi(t,2n)\,U_{2n}(t)\,dt=\int_0^{\frac{1}{2}}\varphi(t,2n)\Big\{U_{2n}(t)+U_{2n}(1-t)\Big\}\,dt$$
$$=(-1)^n\frac{B_n}{2}\left(U_{2n}(\tau)+U_{2n}(1-\tau)\right)\qquad 0<\tau<\tfrac{1}{2}$$

nach (21), somit:

CVI $$P_{2n}=(-1)^{n+1}\frac{h^{2n+1}}{(2n)!}B_n\left(U_{2n}(\tau)+U_{2n}(1-\tau)\right)$$
$$0<\tau<\tfrac{1}{2}.$$

4. Durch partielle Integration erhält man:

$$\int_0^1\varphi(t,2n)\,U_{2n}(t)\,dt=\frac{1}{h}\Big[U_{2n-1}(t)\,\varphi(t,2n)\Big]_0^1$$
$$-\frac{1}{h}\int_0^1 U_{2n-1}(t)\,\frac{d\varphi(t,2n)}{dt}\,dt.$$

Der erste Ausdruck verschwindet nach (18), und das Integral theilen wir wieder; jetzt ist:

$$\frac{d\varphi(1-z, 2n)}{d(1-z)} = -\frac{d\varphi(1-z, 2n)}{dz} = -\frac{d\varphi(z, 2n)}{dz},$$

also das ganze Integral

$$\int_0^1 \varphi(t, 2n)\, U_{2n}(t)\, dt = -\frac{1}{h}\int_0^{\frac{1}{2}} \Big(U_{2n-1}(z) - U_{2n-1}(1-z)\Big) \frac{d\varphi(z, 2n)}{dz}\, dz$$

d. i. da $\frac{d\varphi(z, 2n)}{dz}$ zwischen 0 und $\frac{1}{2}$ nicht sein Zeichen ändert:

$$= (-1)^{n+1} \frac{2^{2n}-1}{2^{2n-1}} B_n \Big\{U_{2n-1}(\tau) - U_{2n-1}(1-\tau)\Big\}.$$

Daher ist:

CVII $$P_{2n} = (-1)^{n+1} \frac{h^{2n}}{(2n)!} \frac{2^{2n}-1}{2^{2n-1}} B_n \Big(U_{2n-1}(1-\tau) - U_{2n-1}(\tau)\Big)^{1)}$$
$$0 < \tau < \tfrac{1}{2}.$$

5. Unter der Voraussetzung, dass die Summe:

$$\sum_0^{q-1}{}_k \Big\{f^{(2n)}(a + kh + h\tau) + f^{(2n)}\big(a + (k+1)h - h\tau\big)\Big\} = U_{2n}(\tau) + U_{2n}(1-\tau)$$

nicht ihr Zeichen ändert, wenn τ von 0 bis $\frac{1}{2}$ geht, kann das Integral in (26) auch auf die Form gebracht werden:

(27) $$\int_0^1 \varphi(t, 2n)\, U_{2n}(t)\, dt = \varphi(\vartheta, 2n).\frac{1}{h}\Big[U_{2n-1}(\tau) - U_{2n-1}(1-\tau)\Big]_0^{\frac{1}{2}}$$
$$= \varphi(\vartheta, 2n)\frac{1}{h}\Big(U_{2n-1}(1) - U_{2n-1}(0)\Big)$$
$$= \varphi(\vartheta, 2n).\frac{1}{h}\Big[\sum_0^{q-1}{}_k f^{(2n-1)}(a + kh + ht)\Big]_0^1$$
$$= \varphi(\vartheta, 2n)\frac{1}{h}\Big(f^{(2n-1)}(b) - f^{(2n-1)}(a)\Big)$$

wobei ϑ zwischen 0 und $\frac{1}{2}$ liegt. Dieser Ausdruck stimmt mit der rechten Seite in (22) überein (dass dort ϑ zwischen 0 und 1 liegen durfte, ist dabei gleichgültig), wir kommen also zu denselben Formeln wie dort, und

---

1) Der Gedanke von Nr. 3. und 4. und insbesondere die Gleichung CVII rührt von Herrn Schlömilch her (s. a. a. O.). Die Einschränkung des Arguments τ auf die Grenzen 0 bis $\frac{1}{2}$ kann unter Umständen von Wichtigkeit werden.

erkennen, dass jene Formeln auch gelten, wenn die dort der Summe $U_{2n}(t)$ (bez. dieser und $U_{2n+2}(t)$) für t zwischen 0 und 1 auferlegten Bedingungen von der Summe $U_{2n}(\tau) + U_{2n}(1-\tau)$ bez. von dieser und von $U_{2n+2}(\tau) + U_{2n+2}(1-\tau)$ für τ zwischen 0 und $\frac{1}{2}$ erfüllt werden.

Bemerkung. Alle diese Formen des Restgliedes kommen bei betreffenden Problemen zur Anwendung, doch würde es hier zu weit führen, wollten wir zu allen diesen Beispiele geben. — Treffen die Bedingungen von Nr. 2. und die daran anknüpfenden nicht zu, so muss man suchen, das Restglied in Grenzen einzuschliessen, um so eine Schätzung seines Werthes zu gewinnen. Die von Herrn Schlömilch ausgeführte Umformung der Lambertschen Reihe (für x nahe an 1) liefert ein gutes Beispiel zu diesem Verfahren.[1])

6. Wir können noch folgenden Satz hinzufügen. Wenn die Reihe V:

$$V = B_1 \frac{h^2}{2!}\left(f'(b) - f'(a)\right) - B_2 \frac{h^4}{4!}\left(f'''(b) - f'''(a)\right)$$

$$+ B_3 \frac{h^6}{6!}\left(f^{(5)}(b) - f^{(5)}(a)\right) \mp \ldots + (-1)^n B_{n-1} \frac{h^{2n-2}}{(2n-2)!}\left(f^{(2n-3)}(b) - f^{(2n-3)}(a)\right)$$

für jeden Werth von n bis einschliesslich $n = \infty$ und für beliebige innerhalb gewisser Grenzen gelegene Werthe von a und h convergirt, d. h. einen endlichen bestimmten Werth besitzt, so nähert sich das Restglied in der Mac-Laurinschen Summenformel der Null, kann also fortgelassen werden.

Beweis. Da wir in der Reihe beliebig weit gehen können, muss, wenn die einfachste Form des Restes CIII zu Grunde gelegt wird, die Gleichung gelten:

$$B_1 \frac{h^2}{2!}\left(f'(b) - f'(a)\right) \mp \ldots + (-1)^n \frac{B_{n-1} h^{2n-2}}{(2n-2)!}\left(f^{(2n-3)}(b) - f^{(2n-3)}(a)\right)$$

$$+ (-1)^{n+1} \frac{B_n h^{2n+1}}{(2n)!} \sum_0^{q-1}{}_k f^{(2n)}(a + kh + h\vartheta)$$

$$= B_1 \frac{h^2}{2!}\left(f'(b) - f'(a)\right) \mp \ldots + (-1)^{n+p} \frac{B_{n+p-1} h^{2n+2p-2}}{(2n+2p-2)!}\left(f^{(2n+2p-3)}(b) - f^{(2n+2p-3)}(a)\right)$$

$$+ (-1)^{n+p+1} B_{n+p} \frac{h^{2n+2p+1}}{(2n+2p)!} \sum_0^{q-1}{}_k f^{(2n+2p)}(a + kh + h\vartheta_p)$$

$$0 < \left\{\begin{matrix}\vartheta \\ \vartheta_p\end{matrix}\right\} < 1,$$

---

[1]) Sitzungsberichte der Kgl. Sächsischen Gesellsch. der Wissensch. Bd. 13 (1861), S. 120 oder Comp. d. höh. Anal. II an betreffender Stelle.

also muss sein:

$$(28)\quad \frac{B_n h^{2n+1}}{(2n)!}\sum_{0}^{q-1}{}_k f^{(2n)}(a+kh+h\vartheta)=\frac{B_n h^{2n}}{(2n)!}\left(f^{(2n-1)}(b)-f^{(2n-1)}(a)\right)\mp\ldots$$

$$+(-1)^{p-1}\frac{B_{n+p-1}\,h^{2n+2p-2}}{(2n+2p-2)!}\left(f^{(2n+2p-3)}(b)-f^{(2n+2p-3)}(a)\right)$$

$$+(-1)^{p}\frac{B_{n+p}\,h^{2n+2p+1}}{(2n+2p)!}\sum_{0}^{q-1}{}_k f^{(2n+2p)}(a+kh+h\vartheta_p).$$

Da nun die Reihe V der Voraussetzung nach convergirt, lässt sich n so gross wählen, dass der Absolutwerth der Summe:

$$\frac{B_n h^{2n}}{(2n)!}\left(f^{(2n-1)}(b)-f^{(2n-1)}(a)\right)-\frac{B_{n+1}\,h^{2n+2}}{(2n+2)!}\left(f^{(2n+1)}(b)-f^{(2n+1)}(a)\right)\pm\cdots$$

$$+(-1)^{p+1}\frac{B_{n+p-1}\,h^{2n+2p-2}}{(2n+2p-2)!}\left(f^{(2n+2p-3)}(b)-f^{(2n+2p-3)}(a)\right)$$

für jeden Werth von p unterhalb einer beliebig klein anzunehmenden Zahl ε bleibt. Halten wir nun ein so bestimmtes n in Gleichung (28) fest, ändern aber p, so wird im Allgemeinen eine Gruppe der Restglieder:

$$(-1)^{p}\frac{B_{n+p}\,h^{2n+2p+1}}{(2n+2p)!}\sum_{0}^{q-1}{}_k f^{(2n+2p)}(a+kh+h\vartheta_p)$$

(worin ϑ_p ein von p abhängiger positiver echter Bruch ist) mit dem links stehenden $\frac{B_n h^{2n+1}}{(2n)!}\sum_{0}^{q-1}{}_k f^{(2n)}(a+kh+h\vartheta)$ gleiche Vorzeichen haben, und die andere Gruppe entgegengesetzte. Bezeichnen wir ein Restglied aus der letzteren Gruppe mit $-\varrho'_{n+p}$ und das in (28) auf der linken Seite stehende mit ϱ_n, so dass ϱ_n und ϱ'_{n+p} gleiche Zeichen haben, so gilt nach (28) die Gleichung:

$$\varrho_n=\pm(<\varepsilon)-\varrho'_{n+p}$$

oder:

$$\left|\varrho_n+\varrho'_{n+p}\right|\overline{\overline{<}}\,\varepsilon,$$

also müssen sich ϱ_n und ϱ'_{n+p} der Null nähern, wenn n genügend gross angenommen war.

Ist aber ferner ϱ_{n+p} ein Glied der Gruppe, die mit ϱ_n gleiche Zeichen hat, so folgt aus (28):

$$\left|\varrho_n-\varrho_{n+p}\right|\overline{\overline{<}}\,\varepsilon,$$

d. h. ϱ_{n+p} unterscheidet sich äusserst wenig von ϱ_n, oder mit anderen

Worten: ϱ_n nähert sich mit wachsendem Index einem bestimmten Grenzwerth. Derselbe kann nur Null sein.[1])

Um dies zu zeigen, schreiben wir mit Rücksicht auf Gleichung (12) des § 2:

$$\varrho_n = \frac{2\,S_{2n}}{(2\pi)^{2n}}\, h^{2n+1} \sum_0^{q-1}{}_k f^{(2n)}(a+kh+h\vartheta),$$

und es sei nun $f^{(2n)}(a+kh+h\vartheta)$ in der Form dargestellt:

$$f^{(2n)}\big(a+(k+\vartheta)h\big) = \frac{\varphi\big(a+(k+\vartheta)h\big)}{\psi\big(a+(k+\vartheta)h\big)},$$

so dass der Zähler für $a+(k+\vartheta)h=0$ nicht ∞ wird, der Nenner aber für diesen Werth verschwindet oder endlich bleibt, in welch' letzterem Falle die Einführung der Function ψ unnütz ist, d. h. $\psi\big(a+(k+\vartheta)h\big)=1$ gesetzt werden kann. Da nun nach Voraussetzung a und h (innerhalb gewisser Grenzen) beliebige Werthe annehmen können, so setzen wir a als von 0 verschieden und h als von 1 verschieden voraus. Dann hat in der Summe

$$\sum_0^{q-1}{}_k \frac{\varphi\big(a+(k+\vartheta)h\big)}{\psi\big(a+(k+\vartheta)h\big)}$$

keiner der Nenner einen Factor mit h^{2n+1} gemeinsam, es bleibt also die von n abhängige Grösse h^{2n+1} sicher in ϱ_n als Factor bestehen. Soll also der Ausdruck ϱ_n dennoch mit wachsendem n von n unabhängig werden, so kann er nur dem Werthe Null zustreben.[2]) Würde etwa ϱ_n unendlich werden, so würde, da die Reihe V nach Voraussetzung convergirt, die zu summirende Reihe auf der linken Seite der Summenformel oder das Integral auf der rechten Seite oder Beides $\pm\infty$ werden, — Fälle, welche natürlich die Anwendung der Formel eo ipso verbieten.

Soll $a=0$ oder $h=1$ gesetzt werden, so ist erst nach Durchführung der allgemeineren Rechnung zu untersuchen, ob beide Seiten der resultirenden Gleichung sich mit verändertem a (oder h) in der Nähe dieses Werthes und bis zu ihm heran stetig ändern. In diesem Falle ist die Vollziehung des Grenzüberganges gestattet.

---

[1]) Dies darf noch nicht als durch das Vorhergehende bewiesen angenommen werden, da möglicher Weise eine Gruppe der $(-\varrho'_{n+p})$ gar nicht existirt, wie auch andererseits die Gruppe der ϱ_{n+p} nicht immer vorhanden zu sein braucht.

[2]) Aus Beispielen ergiebt sich, dass dies in der Art geschehen kann, dass $\sum_0^{q-1}{}_k f^{(2n)}(a+kh+h\vartheta)$ einen endlichen Werth besitzt, während $\frac{h}{2\pi}$ ein echter Bruch ist, und daher $\left(\frac{h}{2\pi}\right)^{2n}$ sich der Null nähert, indessen lim. $S_{2n}=1$ ist.

7. Summation von Reihen mit abwechselnd positiven und negativen Gliedern.

Setzen wir in Gleichung CII $q = 2r$ und behalten b in der Bedeutung $a + 2rh$ bei, so entsteht:

(29) $$h\left\{f(a) + f(a+h) + \ldots + f(a+2rh)\right\} = \int_a^b f(x)\,dx + h\,\frac{f(b)+f(a)}{2} + V + P_{2n};$$

setzen wir ferner in CII $2h$ statt h und $q = r$, wodurch V in V' und P_{2n} in P'_{2n} übergehen möge, so erhalten wir:

(30) $$2h\left\{f(a) + f(a+2h) + \ldots + f(a+2rh)\right\} = \int_a^b f(x)\,dx + h\left(f(b)+f(a)\right) + V' + P'_{2n}.$$

Wir ziehen nun (29) von (30) ab und gebrauchen die Abkürzungen:

(31) $$V' - V = W = B_1(2^2-1)\cdot\frac{h^2}{2!}\left(f'(b) - f'(a)\right) - B_2(2^4-1)\frac{h^4}{4!}\left(f'''(b) - f'''(a)\right) \pm \ldots + (-1)^n B_{n-1}(2^{2n-2}-1)\frac{h^{2n-2}}{(2n-2)!}\left(f^{(2n-3)}(b) - f^{(2n-3)}(a)\right),$$

(32) $$P'_{2n} - P_{2n} = P,$$

dann erhalten wir:

CVIII $$h\left\{f(a) - f(a+h) + f(a+2h) - f(a+3h) \pm \ldots - f(a+\overline{2r-1}\,h) + f(a+2rh)\right\} = h\,\frac{f(b)+f(a)}{2} + W + P.$$

In dieser Gleichung kann P fortgelassen und W bis ins Unendliche fortgesetzt werden, wenn W für $n = \infty$ convergirt.

Wir setzen jetzt in CVIII $a = 1$, $h = 2$; so wird mit Benutzung des Werthes (§ 4, (3)):

$$\beta_m = \frac{2^{2m}(2^{2m}-1)}{2m}\,B_m$$

der Ausdruck für W folgender:

(33)
$$W = \frac{\beta_1}{1!}\left(f'(b) - f'(1)\right) - \frac{\beta_2}{3!}\left(f'''(b) - f'''(1)\right)$$
$$+ \frac{\beta_3}{5!}\left(f^{(5)}(b) - f^{(5)}(1)\right) \mp \ldots \pm \frac{\beta_{n-1}}{(2n-3)!}\left(f^{(2n-3)}(b) - f^{(2n-3)}(1)\right)$$

und wenn wir das von b Abhängige und das von b Unabhängige in CVIII (abgesehen von P) von einander trennen, zu welchem Zweck:

(34)
$$\begin{cases} W_{(b,\pm)} = \pm f(b) + \frac{\beta_1}{1!} f'(b) - \frac{\beta_2}{3!} f'''(b) \pm \cdots \pm \frac{\beta_{n-1}}{(2n-3)!} f^{(2n-3)}(b) \\ W_{(1)} \quad = \quad f(1) - \frac{\beta_1}{1!} f'(1) + \frac{\beta_2}{3!} f'''(1) \mp \ldots \mp \frac{\beta_{n-1}}{(2n-3)!} f^{(2n-3)}(1) \end{cases}$$

gesetzt werden möge:

CIX
$$\begin{cases} f(1) - f(3) + f(5) \mp \ldots + f(4r+1) = \frac{1}{2}\left(W_{(1)} + W_{(b,+)} + P\right) \\ f(1) - f(3) + f(5) \mp \ldots - f(4r-1) = \frac{1}{2}\left(W_{(1)} + W_{(b,-)} + P\right) \\ \hfill b = 4r + 1. \end{cases}$$

In dem Falle, dass die Function $f(x)$ sich nach Potenzen von x entwickeln lässt, kann der von b unabhängige Theil der Gleichungen CIX in eine andere Form gebracht werden, in welcher die Secantencoefficienten zur Anwendung kommen. Sei nämlich:

(35)
$$f(x) = a_0 + a_1 x + \ldots + a_\lambda x^\lambda + \ldots,$$

so ist der Coefficient von a_λ in $W_{(1)}$:

$$1 - (\lambda)_1 \beta_1 + (\lambda)_3 \beta_2 - (\lambda)_5 \beta_3 \pm \cdots + \begin{cases} (-1)^{\frac{\lambda+1}{2}} (\lambda)_\lambda \beta_{\frac{\lambda+1}{2}} & \ldots \lambda \text{ ungerade} \\ (-1)^{\frac{\lambda}{2}} (\lambda)_{\lambda-1} \beta_{\frac{\lambda}{2}} & \ldots \lambda \text{ gerade;} \end{cases}$$

die erste Zeile ist aber nach Gleichung XIV Null, die zweite Zeile $(-1)^{\frac{\lambda}{2}} \alpha_{\frac{\lambda}{2}}$ nach Gleichung XV. Daher ist:

(36)
$$W_{(1)} = a_0 - a_2 \alpha_1 + a_4 \alpha_2 - a_6 \alpha_3 \pm \ldots$$

Dieser Ausdruck lässt sich sehr kurz in einer symbolischen Form darstellen. Führen wir nämlich die Bezeichnungen:

(37)
$$E_0 = 1,\; E_{2k} = (-1)^k \alpha_k,\; E_1 = E_3 = E_5 = \ldots = 0$$

ein, so ist

$$W_{(1)} = f(E), \tag{38}$$

wofern nach der Entwickelung von $f(E)$ mittels (35) die Exponenten von E in Indices umgewandelt werden. Ebenso lässt sich der von b abhängige Theil in CIX symbolisch darstellen, wobei die Gleichung XVII benutzt werden muss; derselbe ist in der ersten dieser Gleichungen: $\frac{1}{2} f(E+b+1)$, in der zweiten: $-\frac{1}{2} f(E+b-1)$ und daher zusammengezogen:

$$\text{CX} \qquad \begin{aligned} & f(1) - f(3) + f(5) \mp \ldots + (-1)^{n+1} f(2n-1) \\ & = \tfrac{1}{2} \left\{ f(E) + (-1)^{n+1} f(E + 2n) + P \right\}. \end{aligned}$$

In dieser Form, aber unter Fortlassung des Restgliedes P ist die Gleichung von Césaro[1]) angegeben worden, der sie aber auch nach symbolischen Principien entwickelt hat. Nur ungerne verzichten wir darauf, diese elegante Methode[2]), welche jedoch nicht im Stande ist, das Restglied zu

---

[1]) Sur les nombres de Bernoulli et d'Euler. Nouv. Annales de Mathématiques, sér. III, t. V (1886), p. 305.

[2]) Setzen wir ausser den Bezeichnungen von (37) noch:

$$\mathbf{B}_0 = 1, \ \mathbf{B}_1 = \tfrac{1}{2}, \ \mathbf{B}_{2k} = (-1)^{k+1} B_k, \ \mathbf{B}_{2k+1} = 0 \qquad k > 0,$$

$$E'_0 = 1, \ E'_{2k-1} = (-1)^{k-1} \beta_k, \ E'_{2k} = 0 \qquad k > 0,$$

so heissen die Gleichungen I, XIII, XIV in symbolischer Form:

$$(\mathbf{B}+1)^n - \mathbf{B}^n = n, \ (E+1)^{n+1} + (E-1)^{n+1} = 0, \ (E'+1)^n + (E'-1)^n = 2,$$
$$n = 0, 1, \ldots$$

Césaro führt noch ultra-bernoullische Zahlen $\mathfrak{B}_n$ nach dem Vorgang von Trudi (Atti del Accad. di Napoli, 1865) und ultra-eulersche Zahlen $\mathfrak{E}_n$ ein, die ersteren genügen der symbolischen Gleichung:

$$(\mathfrak{B} + 1)^n - p\,\mathfrak{B}^n = n \qquad n = 1, 2, \ldots$$

mit der Bedingung $\mathfrak{B}^0 = \mathfrak{B}_0 = 0$, und hängen nahe mit der Entwickelung von $\frac{p-1}{p-e^u}$, also mit den Zahlen $\overset{n}{A}_k$ zusammen (siehe § 10, Gleichungen (14) und (15)), indem nämlich:

$$\mathfrak{B}_n = -\, n! \, \frac{p}{p-1} \, A_{n-1}$$

ist; die letzteren befriedigen die symbolische Gleichung:

$$(\mathfrak{E} + 1)^n + p\,(\mathfrak{E} - 1)^n = 0; \qquad n = 1, 2, 3, \ldots$$

und beide Sorten von Zahlen werden von Césaro zur Umformung von Reihen benutzt und mit Aufgaben der Astronomie und bestimmten Integralen in Verbindung gebracht.

liefern, hier darzulegen, bemerken aber zugleich, dass die von Césaro gewählten Beispiele auf halbconvergente Reihen führen, so dass keine Berechtigung vorlag, die Untersuchung des Restgliedes fortzulassen.

§ 22.

Erstes Beispiel.

Als erstes Beispiel wählen wir ein solches, bei welchem $f(x)$ eine ganze rationale Function von x ist, wobei also die Reihe auf der rechten Seite der Mac-Laurinschen Summenformel von selbst abbricht und somit die Hinzufügung des Restgliedes unnöthig wird. Dies Beispiel liefert den Beweis für die in § 5 (am Ende) angeführten Recursionsformeln.

Wir nehmen in der Summenformel:

$$(1)\qquad h\Big\{f(a)+f(a+h)+\ldots+f(b)\Big\}=\int_a^b f(x)\,dx+\frac{h}{2}\Big(f(b)+f(a)\Big)$$
$$+B_1\frac{h^2}{2!}\Big(f'(b)-f'(a)\Big)-B_2\frac{h^4}{4!}\Big(f'''(b)-f'''(a)\Big)+B_3\frac{h^6}{6!}\Big(f^{(5)}(b)-f^{(5)}(a)\Big)\pm\ldots$$

für $f(x)$ die Function:

$$(2)\qquad f(x)=x^p(1-x)^q,$$

worin p und q positive ganze Zahlen sein sollen, und ausserdem:

$$(3)\qquad a=0,\ b=1,\ h=1$$

an. Dann ist $f^{(n)}(x)$ für mindestens einen der beiden Werthe $x=0$ und $x=1$ nur in den Fällen von Null verschieden, wenn n zwischen p und $p+q$ einschliesslich der Grenzen liegt. Und zwar ist, mit Fortlassung der sowohl für $x=0$, wie für $x=1$ verschwindenden Glieder:

$$f^{(n)}(x)=(n)_{n-p}\,p!\,q\,(q-1)\ldots(q-n+p+1)\,(-1)^{n-p}\,(1-x)^{q-n+p}+\ldots$$
$$+(n)_q\,p\,(p-1)\ldots(p-n+q+1)\,(-1)^q\,q!\,x^{p-n+q}$$

und daher nach leichter Umformung:

$$(4)\qquad \begin{cases} f^{(n)}(1)=(-1)^q\quad n!\,(p)_{n-q}=(-1)^q\quad n!\,(p)_{p+q-n},\\ f^{(n)}(0)=(-1)^{n-p}\,n!\,(q)_{n-p}=(-1)^{n-p}\,n!\,(q)_{p+q-n},\end{cases}$$

und folglich, wenn n eine ungerade Zahl ist:

$$(5)\qquad f^{(n)}(1)-f^n(0)=n!\,\Big((-1)^p\,(q)_{p+q-n}+(-1)^q\,(p)_{p+q-n}\Big).$$

Die linke Seite der Gleichung (1), sowie das dem Integral folgende Glied auf der rechten Seite verschwinden, und das Integral hat den Werth:

$$(6) \qquad \int_0^1 x^p (1-x)^q \, dx = \frac{\Gamma(p+1)\,\Gamma(q+1)}{\Gamma(p+q+2)} = \frac{1}{(p+q)_p\,(p+q+1)}.$$

Nunmehr müssen wir die vier Fälle unterscheiden:

1) p ungerade, q gerade; 2) p ungerade, q ungerade;

3) p gerade, q ungerade; 4) p gerade, q gerade.

Ad 1) n erhält die Werthe:

$$n = p,\ p+2,\ p+4,\ \ldots\ p+q-2,$$

dann ist, wenn wir es mit dem Zeichen so einrichten, dass die Bernoullische Zahl mit dem kleinsten Index positiv erscheint:

$$(7) \qquad 0 = \frac{(-1)^{\frac{p+1}{2}}}{(p+q)_p\,(p+q+1)} + \frac{B_{\frac{p+1}{2}}}{p+1} - \frac{B_{\frac{p+3}{2}}}{p+3}\Big((q)_{q-2} - (p)_{q-2}\Big)$$
$$+ \frac{B_{\frac{p+5}{2}}}{p+5}\Big((q)_{q-4} - (p)_{q-4}\Big) \mp \ldots + (-1)^{\frac{q-2}{2}}\,\frac{q-p}{2}\,B_{\frac{p+q-1}{2}}$$
$$q > p$$

worin $\frac{q-p}{2}$ statt $\frac{(q)_2-(p)_2}{q+p-1}$ geschrieben ist.

Ad 2) n erhält die Werthe:

$$n = p,\ p+2,\ p+4,\ \ldots\ p+q-1,$$

und es entsteht die Gleichung:

$$8) \quad 0 = \frac{(-1)^{\frac{p+1}{2}}}{(p+q)_p\,(p+q+1)} + \frac{B_{\frac{p+1}{2}}}{p+1}\Big(1+(p)_q\Big) - \frac{B_{\frac{p+3}{2}}}{p+3}\Big((q)_{q-2} + (p)_{q-2}\Big)$$
$$+ \frac{B_{\frac{p+5}{2}}}{p+5}\Big((q)_{q-4} + (p)_{q-4}\Big) \mp \ldots + (-1)^{\frac{q-1}{2}}\,B_{\frac{p+q}{2}}$$
$$q \overline{\gtrless} p.$$

Ad 3) n erhält die Werthe:

$$n = p+1,\ p+3,\ \ldots\ p+q-2,$$

und es ist:

$$(9)\quad 0=\frac{(-1)^{\frac{p}{2}}}{(p+q)_p\,(p+q+1)}+\frac{B_{\frac{p+2}{2}}}{p+2}\Big((q)_{q-1}-(p)_{q-1}\Big)+\frac{B_{\frac{p+4}{2}}}{p+4}\Big((q)_{q-3}-(p)_{q-3}\Big)$$

$$+\frac{B_{\frac{p+6}{2}}}{p+6}\Big((q)_{q-5}-(p)_{q-5}\Big)\mp\ldots+(-1)^{\frac{q-1}{2}}\frac{q-p}{2}B_{\frac{p+q-1}{2}}$$

$$q>p.$$

Ad 4) n erhält die Werthe:

$$n=p+1,\ p+3,\ p+5,\ldots p+q-1,$$

und die Gleichung wird:

$$(10)\quad 0=\frac{(-1)^{\frac{p}{2}}}{(p+q)_p\,(p+q+1)}+\frac{B_{\frac{p+2}{2}}}{p+2}\Big((q)_{q-1}+(p)_{q-1}\Big)-\frac{B_{\frac{p+4}{2}}}{p+4}\Big((q)_{q-3}+(p)_{q-3}\Big)$$

$$+\frac{B_{\frac{p+6}{2}}}{p+6}\Big((q)_{q-5}+(p)_{q-5}\Big)\mp\ldots+(-1)^{\frac{q-2}{2}}B_{\frac{p+q}{2}}$$

$$q\geqq p.$$

Um nun eine Gleichung zu erhalten, welche möglichst wenige Bernoullische Zahlen enthält, ist in (8) und (10) $q=p$ oder, was bis auf den Factor $\frac{1}{2}$ zu demselben Resultate führt, in (7) und (9) $q=p+1$ zu setzen. Das giebt:

$$(11)\qquad B_p-\frac{2(p)_3}{2p-2}B_{p-1}+\frac{2(p)_5}{2p-4}B_{p-2}\mp\ldots$$

$$+\begin{cases}(-1)^{\frac{p-1}{2}}\dfrac{2}{p+1}B_{\frac{p+1}{2}}\ \ldots\ldots\ p \text{ ungerade}\\[2ex](-1)^{\frac{p+2}{2}}\dfrac{2\,(p)_{p-1}}{p+2}B_{\frac{p+2}{2}}\ \ldots\ p \text{ gerade}\end{cases}$$

$$=\frac{1}{(2p)_p\,(2p+1)}.$$

Wir machen nun noch eine zweite Annahme:

$$(12)\qquad f(x)=x^p\,(2-x)^q,\ a=0,\ b=2,\ h=1,$$

dann ist die linke Seite von (1):

$$f(0)+f(1)+f(2)=1,$$

das Integral:

$$\int_0^2 x^p\,(2-x)^q\,dx=2^{p+q+1}\int_0^1 \xi^p\,(1-\xi)^q\,d\xi=\frac{2^{p+q+1}}{(p+q)_p\,(p+q+1)};$$

ferner ist, mit Benutzung der Ausdrücke (4):

$$f^{(n)}(x) = (-1)^{n-p} n!\,(q)_{p+q-n}(2-x)^{p+q-n} + \dots + (-1)^q n!\,(p)_{p+q-n}\,x^{p+q-n}$$

und daher:

$$f^{(n)}(b) = (-1)^q \quad n!\,(p)_{p+q-n}\,2^{p+q-n}$$
$$f^{(n)}(a) = (-1)^{n-p}\,n!\,(q)_{p+q-n}\,2^{p+q-n}$$

und für ungerades n:

$$f^{(n)}(b) - f^{(n)}(a) = n!\left((-1)^p (q)_{p+q-n} + (-1)^q (p)_{p+q-n}\right).\,2^{p+q-n},$$

so dass sich diese Differenz von (5) nur durch den Factor 2^{p+q-n} unterscheidet.

Daher nimmt in dem ersten der obigen vier Fälle (p ungerade, q gerade und n successive gleich $p,\ p+2, \dots p+q-2$) die der (7) entsprechende Gleichung folgende Form an:

$$(13)\quad (-1)^{\frac{p+1}{2}} = \frac{(-1)^{\frac{p+1}{2}}\,2^{p+q+1}}{(p+q)_p\,(p+q+1)} + 2^q\,\frac{B_{\frac{p+1}{2}}}{p+1} + 2^{q-2}\,\frac{B_{\frac{p+3}{2}}}{p+3}\left((q)_{q-2} - (p)_{q-2}\right)$$
$$\pm \dots + (-1)^{\frac{q-2}{2}}\,2^2\,\frac{q-p}{2}\,B_{\frac{p+q-1}{2}};\qquad q > p$$

ähnliche Formen erhalten die Gleichungen in den anderen drei Fällen. Multipliciren wir nun (7) mit 2^{p+q+1} und ziehen (13) davon ab, so erhalten wir:

$$(14)\quad (-1)^{\frac{p-1}{2}} = 2^q(2^{p+1}-1)\,\frac{B_{\frac{p+1}{2}}}{p+1} - 2^{q-2}(2^{p+3}-1)\,\frac{B_{\frac{p+3}{2}}}{p+3}\left((q)_{q-2} - (p)_{q-2}\right)$$
$$\pm \dots + (-1)^{\frac{q-2}{2}}\,2^2\,(2^{p+q-1}-1)\,\frac{q-p}{2}\,B_{\frac{p+q-1}{2}};\qquad q > p$$

ebenso in den anderen Fällen:

$$(15)\qquad (-1)^{\frac{p-1}{2}} = 2^q\,(2^{p+1}-1)\,\frac{B_{\frac{p+1}{2}}}{p+1}\left(1 + (p)_q\right)$$
$$- 2^{q-2}\,(2^{p+3}-1)\,\frac{B_{\frac{p+3}{2}}}{p+3}\left((q)_{q-2} - (p)_{q-2}\right) \pm \dots$$
$$+ (-1)^{\frac{q-1}{2}}\,2\,(2^{p+q}-1)\,B_{\frac{p+q}{2}};\qquad q \gtreqless p$$

$$(16)\qquad (-1)^{\frac{p-2}{2}} = 2^{q-1}(2^{p+2}-1)\frac{B_{\frac{p+2}{2}}}{p+2}\left((q)_{q-1}-(p)_{q-1}\right)$$
$$- 2^{q-3}(2^{p+4}-1)\frac{B_{\frac{p+4}{2}}}{p+4}\left((q)_{q-3}-(p)_{q-3}\right) \pm \cdots$$
$$+ (-1)^{\frac{q+1}{2}} 2^2 (2^{p+q-1}-1)\frac{q-p}{2} B_{\frac{p+q-1}{2}}; \quad q>p$$

$$(17)\qquad (-1)^{\frac{p-2}{2}} = 2^{q-1}(2^{p+2}-1)\frac{B_{\frac{p+2}{2}}}{p+2}\left((q)_{q-1}+(p)_{q-1}\right)$$
$$- 2^{q-3}(2^{p+4}-1)\frac{B_{\frac{p+4}{2}}}{p+4}\left((q)_{q-3}+(p)_{q-3}\right) \pm \cdots$$
$$+ (-1)^{\frac{q+2}{2}} 2 (2^{p+q}-1) B_{\frac{p+q}{2}}. \qquad q \overline{\gtrless} p.$$

Setzen wir nun wiederum in (15) und (17) $p=q$, oder in (14) und (16) $q=p+1$, so erhalten wir:

$$2(2^{2p}-1)B_p - \frac{(p)_3}{p-1}2^3(2^{2p-2}-1)B_{p-1} + \frac{(p)_5}{p-2}2^5(2^{2p-4}-1)B_{p-2} \mp \cdots$$
$$+\begin{cases} (-1)^{\frac{p-1}{2}} \dfrac{1}{\frac{p+1}{2}} 2^p (2^{p+1}-1) B_{\frac{p+1}{2}} \quad \ldots\ldots \quad p \text{ ungerade} \\ (-1)^{\frac{p-2}{2}} \dfrac{(p)_{p-1}}{\frac{p}{2}+1} 2^{p-1}(2^{p+2}-1) B_{\frac{p+2}{2}} \quad \ldots \quad p \text{ gerade} \end{cases} = 1.$$

Es möge noch bemerkt werden, dass in dieser Gleichung sämmtliche Glieder auf der linken Seite ausser dem ersten, welches eine ungerade ganze Zahl ist, ganze gerade Zahlen sind.[1])

§ 23.

Zweites Beispiel.

Es soll ein Stück der harmonischen Reihe, nämlich

$$(1)\qquad 1+\frac{1}{2}+\frac{1}{3}+\cdots+\frac{1}{p}$$

summirt werden.

Setzen wir:

$$(2)\qquad f(x)=\frac{1}{x}$$

[1]) Siehe Zeitschr. f. Math. u. Physik, 37ter Jahrg. (1892), S. 378.

und verstehen unter a und b ($> a$) positive ganze Zahlen, so ist zunächst nach CII mit $h = 1$:

$$(3) \qquad R = \frac{1}{a} + \frac{1}{a+1} + \frac{1}{a+2} + \dots + \frac{1}{b} = \int_a^b \frac{dx}{x} + \frac{1}{2}\left(\frac{1}{b} + \frac{1}{a}\right) + V + P_{2n},$$

worin V durch § 21, (11) gegeben ist. Nun ist:

$$(4) \qquad \begin{cases} f^{(2n)}(x) = \dfrac{(2n)!}{x^{2n+1}} \\ f^{(2n+2)}(x) = \dfrac{(2n+2)!}{x^{2n+3}}. \end{cases}$$

Beide Differentialquotienten behalten also ihr Vorzeichen, während x von a bis b zunimmt, es ist somit CV zur Anwendung zu bringen und da sowohl $f^{(2n-1)}(b) - f^{(2n-1)}(a)$ als auch $f^{(2n+1)}(b) - f^{(2n+1)}(a)$ positiv, also ihr Product positiv und demnach $\varepsilon = +1$ ist, so haben wir, wenn im Restglied $1 - \Theta = \vartheta$ gesetzt wird:

$$(5) \qquad R = \lg b - \lg a + \frac{1}{2}\left(\frac{1}{b} + \frac{1}{a}\right) - \frac{B_1}{2}\left(\frac{1}{b^2} - \frac{1}{a^2}\right) + \frac{B_2}{4}\left(\frac{1}{b^4} - \frac{1}{a^4}\right) \mp \dots$$
$$+ (-1)^{n-1}\frac{B_{n-1}}{2n-2}\left(\frac{1}{b^{2n-2}} - \frac{1}{a^{2n-2}}\right) + (-1)^n \frac{\vartheta B_n}{2n}\left(\frac{1}{b^{2n}} - \frac{1}{a^{2n}}\right).$$

Würden wir hierin $a = 1$, $b = p$ setzen, so wären wir nicht im Stande, den Werth der von a abhängigen Summe, die jetzt die Form:

$$(6) \qquad \frac{1}{2} + \frac{B_1}{2} - \frac{B_2}{4} \pm \dots + (-1)^n \frac{B_{n-1}}{2n-2} + (-1)^{n+1}\frac{\vartheta B_n}{2n}$$

annähme, zu beurtheilen, da ihre Summanden von $\frac{B_4}{8}$ an wachsen. Würden wir mit einem (unbekannten) Bruchtheil des kleinsten Gliedes $\frac{B_3}{6}$ schliessen, so würde die Unsicherheit bis $\frac{1}{252}$ reichen, das Resultat also nur auf zwei Decimalstellen sicher sein. Man darf aber auch nicht die Reihe (6) als von b unabhängig, sie also nicht als constant betrachten, wie es geschehen ist, denn der echte Bruch ϑ wird im Allgemeinen sich mit b ändern.

Wir verfahren also in folgender Art. Wir bezeichnen den Werth der Reihe (6) mit E_b und setzen dies in (5) ein, dann erhalten wir (für $a = 1$):

$$(7) \qquad 1 + \frac{1}{2} + \frac{1}{3} + \dots + \frac{1}{b} - \lg b = E_b + \frac{1}{2b} - \frac{B_1}{2b^2} \pm \dots$$

Aus (6) folgt, dass

$$(8) \qquad E_b = \frac{1}{2} + \frac{1}{12} - \frac{1}{120} + \frac{\vartheta}{252} \begin{cases} > 0{,}575 \\ < 0{,}579 \end{cases}$$

also für jeden Werth von b eine endliche zwischen 0,575 und 0,579 gelegene Zahl ist. Lassen wir daher in (7) b über alle Grenzen wachsen und bezeichnen den Werth, den E_b für $b = \infty$ annimmt, unter der Voraussetzung, dass dies nicht nur ein endlicher, sondern ein bestimmter Werth ist, mit E, so ist:

$$\lim_{b=\infty}\left(1+\frac{1}{2}+\frac{1}{3}+\ldots+\frac{1}{b}-\lg b\right)=E. \tag{9}$$

Setzen wir nun in (5) $a = p + 1$, ziehen dann (5) von (7) ab und lassen $b = \infty$ werden, so erhalten wir:

$$\begin{aligned}(10)\quad 1+\frac{1}{2}+\frac{1}{3}+\ldots+\frac{1}{p} &= E+\lg(p+1)-\frac{1}{2(p+1)}-\frac{B_1}{2(p+1)^2}\\ &+\frac{B_2}{4(p+1)^4}\mp\ldots+(-1)^{n-1}\frac{B_{n-1}}{(2n-2)(p+1)^{2n-2}}+(-1)^n\frac{\vartheta B_n}{2n(p+1)^{2n}}.\end{aligned}$$

Die grösste Genauigkeit wird erreicht, wenn wir mit einem Bruchtheil des kleinsten Gliedes aufhören; ist $B_k:\left(2k(p+1)^{2k}\right)$ dies Glied, so muss der Quotient:

$$\frac{B_{k+1}}{(2k+2)(p+1)^{2k+2}}:\frac{B_k}{2k(p+1)^{2k}} \tag{11}$$

sich, nach der grösseren Seite hin, so wenig wie möglich von 1 unterscheiden. Wir benutzen nun zuerst für das Verhältniss $B_{k+1}:B_k$ die angenähert richtige Gleichung § 2, (16) und erhalten also, wenn bei gleicher Annäherung der Quotient $\frac{2k}{2k+2}=1$ gesetzt wird:

$$k+1=\pi(p+1). \tag{12}$$

Rundet man nun $\pi(p+1)-1$ nach oben hin zur ganzen Zahl ab, so wird dies in der Regel, d. h. schon für mässig grosse Werthe von p, der richtige Werth von k sein, und um dies zu prüfen, kann man die strenge Gleichung § 2, (13) (oder die bekannten genauen Werthe der B. Z.) benutzen und, falls es nöthig ist, k so lange variiren, bis der Quotient (11) gleich 1 oder wenig grösser als 1 ist.

Für $p = 4$ folgt z. B. aus (12) $k = 15$ und setzen wir in (10) $n = 15$, so ist die Unsicherheit kleiner als

$$\frac{B_{15}}{30.5^{30}}=0{,}00000\,00000\,00002\,15329.$$

Setzen wir aber, um die Rechnung abzukürzen, in (10) $n = 3$, so erhalten wir:

$$(13)\quad 1+\frac{1}{2}+\frac{1}{3}+\ldots+\frac{1}{p}=E+\lg(p+1)-\frac{1}{2(p+1)}-\frac{1}{12(p+1)^2}+\frac{1}{120(p+1)^4}-\frac{\vartheta}{252(p+1)^6},$$

und hierbei ist, wenn wir das Restglied fortlassen, das Resultat schon für $p=9$ um weniger als 0,0000000040 zu gross.

Was nun die Zahl E betrifft, so kann der Beweis für ihre Bestimmtheit in folgender Art, die zugleich zu ihrer Berechnung dient, geführt werden. In der bekannten Gleichung:

$$(14)\qquad \lg\frac{1+x}{1-x}=2\left\{x+\frac{x^3}{3}+\ldots+\frac{x^{2n+1}}{2n+1}+\ldots\right\}$$

ist der Rest innerhalb der Klammer kleiner als

$$\frac{x^{2n+3}}{2n+3}\left(1+x^2+x^4+\ldots\right)=\frac{x^{2n+1}}{2n+3}\cdot\frac{x^2}{1-x^2};$$

setzen wir nun $x=\frac{1}{2k}$, so entsteht aus (14), wenn ϑ ein positiver echter Bruch ist:

$$\lg\frac{2k+1}{2k-1}=\frac{1}{k}+\frac{1}{3\,.\,2^2k^3}+\frac{1}{5\,.\,2^4k^5}+\ldots+\frac{1}{(2n+1)\,2^{2n}\,k^{2n+1}}+\frac{\vartheta}{(2n+3)\,2^{2n}\,k^{2n+1}\,(2k-1)(2k+1)}.$$

Wird nun nach einander $k=1,2,3,\ldots z$ angenommen, so giebt die Addition aller Gleichungen auf der linken Seite $\lg(2z+1)$ und dies ist soviel als $\lg 2+\lg z+\frac{\vartheta'}{2z}$ $(0<\vartheta'<1)$; bringen wir nun $\lg z$ auf die rechte Seite und lassen z unendlich werden, wobei das Glied $\frac{\vartheta'}{2z}$ fortgeht, so erhalten wir:

$$(15)\quad \lg 2=\lim_{z=\infty}\left(1+\frac{1}{2}+\frac{1}{3}+\ldots+\frac{1}{z}-\lg z\right)+\frac{S_3}{3\,.\,2^2}+\frac{S_5}{5\,.\,2^4}+\ldots+\frac{S_{2n+1}}{(2n+1)\,2^{2n}}+\frac{1}{(2n+3)\,2^{2n}}\left(\frac{\vartheta_1}{1\,.\,1\,.\,3}+\frac{\vartheta_2}{2^{2n+1}\,.\,3\,.\,5}+\frac{\vartheta_3}{3^{2n+1}\,.\,5\,.\,7}+\ldots\right)$$

worin nach (9) die erste Klammer auf der rechten Seite $=E$, und:

$$S_h=1+\frac{1}{2^h}+\frac{1}{3^h}+\frac{1}{4^h}+\ldots$$

ist. Die letzte Klammer in (15) ist $>\frac{\vartheta_1}{3}$ (wobei zu bemerken, dass die Brüche $\vartheta_1,\vartheta_2\ldots$ nahe an 1 liegen) aber kleiner als:

$$\frac{1}{1\,.\,3}+\frac{1}{3\,.\,5}+\frac{1}{5\,.\,7}+\ldots=\frac{1}{2};$$

wir bringen sie mit $\frac{\Theta}{2}$ (Θ pos. echter Bruch) in Rechnung und haben demnach:

$$(16)\qquad E = \lg 2 - \frac{S_3}{3.2^2} - \frac{S_5}{5.2^4} - \ldots - \frac{S_{2n+1}}{(2n+1)2^{2n}} - \frac{\Theta}{(2n+3)2^{2n+1}},$$

woraus E beliebig genau berechnet werden kann[1]); für $n = 10$ ist z. B. das Correctionsglied kleiner als 1:46000000.

Diese Grösse E ist unter dem Namen der Eulerschen oder der Mascheronischen Constanten[2]) bekannt; Euler giebt dafür (a. a. O.) den Werth an:

$$E = 0{,}57721\,56649\,015325.$$

§ 24.

Drittes Beispiel.

(Stirlingsche Reihe.)

Sei die Reihe

$$R = \lg 1 + \lg 2 + \lg 3 + \ldots + \lg p,$$

zu summiren, — eine Aufgabe, welche zuerst von Stirling und zwar zwölf Jahre vor Veröffentlichung der Mac-Laurinschen Summenformel gelöst worden ist.[3])

Es ist also $f(x) = \lg x$ zu setzen; würden wir nun in Gleichung CII

$$a = 1,\ b = p,\ h = 1$$

annehmen, und dann die Summe

$$\frac{B_1}{2!} f'(1) - \frac{B_2}{4!} f'''(1) \pm \ldots + (-1)^n \frac{B_{n-1}}{(2n-2)!} f^{(2n-3)}(1) + (-1)^{n+1} \frac{\vartheta B_n}{(2n)!} f^{(2n-1)}(1)$$

einer Constanten gleich setzen, so wäre dies von vornherein ebenso un-

---

1) Man kommt etwas schneller zu einem Ausdruck für E, wenn man die Reihe für $\lg(1+x)$ benutzt und darin x successive $= 1, \frac{1}{2}, \frac{1}{3}, \ldots \frac{1}{z}$ setzt, doch bietet der obige Ausdruck den für die Rechnung wesentlichen Vortheil der gleichen negativen Vorzeichen sämmtlicher zu lg 2 hinzuzufügender Grössen, deren Summe übrigens, wie leicht zu übersehen, kleiner als $\frac{1}{9}$ ist.

2) Euler, Calc. diff. t. II cap. VI § 143; Mascheroni Adnotationes ad Calc. Int. Euleri. Ticini, 1790 bis 92, woselbst die Constante auf 32 Stellen angegeben wird (I. Theil S. 11, S. 60, und an anderen Stellen).

3) Methodus differentialis, London 1730, p. 135.

statthaft wie im zweiten Beispiel, weil ϑ wiederum von p abhängig ist. Wir nehmen also:

$$a = p + 1,\ b = \omega,\ h = 1$$

an, wobei ω sich der Unendlichkeit nähern soll. Dann ist:

$$(1)\qquad f^{(2r-1)}(x) = \frac{(2r-2)!}{x^{2r-1}},\ f^{(2n)}(x) = -\frac{(2n-1)!}{x^{2n}},\ f^{(2n+2)}(x) = -\frac{(2n+1)!}{x^{2n+2}},$$

folglich behalten $f^{(2n)}(x)$ und $f^{(2n+2)}(x)$ ihr Vorzeichen, wenn x von a bis b geht und das Product

$$\left(f^{(2n-1)}(b) - f^{(2n-1)}(a)\right)\left(f^{(2n+1)}(b) - f^{(2n+1)}(a)\right)$$

ist positiv, es ist also CV mit $\varepsilon = 1$ in Anwendung zu bringen.

Das Integral ist:

$$(2)\qquad \int_{p+1}^{\omega} \lg x\, dx = \omega(\lg \omega - 1) - (p+1)\left(\lg(p+1) - 1\right),$$

die Reihe V wird:

$$(3)\qquad V = \frac{B_1}{1.2}\left(\frac{1}{\omega} - \frac{1}{p+1}\right) - \frac{B_2}{3.4}\left(\frac{1}{\omega^3} - \frac{1}{(p+1)^3}\right) \pm \cdots$$
$$+ (-1)^n \frac{B_{n-1}}{(2n-3)(2n-2)}\left(\frac{1}{\omega^{2n-3}} - \frac{1}{(p+1)^{2n-3}}\right)$$

und, mit $1 - \Theta = \vartheta$:

$$(4)\qquad P_{2n} = (-1)^{n+1} \frac{\vartheta B_n}{(2n-1)2n}\left(\frac{1}{\omega^{2n-1}} - \frac{1}{(p+1)^{2n-1}}\right).$$

Der positive echte Bruch Θ ist dabei in folgender Art entstanden. Nach § 21, (22) ist, wenn $h = 1$ und k statt $a + k$ gesetzt wird,

$$\int_0^1 \varphi(t, 2n) \sum_{p+1}^{\omega-1}{}_k f^{(2n)}(k+t)\, dt = \varphi(\tau, 2n) \int_0^1 \sum_{p+1}^{\omega-1}{}_k f^{(2n)}(k+t)\, dt.$$

Nehmen wir nun 2ω statt ω, so ist:

$$(5)\qquad \int_0^1 \varphi(t, 2n) \sum_{p+1}^{2\omega-1}{}_k f^{(2n)}(k+t)\, dt = \varphi(\tau', 2n) \int_0^1 \sum_{p+1}^{2\omega-1}{}_k f^{(2n)}(k+t)\, dt$$

und andererseits:

$$(6)\qquad = \int_0^1 \varphi(t, 2n) \left(\sum_{p+1}^{\omega-1}{}_k + \sum_{\omega}^{2\omega-1}{}_k\right) f^{(2n)}(k+t)\, dt$$

$$= \varphi(\tau, 2n) \int_0^1 \sum_{p+1}^{\omega-1}{}_k f^{(2n)}(k+t)\, dt + \varphi(\tau'', 2n) \int_0^1 \sum_{\omega}^{2\omega-1}{}_k f^{(2n)}(k+t)\, dt.$$

Nun ist nach § 21, (20):

$$\varphi(\tau, 2n) = (-1)^n \Theta \frac{2^{2n}-1}{2^{2n-1}} B_n, \quad \varphi(\tau', 2n) = (-1)^n \Theta' \frac{2^{2n}-1}{2^{2n-1}} B_n,$$

$$\varphi(\tau'', 2n) = (-1)^n \Theta'' \frac{2^{2n}-1}{2^{2n-1}} B_n,$$

wo Θ, Θ', Θ'' positive echte Brüche sind. Bezeichnen wir noch:

$$-\int_0^1 \sum_{p+1}^{\omega-1}{}_k f^{(2n)}(k+t)\, dt \text{ mit } A, \quad -\int_0^1 \sum_{\omega}^{2\omega-1}{}_k f^{(2n)}(k+t)\, dt \text{ mit } B,$$

so folgt durch Vergleichung von (5) und (6)

(7) $$\Theta'(A+B) = \Theta A + \Theta'' B;$$

es ist aber:

$$A = (2n-2)!\left(\frac{1}{(p+1)^{2n-1}} - \frac{1}{\omega^{2n-1}}\right), \quad B = (2n-2)!\left(\frac{1}{\omega^{2n-1}} - \frac{1}{(2\omega)^{2n-1}}\right).$$

In dem Falle, dass ω sich der Unendlichkeit nähert, wird also $B = 0$, und wir erhalten dann aus (7):

$$\Theta' = \Theta;$$

daraus folgt, dass auch in (4) ϑ ungeändert bleibt, wenn 2ω statt ω genommen und $\omega = \infty$ gesetzt wird.

Endlich ist:

$$\frac{f(b) + f(a)}{2} = \frac{\lg \omega + \lg(p+1)}{2}.$$

Setzen wir nun z. A.

(8) $$\psi(p) = (p+\tfrac{1}{2}) \lg(p+1) - (p+1) + \frac{B_1}{1.2(p+1)} - \frac{B_2}{3.4(p+1)^3} \pm \cdots + (-1)^n \frac{B_{n-1}}{(2n-3)(2n-2)(p+1)^{2n-3}}$$

und

(9) $$\chi(\omega, \vartheta) = \frac{B_1}{1.2\omega} \mp \cdots + (-1)^n \frac{B_{n-1}}{(2n-3)(2n-2)\omega^{2n-3}} + (-1)^{n+1} \frac{\vartheta B_n}{(2n-1)\, 2n\, \omega^{2n-1}},$$

so giebt die Mac-Laurinsche Summenformel die Gleichung:

(10) $$\lg\big((p+1)(p+2)\ldots\omega\big) = (\omega+\tfrac{1}{2})\lg\omega - \omega + \chi(\omega, \vartheta) - \psi(p) + (-1)^n \frac{\vartheta B_n}{(2n-1)\, 2n\, (p+1)^{2n-1}}.$$

Ebenso ist:

$$\text{(11)}\qquad \lg\big((p+1)(p+2)\dots(2\omega)\big)=(2\omega+\tfrac{1}{2})\lg(2\omega)-2\omega+\chi(2\omega,\vartheta')$$
$$-\psi(p)+(-1)^n\frac{\vartheta' B_n}{(2n-1)\,2n\,(p+1)^{2n-1}},$$

worin ϑ und ϑ' positive echte (für $\omega=\infty$ einander gleiche) Brüche sind. Multipliciren wir nun Gleichung (10) mit 2, addiren beiderseits $2\omega\lg 2-\frac{1}{2}\lg(2\omega+1)$, ziehen Gleichung (11) ab und fügen links:

$$\lg\frac{(1.2\dots p)^2}{1.2\dots p}-\lg(1.2\dots p)=0$$

hinzu, so erhalten wir:

$$\text{(12)}\qquad \lg\frac{2^{2\omega}.(1.2\dots\omega)^2}{1.2\dots(2\omega)\sqrt{2\omega+1}}-\lg(1.2\dots p)=\tfrac{1}{2}\lg\frac{\omega^2}{2\omega(2\omega+1)}$$
$$+2\chi(\omega,\vartheta)-\chi(2\omega,\vartheta')-\psi(p)+(-1)^n\frac{B_n}{(2n-1)2n(p+1)^{2n-1}}(2\vartheta-\vartheta').$$

Der links unter dem Logarithmus stehende Bruch ist

$$\text{(13)}\qquad =\frac{(2.4\dots 2\omega)^2}{1.2.3\dots 2\omega\sqrt{2\omega+1}}=\frac{2.4\dots 2\omega}{1.3\dots(2\omega-1)}\cdot\frac{1}{\sqrt{2\omega+1}}.$$

Wir lassen nun ω unendlich werden; dann wird der Ausdruck (13): $\sqrt{\frac{\pi}{2}}$,

$$\frac{1}{2}\lg\frac{\omega^2}{2\omega(2\omega+1)}=-\lg 2,$$

$\chi(\omega,\vartheta)$ und $\chi(2\omega,\vartheta')$ verschwinden, und endlich wird nach den früheren Ausführungen $\vartheta'=\vartheta$. Demgemäss ist, wenn für $\psi(p)$ der Werth zurückgesetzt wird:

$$\text{(14)}\qquad R=\lg(1.2\dots p)=\tfrac{1}{2}\lg(2\pi)+(p+\tfrac{1}{2})\lg(p+1)-(p+1)$$
$$+\frac{B_1}{1.2.(p+1)}-\frac{B_2}{3.4(p+1)^3}\pm\dots+(-1)^n\frac{B_{n-1}}{(2n-3)(2n-2)(p+1)^{2n-3}}$$
$$+(-1)^{n+1}\frac{\vartheta B_n}{(2n-1)\,2n\,(p+1)^{2n-1}}.$$

Die Reihe auf der rechten Seite ist wiederum halbconvergent, und die Rechnung daher mit oder vor dem kleinsten Gliede abzubrechen.

Addirt man zu (14) beiderseits $\lg(p+1)$ und schreibt dann p statt $p+1$, so erhält man für $\lg(1.2\dots p)$ einen anderen Ausdruck, doch stimmt dieser, wenn man die rechten Seiten nach Potenzen von $\frac{1}{p}$ entwickelt, bis zum Coefficienten der $2n-2^{\text{ten}}$ Potenz mit (14) überein. Gleichung (14) ist aber vorzuziehen, weil der Factor von ϑ im Restglied etwas kleiner und somit die Unsicherheit geringer ist, als bei der in eben beschriebener Art entstehenden Gleichung.

§ 25.

Viertes Beispiel.

Es soll die unendliche Reihe:

$$\frac{\sin h}{1} + \frac{\sin 2h}{2} + \frac{\sin 3h}{3} + \ldots$$

für Werthe von h, bei denen sie convergirt, summirt werden.

Dies Beispiel ist gewählt, um den aus der Anwendung des Satzes § 21, Nr. 6 fliessenden Vortheil vor Augen zu führen. Wir betrachten nämlich die allgemeinere Reihe R:

$$(1) \qquad R = h\left(\frac{\sin a}{a} + \frac{\sin(a+h)}{a+h} + \frac{\sin(a+2h)}{a+2h} + \frac{\sin(a+3h)}{a+3h} + \ldots\right)$$

und beweisen, dass für sie die Reihe V (§ 21, (11)) convergirt, so dass das Restglied, dessen Bestimmung und Beurtheilung recht unbequem (übrigens aber durchführbar) ist, fortgelassen werden kann.

Es ist:

$$(2) \qquad f(x) = \frac{\sin x}{x}$$

und wir bilden den $2m-1^{\text{ten}}$ Differentialquotienten hiervon auf zwei Arten. Zuerst nach der bekannten Methode der Differentiation eines Productes:

$$(3) \quad D_x^{2m-1}(\sin x . x^{-1}) = (-1)^{m+1}\frac{\cos x}{x}\left\{1 - \frac{(2m-1)(2m-2)}{x^2} + \frac{(2m-1)\ldots(2m-4)}{x^4} \mp \ldots\right\}$$
$$+ (-1)^m \frac{\sin x}{x}\left\{\frac{2m-1}{x} - \frac{(2m-1)\ldots(2m-3)}{x^3} + \frac{(2m-1)\ldots(2m-5)}{x^5} \mp \ldots\right\},$$

wobei jede Klammer soweit fortzusetzen ist, bis sie von selbst abbricht. Zweitens ist:

$$\frac{\sin x}{x} = 1 - \frac{x^2}{3!} \pm \ldots + (-1)^m \frac{x^{2m}}{(2m+1)!} + \ldots$$

und somit:

$$(4) \quad D_x^{2m-1}\left(\frac{\sin x}{x}\right) = (-1)^m\left\{\frac{x}{1!\,(2m+1)} - \frac{x^3}{3!\,(2m+3)} + \frac{x^5}{5!\,(2m+5)} \mp \ldots \text{ in infin.}\right\}.$$

Diese letztere Gleichung formen wir unter der Voraussetzung, dass

$$(5) \qquad x \overline{\overline{<}}\, 2m$$

ist, um. Ziehen wir $\frac{1}{2m}$ als Factor heraus, so erhalten wir:

$$(6)\quad D_x^{2m-1}\left(\frac{\sin x}{x}\right) = \frac{(-1)^m}{2m}\left\{\left(1-\frac{1}{2m+1}\right)x-\left(1-\frac{3}{2m+3}\right)\frac{x^3}{3!}+\left(1-\frac{5}{2m+5}\right)\frac{x^5}{5!}\mp\cdots\right\}$$
$$= \frac{(-1)^m}{2m}P_0$$

worin:

$$(7)\quad P_0 = \sin x - \frac{x}{2m+1} + \frac{x^3}{2!\,(2m+3)} - \frac{x^5}{4!\,(2m+5)} \pm \cdots$$

Nun ist weiter:

$$P_0 = \sin x - \frac{x}{2m+1}\left\{1-\left(1-\frac{2}{2m+3}\right)\frac{x^2}{2!}+\left(1-\frac{4}{2m+5}\right)\frac{x^4}{4!}\mp\cdots\right\}$$

$$(8)\quad = \sin x - \frac{x}{2m+1}P_1;$$

$$(9)\quad P_1 = \cos x + \frac{x^2}{1.(2m+3)} - \frac{x^4}{3!\,(2m+5)} + \frac{x^6}{5!\,(2m+7)} \mp \cdots$$

$$= \cos x + \frac{x}{2m+2}\left\{\left(1-\frac{1}{2m+3}\right)x-\left(1-\frac{3}{2m+5}\right)\frac{x^3}{3!}+\left(1-\frac{5}{2m+7}\right)\frac{x^5}{5!}\mp\cdots\right\}$$

$$(10)\quad = \cos x + \frac{x}{2m+2}\cdot P_2;$$

$$(11)\quad P_2 = \sin x - \frac{x}{(2m+3)} + \frac{x^3}{2!\,(2m+5)} - \frac{x^5}{4!\,(2m+7)} \pm \cdots,$$

$$= \sin x - \frac{x}{2m+3}\left\{1-\left(1-\frac{2}{2m+5}\right)\frac{x^2}{2!}+\left(1-\frac{4}{2m+7}\right)\frac{x^4}{4!}\mp\cdots\right\},$$

$$(12)\quad = \sin x - \frac{x}{2m+3}\cdot P_3;$$

$$(13)\quad P_3 = \cos x + \frac{x^2}{2m+5} - \frac{x^4}{3!\,(2m+7)} + \frac{x^6}{5!\,(2m+9)} \mp \cdots,$$

$$= \cos x + \frac{x}{2m+4}\left\{\left(1-\frac{1}{2m+5}\right)x-\left(1-\frac{3}{2m+7}\right)\frac{x^3}{3!}\pm\cdots\right\},$$

$$(14)\quad = \cos x + \frac{x}{2m+4}\cdot P_4;$$

$$(15)\quad P_4 = \sin x - \frac{x}{2m+5} + \frac{x^3}{2!\,(2m+7)} - \frac{x^5}{4!\,(2m+9)} \pm \cdots$$

Wie man sieht, erhält man P_3, wenn man in P_1 $m+1$ statt m setzt und in gleicher Art P_4 aus P_2; so ist die weitere Fortsetzung klar, und allgemein ergiebt sich, wenn in P_2 $m+r-1$ statt m gesetzt wird:

$$(16) \quad P_{2r} = \sin x - \frac{x}{2m+2r+1} + \frac{x^3}{3!\,(2m+2r+3)} - \frac{x^5}{5!\,(2m+2r+5)} \pm \cdots$$

Es soll jetzt gezeigt werden, dass dieser Ausdruck mit wachsendem r nach $\sin x$ convergirt. Ein Satz von Abel lautet[1]):

Wenn $\varepsilon_0, \varepsilon_1, \varepsilon_2 \ldots$ eine Reihe positiver abnehmender Grössen ist, $a_0, a_1, a_2 \ldots$ eine endliche oder eine convergente unendliche Reihe bilden und M den grössten Absolutwerth der Summen: $a_0, a_0+a_1, a_0+a_1+a_2, \ldots$ bezeichnet, so ist der Absolutwerth der Summe $\varepsilon_0 a_0 + \varepsilon_1 a_1 + \varepsilon_2 a_2 + \ldots$ kleiner als $\varepsilon_0 M$.

Betrachten wir nun in (16) die Factoren:

$$\frac{1}{2m+2r+1}, \; \frac{1}{2m+2r+3}, \; \frac{1}{2m+2r+5}, \; \cdots$$

als $\varepsilon_0, \varepsilon_1, \varepsilon_2 \ldots$ und $x - \frac{x^3}{3!} + \frac{x^5}{5!} \mp \ldots$ als die Reihe $a_0 + a_1 + a_2 + \ldots$, so kann der grösste Absolutwerth M der Summen: x, $x - \frac{x^3}{3!}$, $x - \frac{x^3}{3!} + \frac{x^5}{5!}$, u. s. w. bei grossem x sehr beträchtlich ausfallen, kann aber nie eine gewisse von m abhängige Grenze überschreiten, da x höchstens gleich $2m$ werden sollte. Wir können daher immer r so gross wählen, dass:

$$\varepsilon_0 M = \frac{M}{2m+2r+1} = \eta$$

beliebig klein wird[2]), also

$$(17) \qquad P_{2r} = \sin x \pm \eta$$

dem $\sin x$ beliebig nahe kommt.

---

[1]) Siehe Serret-Harnack, Differentialrechnung S. 173.

[2]) Da die Reihe in (16) regelmässig abwechselnde Zeichen hat, so ist der grösste Absolutwerth der genannten Summen kleiner als das grösste Glied der Reihe, also für $x = 2m$:

$$M < \frac{(2m)^{2m-1}}{2m-1\,!};$$

der Werth:

$$r = (2m)^{2m} s$$

für den

$$\frac{M}{2m+2r+1} < \frac{1}{(2m)!\,2s}$$

wäre, würde also genügen, um, bei wachsendem s für endliches oder unendliches m η nach 0 hin convergiren zu machen.

Mit Benutzung der Gleichungen (6), (8), (10), (12), (14) findet man nun:

$$(18)\qquad D_x^{2m-1}\frac{\sin x}{x}=\frac{(-1)^m}{2m}\left\{\sin x-\frac{x\cos x}{2m+1}-\frac{x^2\sin x}{(2m+1)(2m+2)}\right.$$
$$\left.+\frac{x^3\cos x}{(2m+1)(2m+2)(2m+3)}+\frac{x^4 P_4}{(2m+1)\ldots(2m+4)}\right\}$$

und bilden wir jetzt eine Gleichung analog (18) mit dem Werthe P_{2r} aus (17), so lautet diese:

$$(19)\quad D_x^{2m-1}\left(\frac{\sin x}{x}\right)=\frac{(-1)^m}{2m}\left\{\sin x\left(1-\frac{x^2}{(2m+1)(2m+2)}+\frac{x^4}{(2m+1)\ldots(2m+4)}\mp\ldots\right.\right.$$
$$\left.+(-1)^r\frac{x^{2r}}{(2m+1)\ldots(2m+2r)}\right)$$
$$-\cos x\left(\frac{x}{2m+1}-\frac{x^3}{(2m+1)\ldots(2m+3)}\pm\ldots+(-1)^r\frac{x^{2r-1}}{(2m+1)\ldots(2m+2r-1)}\right)$$
$$\left.\pm\frac{x^{2r}}{(2m+1)\ldots(2m+2r)}\cdot\eta\right\}.$$

Die Factoren von $\sin x$ und $\cos x$ oder auch von $\frac{\cos x\,.\,x}{2m+1}$ sind (wegen (5)) echte Brüche und wir dürfen daher mit Fortlassung des sehr kleinen in η multiplicirten Gliedes schreiben:

$$(20)\qquad D_x^{2m-1}\left(\frac{\sin x}{x}\right)=\frac{(-1)^m}{2m}\left\{\vartheta\sin x-\frac{\vartheta' x\cos x}{2m+1}\right\}\qquad 0<\left\{\begin{matrix}\vartheta\\ \vartheta'\end{matrix}\right\}<1,$$
$$x\overline{\overline{<}}\,2m.$$

Wir wenden uns nun zur Reihe V; in derselben ist $b=\infty$ und irgend ein von b abhängiges Glied, wenn B_m durch S_{2m} ausgedrückt wird:

$$(21)\qquad B_m\frac{h^{2m}}{2m!}f^{(2m-1)}(b)=\pm 2\,S_{2m}\left(\frac{h}{2\pi}\right)^{2m}\cdot\left[D_x^{2m-1}\left(\frac{\sin x}{x}\right)\right]_{x=\infty}.$$

Für endliche Werthe von m ist der Ausdruck [ ], wie aus (3) für $x=\infty$ folgt, Null. Ferner muss, damit R convergire, h zwischen 0 und 2π angenommen werden (siehe nachher!); nähert sich nun m selbst auch der Unendlichkeit, so muss, da m von x vollkommen unabhängig ist $x \gtreqless 2m$ gedacht werden können. Ist $x>2m$, so ist wieder nach (3): $D_x^{2m-1}\left(\frac{\sin x}{x}\right)=0$ für $x=\infty$; ist aber $x\leqq 2m$, so ist nach (20) der Absolutwerth:

$$\left| D_x^{2m-1} \left(\frac{\sin x}{x}\right) \right| < \frac{\sqrt{2}}{2m} \text{ [1])}$$

also für $m = \infty$ ebenfalls Null, und da in beiden Fällen der Factor $\left(\frac{h}{2\pi}\right)^{2m}$ auch verschwindet, so sind in der Reihe V sämmtliche von b abhängige Glieder Null und somit das ganze Aggregat derselben ebenfalls.

Der von a abhängige Theil V_a von V ist aber, wenn $\vartheta_1, \vartheta_2, \vartheta_3, \ldots$ $\vartheta_1', \vartheta_2', \vartheta_3', \ldots$ positive echte Brüche sind, und $a < 2$, d. i. $a < \frac{2}{\pi} . \pi$ angenommen wird:

$$(22) \qquad V_a = -B_1 \frac{h^2}{2!} f'(a) + B_2 \frac{h^4}{4!} f'''(a) \mp \ldots$$
$$= \sin a \left\{ \frac{\vartheta_1}{1} S_2 \left(\frac{h}{2\pi}\right)^2 + \frac{\vartheta_2}{2} S_4 \left(\frac{h}{2\pi}\right)^4 + \frac{\vartheta_3}{3} S_6 \left(\frac{h}{2\pi}\right)^6 + \ldots \right\}$$
$$- a \cos a \left\{ \frac{\vartheta_1'}{1.3} S_2 \left(\frac{h}{2\pi}\right)^2 + \frac{\vartheta_2'}{2.5} S_4 \left(\frac{h}{2\pi}\right)^4 + \frac{\vartheta_3'}{3.7} S_6 \left(\frac{h}{2\pi}\right)^6 + \ldots \right\};$$

diese beiden Reihen in den Klammern convergiren, und es ist daher (nach § 21 Nr. 6):

$$(23) \qquad R = \int_a^\infty \frac{\sin x}{x} dx + \frac{h}{2} \frac{\sin a}{a} + V_a.$$

Wir wollen nun a klein annehmen und 0 werden lassen, und dann zeigen, dass der Uebergang auf beiden Seiten stetig erfolgt: Auf der linken Seite ist nach (1):

$$R = h \frac{\sin a}{a} + h \cos a \left(\frac{\sin h}{a+h} + \frac{\sin 2h}{a+2h} + \ldots \right) + h \sin a \left(\frac{\cos h}{a+h} + \frac{\cos 2h}{a+2h} + \ldots \right)$$

hier haben die eingeklammerten Reihen, wenn h zwischen 0 und 2π liegt, nach bekannten Convergenzregeln [2]) endliche bestimmte Werthe und behalten solche auch für $a = 0$, folglich geht R stetig in den Werth:

$$(24) \qquad R_{a=0} = h . 1 + \frac{\sin h}{1} + \frac{\sin 2h}{2} + \frac{\sin 3h}{3} + \ldots$$

über.

---

[1]) Sind A und B beliebige gegebene Zahlen, so ist $\sqrt{A^2 + B^2}$ das Maximum des Absolutwerthes von $A \cos v + B \sin v$; denn $A^2 + B^2 - (A \cos v + B \sin v)^2 = (A \sin v - B \cos v)^2$, ist also immer positiv ausser für:

$$\operatorname{tg} v = \frac{B}{A},$$

wofür die Differenz Null wird. Im Text sind A und B positive oder negative echte Brüche.

[2]) Siehe Schlömilch Comp. d. höh. Anal. I § 40.

Auf der rechten Seite ist:

$$\int_a^\infty \frac{\sin x}{x}\,dx = \int_0^\infty \frac{\sin x}{x}\,dx - \int_0^a \frac{\sin x}{x}\,dx$$

und für sehr kleine Werthe von a:

$$\int_0^a \frac{\sin x}{x}\,dx = \int_0^a dx = a,$$

also wird, wenn wir die beiden convergenten Reihen in (22) mit A_1 und A_2 bezeichnen, die rechte Seite von (23):

$$= \int_0^\infty \frac{\sin x}{x}\,dx - a + \frac{h}{2} + A_1 \sin a - A_2\, a \cos a$$

und geht bei abnehmendem a stetig in den Ausdruck, für $a = 0$:

$$\int_0^\infty \frac{\sin x}{x}\,dx + \frac{h}{2} \tag{25}$$

über; aus (24) und (25) folgt nun:

$$\frac{\sin h}{1} + \frac{\sin 2h}{2} + \frac{\sin 3h}{3} + \dots = \int_0^\infty \frac{\sin x}{x} - \frac{h}{2}, \tag{26}$$

und mittels des bekannten Integralwerthes:

$$\int_0^\infty \frac{\sin x}{x}\,dx = \frac{\pi}{2}$$

ergiebt sich:

$$\frac{\sin h}{1} + \frac{\sin 2h}{2} + \frac{\sin 3h}{3} + \dots = \frac{\pi - h}{2} \qquad 0 < h < 2\pi. \tag{27}$$

Für $h = 0$ und $h = 2\pi$ gilt diese Formel nicht mehr, wie man auch sofort sieht, aber für $h = \frac{\pi}{2}$ liefert sie die bekannte Gleichung:

$$\frac{\pi}{4} = 1 - \frac{1}{3} + \frac{1}{5} - \frac{1}{7} \pm \dots \text{ in infin.}$$

Ist die Summation der Reihe (27) in anderer Art ausgeführt worden, so folgt aus (26) der Werth des bestimmten Integrals.

§ 26.

Eine Eulersche Reihenumformung.

Wir berichten zum Schluss unserer Ausführungen über die Bernoullischen Zahlen (selbst durch ein Citat Scherks darauf aufmerksam gemacht) von einer eigenthümlichen Verwendung derselben seitens Eulers, merkwürdig dadurch, dass der grosse Mathematiker aus der Primzahl 691 (dem Zähler von B_6) auf das Vorhandensein der B. Z. in gewissen Coefficienten schliesst. In dem zweiten Theil einer Untersuchung [1]): „De Curva hypergeometrica, hac aequatione expressa $y = 1 \,.\, 2 \,.\, 3 \ldots x$“ setzt Euler die Reihe:

$$s = x^{m+\lambda} - (m)_1 (x-1)^{m+\lambda} + (m)_2 (x-2)^{m+\lambda} \mp \ldots,$$

worin m und λ positive ganze Zahlen sind [2]), auf ziemlich verschlungenem Wege in folgende Form um:

$$\frac{s}{(\lambda+1)(\lambda+2)\ldots(\lambda+m)} = \left(x - \frac{m}{2}\right)^{\lambda} + (\lambda)_2\, P \left(x - \frac{m}{2}\right)^{\lambda-2}$$
$$+ (\lambda)_4\, Q \left(x - \frac{m}{2}\right)^{\lambda-4} + (\lambda)_6\, R \left(x - \frac{m}{2}\right)^{\lambda-6} + \ldots$$

Darin enthüllen sich $P, Q, R \ldots$ als ganze Functionen von m mit völlig regellos erscheinenden Coefficienten $\left(P = \frac{m}{12},\ Q = \frac{m^2}{48} - \frac{m}{120} \text{ u. s. w.}\right)$, die sechste dieser Grössen U hat den Werth

$$U = \frac{5 \,.\, 7 \,.\, 11\, m^6}{4096 \,.\, 27} \mp \ldots - \frac{691\, m}{8 \,.\, 9 \,.\, 5 \,.\, 7 \,.\, 13},$$

und hierdurch gelingt es Eulers scharfem Blicke, zwischen den Grössen P, Q, R u. s. w. folgende, in ihrer Gestalt ein wenig geänderte, Recursionsformeln zu entdecken:

$$\begin{aligned}
2\,P &= B_1 m, \\
4\,Q &= (4)_2\, B_1 m\, P - (4)_4\, B_2 m, \\
6\,R &= (6)_2\, B_1 m\, Q - (6)_4\, B_2 m\, P + (6)_6\, B_3 m, \\
8\,S &= (8)_2\, B_1 m\, R - (8)_4\, B_2 m\, Q + (8)_6\, B_3 m\, P - (8)_8\, B_4 m,
\end{aligned}$$

u. s. w.

deren Gesetz klar vor Augen liegt. Wir gehen auf die im Original nur angedeutete Begründung nicht ein und bemerken gleicherweise, dass die $P, Q, R, \ldots$ enge mit den in § 9 eingeführten Grössen $\overset{p}{G_k}$ zusammenhängen, glauben im Uebrigen dem Leser durch den Hinweis auf jene Abhandlung eine willkommene Anregung zum Studium gegeben zu haben, und ergriffen gerne diese Gelegenheit zu ihrer Erwähnung, um dem hohen Geiste Eulers, dessen wir an den verschiedensten Stellen dieses Buches gedachten, auch das letzte Wort darin zu lassen.

[1]) Novi Commentarii Petrop. t. XIII (1769), p. 3.

[2]) Euler spricht es allerdings aus, dass m eine beliebige Zahl sein kann, doch bedarf dies jedenfalls noch besonderer Untersuchungen und Deutungen.

Litterarische Nachweise.

In der folgenden Zusammenstellung sind die auf die Bernoullischen und auf die Eulerschen Zahlen bezüglichen Quellen mit vollständigem Titel angegeben und mit kurzer Bezeichnung des Inhaltes versehen, falls derselbe sich nicht aus dem Titel ergiebt. —

Seite

Abel, Résolution (Solution) de quelques problèmes à l'aide d'intégrales définies. Oeuvres compl. 1te Ausgabe, Christiania 1839, Bd. II, Nr. 2 der Abhandl. S. 224; 2te Ausgabe 1881, Bd. I, Nr. 3 der Abhandl. S. 18. *Bestimmtes Integral für die B. Z.* 110

Adams, Table of the values of the first sixty-two numbers of Bernoulli. J. f. Math. (Crelle), Bd. 85 (1878), S. 269 . . . . 4, 138

Arndt, Ueber bestimmte Integrale. Archiv für Math. u. Phys. (Grunert), Bd. 6 (1845), S. 438. *Bestimmte Integrale für die B. Z.* 113

Bauer, Von den Gammafunctionen und einer besonderen Art unendlicher Producte. J. f. Math. Bd. 57 (1860), S. 256. *Darin auch Formeln für die B. Z.* 85

„ Von einigen Summen- und Differenzenformeln und den B. Z. ib. Bd. 58 (1861), S. 292 . . . . 45, 85, 88

Bernoulli, Jacob, Ars conjectandi. Basel 1713. *Darin die fünf ersten B. Z. S. 97* 1, 7

Bernoullische Zahlen . . . . 1 und an vielen anderen Stellen

Ultra-Bernoullische Zahlen 184

Catalan, Mélanges mathématiques. Mémoires de la Société Royale des Sciences de Liège, 2. série, t. XII (1885). *Darin Abhandlungen über die B. Z. u. s. w. S. 81—119* 114

Cauchy, Resumés analytiques. Turin 1833. *Darin über die Grössen* a_k^p *(§ 8, (16)), S. 33, 70* 84

Césaro, Sur les nombres de Bernoulli et d'Euler. Nouv. Annales de Mathématiques 3. série, t. V (1886), S. 305 184

Clausen, Auszug aus einem Schreiben an Herrn Schumacher. Astronom. Nachrichten Bd. 17 (1840), S. 352. *Betrifft den Clausenschen Satz* 132

Euler, Calculus differentialis. Petersburg 1755 . . . . 4 u. a. v. a. St.

Seite

Euler, De curva hypergeometrica hac aequatione expressa $y = 1.2.3\ldots x$. Novi Comentarii Petrop. t. XIII (1769), S. 3. *Anwendung der B. Z.* 203
Eulersche Zahlen . . . . 22 u. a. v. a. St.
Ultra-Eulersche Zahlen 184

Eytelwein, Ueber die Vergleichung der Differenz-Coefficienten mit den B. Z., Abhandl. d. Akad. der Wissensch. zu Berlin 1816—1817. Math. Klasse S. 28 60

Hermite, Auszug aus einem Schreiben an Herrn Borchardt. J. f. Math. Bd. 79 (1875), S. 339. *Betrifft die Bernoullischen Functionen* 91

„ Auszug aus einem Schreiben an Herrn Borchardt. J. f. Math. Bd. 81 (1876), S. 93. *Betrifft die ganzzahligen Bestandtheile der B. Z.* 143

Jacobi, De usu legitimo formulae summatoriae Maclaurinianae. J. f. Math. Bd. 12 (1834), S. 263 . . . . 8, 176

Kronecker, Bemerkungen zu der [in demselben Heft enthaltenen] Abhandl. des Herrn Worpitzky. J. f. Math. Bd. 94 (1883), S. 268. . . . . 101, 138

„ Sur quelques fonctions symétriques et sur les nombres de Bernoulli. Liouville J. II. Série, t. I (1856), p. 385 104

Kummer, Ueber eine allgemeine Eigenschaft der rationalen Entwickelungscoefficienten einer bestimmten Gattung analytischer Functionen. J. f. Math. Bd. 41 (1851), S. 368. *Enthält Zahlentheoretisches über die B. Z.* 155

Lacroix, Traité des différences 1te Ausg., Paris 1800; 2te Ausg. ib. (I—III 1810—1819). *Darin Laplacesche Formel S. 114* . 65

„ *Laplaces Entwickelung von $(p-1):(p-e^u)$ S. 107* 74

Laplace, Mémoire sur l'usage du calcul aux différences partielles dans la théorie des suites. Mém. de Mathém. et de Phys. présentés à l'Acad. des Sciences à Paris 1777, S. 99 (vgl. Lacroix) 65, 74

Lipschitz, Beiträge zur Kenntniss der B. Z. J. f. Math. Bd. 96 (1884), S. 1 . . . . 119, 146

Mac-Laurin, A treatise of fluxions. Edinburg 1742. *Darin die Mac-Laurinsche Summenformel*, II. Theil §§ 828 ff.. . . . . 17, 21

Malmstén, Sur la formule

$$hu'_x = \triangle u_x - \frac{h}{2}\triangle u'_x + \frac{B_1 h^2}{1.2}\triangle u''_x - \frac{B_2 h^4}{1.2.3.4}\triangle u^{\text{IV}}_x \pm \ldots$$

J. f. Math. Bd. 35 (1847), S. 55. — *Betrifft die Mac-Laurinsche Summenformel* 91, 171

Mascheroni, Adnotationes ad. calc. integr. Euleri. Ticini 1790 bis 1792. — *Darin die Mascheronische Constante S. 11.* . . 193

Meyer, G. F., Die Bernoullischen Zahlen. Doctor-Dissertation. Göttingen 1859 . . . . 47, 48, 113

Moivre, Miscellanea analytica. London 1730. — *Darin die älteste Recursionsformel für die B. Z.* Complementum S. 6 ff. 7

Ohm, Etwas über die Bernoullischen Zahlen. J. f. Math. Bd. 20 (1840), S. 11. — *Enthält Zahlenwerthe der B. Z.* 4

Seite

Plana (Titel?), Mémoires de l'Acad. de Turin 1820. *Bestimmtes Integral für die B. Z.* 110

Poisson, Mémoire sur le calcul numérique des intégrales définies. Mém. de l'Acad. des Sciences à Paris t. VI (1823), S. 571. *Betrifft die Mac-Laurinsche Summenformel* 176

Raabe, Die Jacob-Bernoullische Function. Zürich 1848. . . . 91, 171

„ Zurückführung einiger Summen und bestimmten Integrale auf die Jacob-Bernoullische Function. J. f. Math. Bd. 42 (1851), S. 348 91

Rogel, Arithmetische Entwickelungen. Archiv für Math. und Phys. (Hoppe.) 2te Reihe, 11ter Theil (1892), S. 77. *Bezieht sich auf Reihen mit den B. Z. in den Entwickelungscoefficienten* 141

Scherk, Mathematische Abhandlungen. Berlin, 1825. Erste Abhandl. — *Betrifft die Eulerschen und die Bernoullischen Zahlen* 23, 29, 66, 70, 160

„ Ueber einen allgemeinen, die B. Z. und die Coefficienten der Secantenreihe zugleich darstellenden Ausdruck. J. f. Math. Bd. 4 (1829), S. 299 . . . . 73, 78

Schlömilch, Ueber die B. Z. und die Coefficienten der Secantenreihe. Grunerts Archiv, 1ter Bd. (1841), S. 360 . . . . . . 111, 113

„ Ueber die recurrirende Bestimmung der B. Z. ib. 3ter Bd. (1843), S. 9 . . . . 14, 111

„ Relationen zwischen den Facultatencoefficienten. Grunerts Archiv, 9ter Bd. (1847), S. 333 . . . . 45, 89

„ Neue Formeln zur independenten Bestimmung der Secanten- und Tangentencoefficienten. Grunerts Archiv, 16ter Band (1850), S. 411 . . . . 66, 71

„ Développement d'une formule qui donne en même temps les nombres de Bernoulli et les coefficients de la série qui exprime la sécante. J. f. Math. Bd. 32 (1846), S. 360 66

„ Ueber die Bernoullische Function und deren Gebrauch bei der Entwickelung halbconvergenter Reihen. Zeitschr. f. Math. und Physik. Bd. 1 (1856), S. 193 und Comp. d. höheren Analysis II (Abhandlung über die Bernoullischen Functionen) 91

„ Comp. der höh. Analysis I, II . . . . 12, u. a. a. St.

Seidel, Ueber eine einfache Entstehungsweise der B. Z. und einiger verwandter Reihen. Sitzungsberichte der Königl. Bayr. Akad. der Wissenschaften zu München, Bd. 7 (1877) S. 157. . . . . 30, 40

v. Staudt, Beweis eines Lehrsatzes, die B. Z. betreffend. J. f. Math. Bd. 21 (1840), S. 372 132

Stern, Ueber die Coefficienten der Secantenreihe. J. f. Math. Bd. 26 (1843), S. 88 . . . . 14, 25, 99

„ Zur Theorie der Eulerschen Zahlen. ib. Band 79 (1875), S. 67 161

„ Zur Theorie der Bernoullischen Zahlen. (Auszug aus einem Schreiben an Herrn Borchardt.) ib. Bd. 84 (1878), S. 267 . 9, 144

Die Bernoullischen Zahlen.

Nr.	Zähler	Nenner
1	1	6
2	1	30
3	1	42
4	1	30
5	5	66
6	691	2730
7	7	6
8	3617	510
9	43867	798
10	1 74611	330
11	8 54513	138
12	2363 64091	2730
13	85 53103	6
14	2 37494 61029	870
15	861 58412 76005	14322
16	770 93210 41217	510
17	257 76878 58367	6
18	26315 27155 30534 77373	19 19190
19	2 92999 39138 41559	6
20	2 61082 71849 64491 22051	13530
21	15 20097 64391 80708 02691	1806
22	278 33269 57930 10242 35023	690
23	5964 51111 59391 21632 77961	282
24	560 94033 68997 81768 62491 27547	46410
25	49 50572 05241 07964 82124 77525	66
26	80116 57181 35489 95734 79249 91853	1590
27	29 14996 36348 84862 42141 81238 12691	798
28	2479 39292 93132 26753 68541 57396 63229	870
29	84483 61334 88800 41862 04677 59940 36021	354
30	121 52331 40483 75557 20403 04994 07982 02460 41491	567 86730
31	123 00585 43408 68585 41953 03985 74033 86151	6
32	10 67838 30147 86652 98863 85444 97914 26479 42017	510

GPSR Compliance

The European Union's (EU) General Product Safety Regulation (GPSR) is a set of rules that requires consumer products to be safe and our obligations to ensure this.

If you have any concerns about our products, you can contact us on ProductSafety@springernature.com

In case Publisher is established outside the EU, the EU authorized representative is:

Springer Nature Customer Service Center GmbH
Europaplatz 3
69115 Heidelberg, Germany

Batch number: 10704713

Printed by Printforce, the Netherlands